石油石化职业技能培训教程

消防战斗员

（下册）

中国石油天然气集团有限公司人事部　编

中国石油大学出版社
CHINA UNIVERSITY OF PETROLEUM PRESS

图书在版编目(CIP)数据

消防战斗员. 下册 / 中国石油天然气集团有限公司人事部编. —东营:中国石油大学出版社,2018.10

石油石化职业技能培训教程

ISBN 978-7-5636-5927-2

Ⅰ. ①消… Ⅱ. ①中… Ⅲ. ①消防-技术培训-教材 Ⅳ. ①TU998.1

中国版本图书馆 CIP 数据核字(2018)第 234537 号

丛 书 名:石油石化职业技能培训教程
书　　名:消防战斗员(下册)
编　　者:中国石油天然气集团有限公司人事部

责任编辑:邵　云(电话 0532—86981538)

出 版 者:中国石油大学出版社
(地址:山东省青岛市黄岛区长江西路 66 号　邮编:266580)
网　　址:http://www.uppbook.com.cn
电子邮箱:zyepeixun@126.com
排 版 者:青岛天舒常青文化传媒有限公司
印 刷 者:沂南县汶凤印刷有限公司
发 行 者:中国石油大学出版社(电话 0532—86983560, 86983437)
开　　本:185 mm×260 mm
印　　张:14.75
字　　数:368 千
版 印 次:2019 年 4 月第 1 版　2019 年 4 月第 1 次印刷
书　　号:ISBN 978-7-5636-5927-2
定　　价:45.00 元

编委会名单

编审人员名单

主　　编　刘连凤

副 主 编　张太平

参编人员　（按姓氏笔画为序排列）

万松强　吴　迪　张伟峰　陈勇滨

参审人员　（按姓氏笔画为序排列）

马　磊　王　铮　王里元　王晓晨

吴　猛　张天明　张太平　袁　野

崔云峰　矫冠瑛

PREFACE 前言

随着企业产业升级、装备技术更新改造步伐的不断加快，对从业人员的素质和技能提出了新的更高的要求。为适应经济发展方式转变和“四新”技术变化要求，提高石油石化企业员工队伍素质，满足职工鉴定、培训、学习的需要，中国石油天然气集团有限公司人事部根据《中华人民共和国职业分类大典（2015年版）》对工种目录的调整情况，修订了石油石化职业技能等级标准，并在新标准的指导下，组织对“十五”“十一五”“十二五”期间编写的职业技能鉴定试题库和职业技能培训教程进行了全面修订，还新开发了炼油、化工专业部分工种的试题库和教程。

教程的开发修订坚持以职业活动为导向，以职业技能提升为核心，以统一规范、充实完善为原则，注重内容的先进性与通用性。教程编写紧扣职业技能等级标准和鉴定要素细目表，采取“理实一体化”编写模式，基础知识统一编写，操作技能及相关知识按等级编写，内容范围与鉴定试题库基本保持一致。特别需要说明的是，本套教程在相应内容处标注了理论知识鉴定点的代码和名称，同时配套了相应等级的理论知识试题，以便于员工对知识点的理解和掌握，加强了学习的针对性。此外，为了提高学习效率，检验学习成果，本套教程还免费为员工提供学习增值服务，员工在通过手机登录注册后即可自行练习。本套教程既可用于职业技能鉴定前培训，也可用于员工岗位技术培训和自学提高。

《消防战斗员》教程分为上、下两册，上册包括基础知识、初级操作技能及相关知识、中级操作技能及相关知识等，下册包括高级操作技能及相关知识、技师操作技能及相关知识等。

本工种教程由大庆油田担任主编单位，参与审核的单位有华北油田、哈尔滨石化、吉林石化、新疆油田、抚顺石化、吉林油田、玉门油田等。在此表示衷心感谢！

由于编者水平有限，书中不妥之处在所难免，敬请广大读者提出宝贵意见。

编　者

2018年11月

第一部分　高级操作技能及相关知识

第二部分　技师操作技能及相关知识

附 录

第一部分

高级操作技能及相关知识

模块一　消防基础训练

项目一　佩戴空气呼吸器 30 m 往返跑

一、相关知识

（一）速度训练的要领

GBA001 速度训练的要领

变速跑的动作要领：起跑后，加速跑至 10～20 m 前的标识线时，以最快的速度跑完规定距离。

30 m 往返跑的动作要领：起跑后，在 30 m 直道上往返数次；每次到达横线边时急停摸地，最后一次冲刺，完成往返跑。15 m 往返跑和 30 m 往返跑的动作要领相同。

在进行追逐跑的二追一练习时，要求双方不允许有攻击性动作。

后蹬跑的动作要领：上体稍向前倾，后蹬有力，髋部前送，腿向前上方摆动，然后大腿积极下压，前脚掌着地，两臂配合两腿动作做前后自然摆动。后蹬跑练习主要增强腿部力量。

发展绝对速度：必须注重步长、步频的最佳组合，跑的技术动作，各环节的时间和空间节奏。

（二）加速跑的动作要领

GBA002 加速跑的动作要领

加速跑是培养跑步正确姿势和发展速度的主要方法；变速跑是发展速度和培养有节奏地加速跑的一种方法。

加速跑的动作要领：从站立姿势开始，均匀加大摆臂速度、加快速度，在达到最高速度时，仍然保持正确姿势依靠惯性向前跑一段距离。

快速跑高抬腿练习的动作要领：上体稍向前倾，摆动腿的高度使大腿与上体成 90°，小腿放松与大腿自然折叠，蹬地腿的髋、膝、踝关节充分伸直。

快速跑原地摆臂练习的动作要领：两脚前后开立，大臂带动小臂，以肩关节为轴进行摆动。在进行小步跑练习时，可以原地做前脚掌不离地的交换支撑腿练习。温暖的天气有利于提高加速跑训练的效率。

（三）速度训练的常用方法

GBA008 速度训练的常用方法

速度训练的方法主要有变速跑、折返跑、后蹬跑、追逐跑等。

短跑运动员专项身体训练的内容主要包括短跑的力量、速度、耐力、柔韧性和协调性等训练。速度可分为反应速度、动作速度和移动速度。弓箭步走和原地摆臂练习都是快速跑的专门性练习。

速度训练中，追逐跑包括一追一练习、二追一练习和多人追逐练习；变速跑的距离一般为 30～100 m；高抬腿跑是增强腿部力量，提高大腿抬高的幅度和跑步频率的练习；往返跑的特点是路程短、转弯多，特别是直道跑进行中，突然急停改为 180°运动方向，继续跑动。

二、技能要求

(一) 准备工作

1. 设备

正压式空气呼吸器 1 部。

2. 材料、工具

垫子 1 个、消防救援头盔 1 顶。

3. 人员

1 人操作，个人防护装具齐全。

(二) 操作规程

序　号	工　序	操 作 步 骤
1	准备工作	扎好安全带，佩戴好头盔，将空气呼吸器调整好后放置在垫子上
2	佩戴空气呼吸器	听到"开始"口令后，卸下头盔，背上空气呼吸器，扣牢腰带，收紧肩带，完全打开气瓶开关，将面罩由下而上佩戴，连接面罩
3	佩戴头盔	佩戴头盔，系好头盔带
4	进行折返跑	跑至折返线返回，冲出起点线，在原位置立正举手

(三) 技术要求

(1) 空气呼吸器严禁倒置佩戴。

(2) 气瓶开关必须完全打开。

(3) 面罩应由下而上佩戴。

(四) 注意事项

(1) 注意观察气瓶压力是否满足佩戴需要。

(2) 折返跑时要防止人员摔伤。

项目二　折返跑水带接口

一、相关知识

(一) 折返跑水带接口

场地准备：场地长 15 m，起点摆放水带带口 5 副、水枪 1 支，终点放置分水器 1 只、水带 5 盘，器材摆放间距 0.5 m。

按照折返跑的动作要领，依次连接分水器、水带、水枪。

(二) 柔韧性训练的动作要领

GBA006 柔韧性训练的动作要领

(1) 热身时需要活动的关节：肩关节、髋关节、膝关节、踝关节。

(2) 内合腿练习的动作要点：挺胸、立腰、松髋，内合速度要快，幅度要大。

(3) 压肩练习的动作要点：两臂、两腿伸直，振压幅度应由小到大，压点集中于肩部。

(4) 横叉劈腿练习的动作要领：两手在体前扶地，两腿左右分开成直线，脚内侧着地。

(5) 正踢腿练习的动作要领：两脚并立，两手成立掌，左脚向前上半步，左腿支撑，右脚勾起脚尖向前额猛踢。

(6) 单臂绕环练习的预备姿势：两腿成弓步后，左手或右手按于同侧前腿膝关节上。正踢腿和内合腿两种练习方式的预备姿势相同。

(三) 立定跳远的测试方法

立定跳远属于通用考核项目。

GBA007 立定跳远的测试方法

立定跳远是测试下肢爆发力、全身协调能力的最简单有效的手段。立定跳远动作技术的重点是起跳时机、起跳时重心高低的协调配合。被考核者年龄不同，采用的考核标准也不同。

立定跳远考核的场地、器材要求：一小块平坦地面，量尺。起跳前，被考核者站在起跳线后，脚尖不得越过起跳线；起跳时，两脚必须同时离地，落地后不得再移动脚位。

二、技能要求

(一) 准备工作

1. 材料、工具

ϕ19 mm 直流水枪 1 支、ϕ65 mm 水带 5 盘、分水器 1 只、水带接口 5 副、消防救援头盔 1 顶、消防安全带 1 条。

2. 人员

1 人操作，个人防护装具齐全。

(二) 操作规程

序 号	工 序	操 作 步 骤
1	准备工作	起点摆放水带接口 5 副、水枪 1 支，终点放置 1 只分水器、5 盘水带，器材摆放间距 0.5 m
2	连接分水器	从起点携带第一副水带口，迅速向前，连接分水器
3	连接水带	依次携带水带口，往返连接水带
4	连接水枪	将水枪与最后一盘水带连接完后喊“好”

(三) 技术要求

(1) 连接水带过程中水带不能拖地。

(2) 连接分水器、水带、水枪时不准未接、脱扣、卡扣。

项目三　两盘水带 100 m 负重跑(男)和两盘水带 60 m 负重跑(女)

一、相关知识

负重训练一般采用杠铃、哑铃、臂力器或其他方法练习，是克服外部阻力的力量练习，好处是可以强壮上肢、下肢及腹部。

GBA004 负重器材力量练习的方法

负重器材力量练习中，持哑铃两臂侧平举练习主要发展的是三角肌力量；单杠的悬垂举腿练习主要发展的是腿肌力量；爬绳和爬杆练习能够增强上肢、肩带肌群的力量和耐力。

负重器材力量练习中，持哑铃深蹲跳练习要求：在落地时，须先用前脚掌着地，接着过渡到全脚掌，以免身体受到剧烈震动。

二、技能要求

(一) 准备工作

1. 材料、工具

ϕ65 mm 训练水带 2 盘、消防救援头盔 1 顶、消防安全带 1 条。

2. 人员

1 人操作，个人防护装具齐全。

(二) 操作规程

序　号	工　序	操 作 步 骤
1	准备工作	防护装具佩戴齐全，双手持带站在起点线前做好起跑准备
2	手持水带负重跑	手持两盘水带从起点奔跑至终点喊“好”

(三) 技术要求

奔跑途中器材散落，必须原地重新收起，继续跑至终点。

(四) 注意事项

奔跑时要防止人员绊倒摔伤。

项目四　携带两盘水带沿楼梯上三楼

一、相关知识

(一) 力量训练的范围

GBA003 力量训练的范围

科学的力量训练手段不仅是提高运动技术水平的重要途径，而且是预防伤病、保证训练的根本方法。按力量的训练特征来划分，一般将力量素质分为最大力量、最小力量、速度力量和力量耐力。力量训练方法是大重量、多组数进行的。

肌肉以等长收缩的形式使人体保持某一特定位置，或对抗固定不动的阻力的练习形式称为静力性练习。按练习时肌肉工作的形式分，肌肉收缩、放松交替进行的力量练习称为动力性练习。与动力性力量练习相比，静力性练习能更有效地提高肌肉的张力与神经细胞的机能水平。

肌肉力量的练习有徒手力量练习和负重器材练习两种。

(二) 越野跑的概念

在公路、森林、田野、山地等野外进行的长距离跑称为越野跑。越野跑是一项很有意义

GBA005 越野跑的概念

的长跑活动，也是一项很好的战备训练。越野跑不仅能提高耐久力，还能增强内脏的功能和调节神经系统的功能。越野跑练习耐力的核心是肌肉力量、心肺功能。

越野跑时，由于跑的地点、环境在变化，所以跑的技术也因条件的改变而变化。在城市道路上练习长跑时一定要遵守交通规则，而需要通过独木桥或类似障碍物时，应使脚外转成八字，平稳通过。

二、技能要求

（一）准备工作

1. 材料、工具

ϕ65 mm 训练水带 2 盘、消防救援头盔 1 顶、消防安全带 1 条。

2. 人员

1 人操作，个人防护装具齐全。

（二）操作规程

序　号	工　序	操 作 步 骤
1	准备工作	防护装具佩戴齐全，双手持水带，在起点线处做好起跑姿势
2	携水带上楼	听到“开始”口令后，消防战斗员携带 2 盘 ϕ65 mm 水带沿楼梯攀登至三楼

（三）技术要求

上楼过程中装具或器材禁止掉落。

（四）注意事项

上楼过程中要防止人员摔伤。

项目五　操作测温仪

一、相关知识

（一）测温仪的维护保养

GBB005 测温仪的维护保养

测温仪可用于寻找电动机和轴承的发热点、电接头发热点；检查引擎箱的温度差异；检查沥青、焊接隔板和屋顶供暖与通风装置的温度；检查食品和储存产品的温度；测量蒸汽管线的温度差异；扫描移动表面以便检查其动态热分布。

1. 技术性能

红外测温仪的测量温度范围：−20～500 ℃；

红外测温仪的储存温度范围：−25～70 ℃；

红外测温仪的环境工作温度范围：0～50 ℃；

红外测温仪的质量：270 g。

2. 使用方法

(1) 对准目标，扣住扳机。

(2) 在显示屏上读取温度值。

3. 注意事项

(1) 避免人眼直接暴露在激光下受到伤害。

(2) 防止激光透过反射物体的间接照射。

(二) 可视探测仪的技术性能

GBB001 可视探测仪的技术性能

蛇眼探测仪利用摄像头通过光缆将现场实况反馈到显示器上,适用于有限空间及常规方法救援人员难以接近场合下的救援工作。其技术性能如下:

交流电压:220 V;

直流电压:12 V;

最大传输距离:90 m;

防水深度:45 m;

质量:0.9 kg。

(三) 可视探测仪的使用方法

GBB002 可视探测仪的使用方法

1. 使用方法

(1) 打开显示器电源开关,将探头对准物体,显示器上即显示相应的物体。

(2) 当探测空间很暗时,可打开探头照明灯。

(3) 当周围环境很暗时,可打开显示器照明灯。

2. 注意事项

(1) 探测仪长时间储存时,应取出电池。

(2) 仪器用完后,应清理干净。

(3) 传输线禁止弯折。

(4) 注意保持显示屏和探头玻璃的清洁。

(四) 电子气象仪的技术性能

GBB003 电子气象仪的技术性能

电子气象仪可以测量大气压力、温度、湿度、风向、风速、露点、寒冷指数等。它可用于防毒防化、防火、水上救生和抢险救援等。其技术性能如下:

风速测量范围:0～125 km/h;

温度测量范围:－30～50 ℃;

湿度测量范围:0%～99%;

气压测量范围:300～1 100 mbar;

海拔高度测量范围:－500～8 000 m;

质量:155 g。

(五) 电子气象仪的使用方法

GBB004 电子气象仪的使用方法

1. 使用方法

(1) 按【wind】键或【mode】键开机。

(2) 测温:按【mode】键,选定测温功能,按键 2 s,选定温度单位,几秒后即显示温度值。

(3) 寒冷指数:通过按【mode】键选定。寒冷指数是指在一定温度下,人体对风感受程度的一种计算值。

(4) 大气压测定:仪器自动记录 3 h、6 h、9 h、23 h 的大气压,按【mode】键看以往的记录值，选择一数值即出现该数值时间前的大气压。

（5）海拔高度：按【mode】键选择海拔高度，先标定海拔高度，同时按【mode】键和【wind】键，荧屏上的信息全部消失，表明已进入标定状态，按【mode】键选择海拔高度，按【wind】键减少海拔高度，同时按【mode】键和【wind】键回到正常状态。

（6）湿度测量：按【mode】键进入湿度测量，湿度的显示范围为 1%～100%。

（7）露点测量：按【mode】键进入露点测量。

（8）风速测量：按【wind】键进入风速测量，仪器顶端的传感器方向与风向一致，风速值显示在荧屏中间位置。

2. 注意事项

（1）测温时，仪器在手中时间过长会影响测量精度。

（2）测湿度时，仪器离人太近，人的呼吸也能影响湿度的探测值。

（3）测风速时，传感器方向与风向不一致时，将产生测量误差。

（六）方位灯的技术性能

GBB006 方位灯的技术性能

方位灯具有安全防爆、高效节能、可靠耐用、防水抗压、方便灵活等特点。其技术性能如下：

额定电压：12 V；

额定容量：2.7 A·h；

平均使用寿命：≥1 200 h；

连续放电：工作光时≥3.5 h，强光时 1.5 h；

充电时间：8 h；

质量：1.1 kg。

（七）方位灯的使用方法

GBB007 方位灯的使用方法

（1）使用时，打开开关锁；使用后，锁住开关。

（2）使用中，若电量即将耗尽，则灯光突然变暗。

（3）更换灯泡时，应将开关锁住再更换。

（八）方位灯使用的注意事项

GBB008 方位灯使用的注意事项

（1）携带或运输时，必须将开关锁定，以防在运输中开关误动。

（2）经常检查并保证提手与后盖、灯筒与后盖之间结合紧密，以增强防水、防爆和抗冲击能力。

（3）在环境温度较高的场所充电或用强光长时间连续放电时，电筒表面略有温升，此属正常现象。

（4）严禁将灯打开后，把灯的透明件朝下放置；勿将灯光直接照射人眼，以免受到伤害。

（5）不要随意拆卸灯具的结构件，尤其是密封结构件。

（6）在腐蚀性环境或海水中使用后应擦拭表面。

（九）红外火源探测仪技术性能

GBB011 红外火源探测仪技术性能

红外火源探测仪是专门为消防设计的，用以探测远处的热点。有了它易探测到最高热点，该处便是复燃隐患；易探测到发出红外线的物体，该处便是火源；易探测到热量差异，便知障碍物后是否有烈焰。其技术性能如下：

电源:9 V碱性电池;

灵敏度:正常大约80 ℃开始,高时大约8 ℃开始;

视角范围:圆锥形7°;

质量:200 g。

(十) 红外火源探测仪的使用

GBB012 红外火源探测仪的使用

1.使用方法

(1) 按下开关,探测仪即自动检测电池电量。

(2) 探测仪发出声响,代表探索模式,可自主改变探索模式。

(3) 探测仪开始工作后,将其指向探测位置,留意声音改变即可。

2.注意事项

小心保养镜片,如被弄花,应更换新的镜片。

(十一) 救生装备的使用方法

GBB016 救生装备的使用方法

救生装备是消防员在各种灾害、事故现场营救被困人员不可缺少的救护手段。灭火救援中经常使用的常规救生装备有救生绳、救生软梯、救生气垫、起重气垫、三脚架、救生照明线、导向绳、光致发光绳等。救生绳是消防员在灭火救援中用于救人、自救的绳索;起重气垫适用于不规则重物的起重;救生软梯适用于7层以下楼宇的救援工作;救生气垫是解救从高处下跳人员的充气软垫;三脚架是一种快速提升工具,用于山岳、洞穴、高层建筑等垂直建筑的救援工作;救生照明线适用于能见度较低或无光源的场合;导向绳是一种连续线性照明显示器材,用于救生和撤退时防止迷路;光致发光绳可在黑暗或烟雾环境中长时间发出鲜亮的光芒。

应经常性开展现场急救训练,在遇有人员受伤的救援现场对伤员进行止血、包扎、固定、搬运、心肺复苏等救助。现场救护训练是针对灭火救援现场抢救伤员进行的专业技术训练。常用的包扎方法有2种:三角巾包扎法和绷带包扎法。

二、技能要求

(一) 准备工作

1.材料、工具

碳素笔1支、答题纸1张。

2.人员

1人操作,个人防护装具齐全。

(二) 操作规程

序号	工序	操作步骤
1	准备工作	碳素笔、答题纸按要求摆放在规定位置
2	测量实物	听到“开始”口令后,考生手持测温仪迅速向前
3	对准目标	将测温仪对准需要测量的实物
4	扣住扳机	扣住扳机进行测温
5	读取温度值	读取测温仪显示屏上的温度

(三) 技术要求

测温仪应轻拿轻放,严禁摔碰。

项目六　操作照明机组

一、相关知识

(一) GX-A 型防水灯具性能维护

GBB009 GX-A型防水灯具性能维护

照明器材是用于提高火场和救援现场光照亮度的装备。按性能分为防水型、防爆型、防水防爆型;按携带方式分为个人携带式、移动式和车载式。GX-A 型防水灯具主要用于火场和救援现场照明。质量 140 g,使用 4.8 V 电珠,配用 4 节 3 号碱性高能电池(也可用普通 3 号电池代替),使用温度 −40～+80 ℃。放电时,连续白光时间大于 2 h。

GX-A 型防水灯具平时存放应远离热源,不宜在阳光下长时间暴晒;要避免重物压砸和碰撞,日常按规定进行养护和检查。

(二) 气动升降照明灯的性能维护

GBB010 气动升降照明灯的性能维护

(1) 用途:用于火场照明。

(2) 性能及组成:气动升降照明灯是集发电机组、发动机、灯杆、照明装置于一体的小型可移动照明设备。采用可升降灯杆,顶部安装 4 盏 500 W 探照灯,电缆线安装于灯杆外部;升降灯杆由手动气泵提供的压缩空气作为动力,最大升限 4 m;可随意调整照射角度和方向,有效照射半径 100 m,与 2 kW 以上的发电机配合使用。

(3) 维护:定期用柔软的干布擦拭灯杆外部,检查气缸阀门是否完好。防止矿物油接触灯杆和气泵。用 CLARK 标号为 B3905 的有机硅树脂润滑油润滑。

(三) 照明机组的技术参数

GBB013 照明机组的技术参数

照明机组光通量:9 600 lm。

照明机组灯头功率:4×500 W。

照明机组平均使用寿命:2 000 h。

照明机组连续工作时间:>3 h。

照明机组整机质量:60 kg。

照明装备按供电电源分为:使用干电池(组)、蓄电池(组)、发电机(组)的照明装备。

照明装备按照光源可分为:热辐射光源、气体放射光源、固体电致光源等照明装备。

(四) 照明机组的功能原理

GBB014 照明机组的功能原理

照明机组在有市电的场所,也可接通 220 V 市电实现长时间照明。直接使用发电机组供电,发电机组一次注满燃油,连续工作时间可达 13 h。照明机组气密性高,气动升降杆 24 h 不下降。

移动式发光照明灯适用于大面积、高亮度照明的场合。移动式发光照明灯由灯盘、伸缩杆、电动气泵、发电机组组成。

(五) 照明机组的使用方法

GBB015 照明机组的使用方法

照明机组分为全方位泛光工作灯、车载式照明设备等多种形式。全方位泛光工作灯由三脚支撑架、气泵、伸缩杆、金属卤化物灯灯盘组成。车载固定式消防照明设备有伸缩式、曲臂式两种。其使用方法如下：

(1) 启动发电机，打开电源，使照明灯照明。

(2) 利用手动气泵提供的管道压缩空气将升降杆及照明灯升起。

(3) 可根据现场需要将每个灯头单独做上下左右大角度调节。

照明机组可实现360°全方位照明，其抗风等级为8级。

二、技能要求

(一) 准备工作

1. 设备

照明机组1台。

2. 材料、工具

消防救援头盔1顶、手套1副、消防安全带1条。

3. 人员

1人操作，个人防护装具齐全。

(二) 操作规程

序号	工序	操作步骤
1	准备工作	考生戴好手套，把照明机组放在操作线处
2	竖杆	听到“开始”口令，考生跑至操作线处，将升降杆及照明灯升起
3	启动电源 调节照明	启动发电机并打开电源，使照明灯照明，可根据现场需要将每个灯头单独做上下左右大角度调节
4	关闭电源 恢复原状	关闭发电机，并依次旋松每一层嵌杆的螺丝收缩升降杆，安全后再旋紧每一层嵌杆螺丝，保持气泵阀门在开启状态，使移动发电机恢复原状

(三) 技术要求

(1) 操作过程中必须佩戴手套。

(2) 严格按照操作规程进行操作，防止对设备造成损伤。

模块二　消防灭火救援训练

项目一　操作直流开花水枪

一、相关知识

GBC001 水枪的形式

（一）水枪的形式

水枪的形式见表 1-2-1。

表 1-2-1　水枪的形式

类　型	组	特　征	代　号	代号含义	主参数含义
消防水枪	直流水枪 Z(直)		QZ	消防直流水枪	当量喷嘴直径
		开关(G)(关)	QZG	消防开关直流水枪	
	喷雾水枪 W(雾)	机械撞击式 J(击)	QWJ	消防撞击式喷雾水枪	
		离心式 L(离)	QWL	消防离心式喷雾水枪	
		簧片式 P(片)	QWP	消防簧片式喷雾水枪	
	多用水枪 D(多)	球阀转换式 H(换)	QDH	球阀转换式多用水枪	
	两用水枪 L(两)	球阀转换式 H(换)	QLH	球阀转换式两用水枪	
		导流式 D(导)	QLD	导流式消防两用水枪	
		中压 Z(中)	QLZ	消防中压两用水枪	
		高压 G(高)	QLG	消防高压两用水枪	

GBC002 水枪的基本参数

（二）水枪的基本参数

水枪的基本参数见表 1-2-2。

表 1-2-2　水枪的基本参数

形　式 \ 基本参数	当量喷嘴直径 /mm	工作压力范围 /MPa	喷雾角/(°)
消防直流水枪	13、16、19	0.2～0.7	
消防开关直流水枪	6、8、10、13、16、19、22	0.2～0.7	
消防撞击式喷雾水枪	13、16、19	0.5～0.7	
消防离心式喷雾水枪	16	0.5～0.7	80

续表 1-2-2

形式 \ 基本参数	当量喷嘴直径/mm	工作压力范围/MPa	喷雾角/(°)
消防簧片式喷雾水枪	16、19	0.5～0.7	30～50
球阀转换式消防多用水枪	16、19	0.2～0.7	30～50
球阀转换式消防两用水枪	6、8、10、13、16、19	0.2～0.7	30～50
导流式消防两用水枪	16、19	0.2～0.7	0～140
消防中压两用水枪	9	0.7～2.5	30～50
消防高压两用水枪	6.5、7.0、7.5、8.0	2.5～4.5	30～50

(三)水枪在灭火中的应用

1.直流水枪

GBC003 水枪在灭火中的应用

直流水枪和开关直流水枪，主要用来喷射柱状(密集)水射流进行灭火或冷却。这种水枪适用于远距离扑救一般固体物质火灾。我国目前生产的直流水枪有 QZ 型直流水枪、QZA 型直流水枪和 QZG 型开关直流水枪。QZ 型和 QZA 型直流水枪一般由接口、枪体、喷嘴、密封圈等组成。QZG 型开关直流水枪由球阀、接口、枪体、整流器、喷嘴密封圈、背带及耳环等组成。喷嘴直径分别为 13 mm、16 mm、19 mm、22 mm 等。一支喷嘴口径为 19 mm 的水枪能控制的燃烧面积为 30～50 m^2。消防水泵能够长时间正常运转，一般情况下水泵出水口压力不宜超过 0.8 MPa。

2.喷雾水枪

喷雾水枪(图 1-2-1)是一种喷射雾状射流的水枪，喷嘴喷射出来的雾滴直径一般为 0.2～1.0 mm，对建筑物室内火灾具有很强的灭火能力，雾状水流冷却效果好，用水量少，水渍损失小，可用于扑救电气设备火灾和油类火灾。同时，雾滴吸收大量的热，可形成水幕保护消防人员，并可稀释浓烟及可燃气体、氧气的浓度。

喷雾水枪分为机械撞击式喷雾水枪、离心式喷雾水枪和簧片式喷雾水枪。

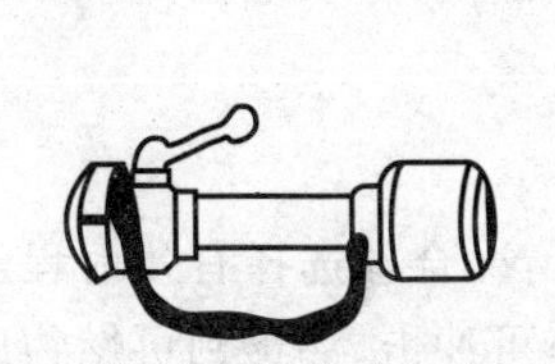

图 1-2-1　QW48 型离心式喷雾水枪

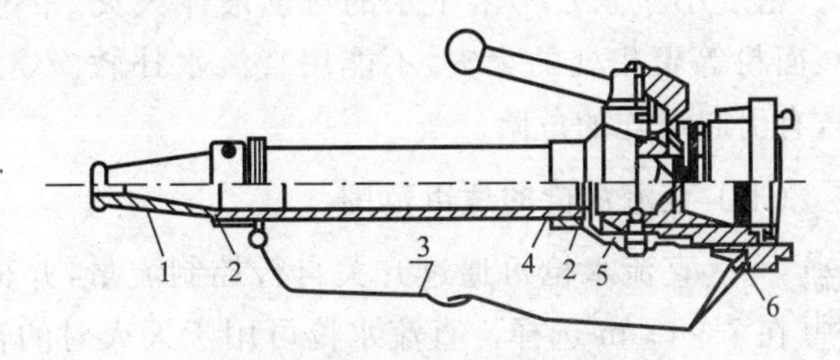

图 1-2-2　直流喷雾水枪

1—喷嘴；2—平面垫圈；3—背带；4—枪体；5—球阀及接口；6—耳环

3.直流喷雾水枪

直流喷雾水枪(图 1-2-2)是一种多用途水枪，既可喷射直流水流，又可喷射雾状水流；既可将直流射流转变为雾状射流，又可将雾状射流转变为直流射流。这种水枪集合了直流水枪和喷雾水枪的两种功能，机动性能较好，可适应不同火场的需要。

直流喷雾水枪按结构形式分有多种，主要有球阀转换式直流喷雾水枪、球阀转换式直流水幕喷雾水枪、导流式直流喷雾水枪和多头直流喷雾水枪。

GBC005 直流水枪的性能

（四）直流水枪的性能

直流水枪的主要性能见表 1-2-3。

表 1-2-3　直流水枪的主要性能

型　号	进水口径/mm	出水口径/mm	外形尺寸(外径×长度)/mm	射程/m	质量/kg
QZ13		13		≥22	
QZ16	50	13、16		26、32	0.72
QZ19	65	16、19	111×337	32、36	0.93
QZ16A	50	16	95×390	≥35	1.0
QZ19A	65	19	110×520	≥38	1.32
QZG13		13		≥22	
QZG16	50	16	98×440	≥31	1.8
QZG19	65	19	111×465	≥35	2.0

（五）直流水枪的作用

GBC006 直流水枪的作用

直流水枪喷射的水流为充实柱状，射程远，流量大，冲击力强。操作直流水枪射水时，由于操作者受到反作用力的影响，所以如变更射水方向，应缓慢操作。使用开关水枪时，开关动作应缓慢进行，以免产生水锤作用，造成水带破裂或影响消防员安全。

（六）直流水枪的特点

GBC007 直流水枪的特点

直流水枪由枪筒和枪嘴组成。枪管一般为圆锥管制作，有的枪管还装有导流片，以消除水的横向移动和旋转移动，枪管的作用是整流和增速。喷嘴一般采用具有出口断面方向收敛的锥体形状。直流水枪的射程与喷嘴当量直径和喷嘴水流速度有关。为了提高射程，应在结构上采取相应的措施，如将直径与流速之间进行优化设计，增设导流片等。

密度小于水且不溶于水的可燃液体火灾，带电设备、碱金属火灾，大量浓酸类火灾，煤粉、面粉等聚集处的火灾，不能用直流水扑救。熔化的铁水、钢水与水接触，会使水发生分解，有引起爆炸的危险。

（七）直流水枪的适用范围

GBC009 直流水枪的适用范围

直流水枪可通过开关自行控制流量，并根据现场情况合理选择有效射程，一般可在 7～17 m 选择。直流水枪可用于灭火时的辅助冷却；可冲击、渗透到可燃物质内部，用来扑救阴燃物质火灾；直流水的冲击力可切断或驱逐火焰，如扑救商场、天然气火灾等。

（八）直流水和开花水不能够扑救的火灾

GBC008 可用直流水扑救的物质
GBC010 直流水和开花水不能够扑救的火灾

一般情况下，直流水可用于扑救一般固体物质火灾，如一般建筑、木材、纸张、粮草等。不能用直流水来扑救可燃粉尘（面粉、铝粉、糖粉、煤粉、锌粉等）聚集处的火灾，因为沉积粉尘被水流冲击后，悬浮在空气中，容易与空气形成爆炸性混合物。在没有良好的接地设备或没有切断电源的情况下，一般不能用直流水来扑救高压电气设备火灾，因为天然水中往往含有各种杂质，因此具有一定的导电能力。如在紧急情况下，必须进行带电灭火时，可采用间歇射水并需保持一定的安全距离。对于常见的电压在 35 kV 以下的带电设备，使用一般淡水和直径为 13～16 mm 的直流水枪灭火时，水枪与带电设备的距离只要超过 10 m 就不会发生触电危险。如因条件限制而不能远距离射水时，应尽量扩大射流与地面的夹角，使水柱以抛物线的形式射向带电设备，以达到安全的水柱长度。在距离、时间都受到限制的室内外扑救带电设备火灾时，应使用喷雾水枪，待喷雾水枪达到正常工作状态以后再射向带电设备，喷嘴与带电设备的距离应不小于 5 m。某些高温生产装置或设备着火时，不宜用直流水扑救。因为这些高温设备的金属表面在受到水流的突然冷却时，机械强度会受到影响，设备可能遭到破坏。储存有大量浓硫酸、浓硝酸的场所发生火灾时，不能用直流水扑救。因为水与酸液接触会引起酸液发热飞溅。轻于水且不溶于水的可燃液体火灾不能用直流水扑救，因为这些液体会漂浮在水面上，随水流散，可能助长火势扩大，促使火势蔓延。不宜用直流水扑救橡胶、褐煤等粉状产品的火灾。

(九) 开花直流水枪的特点

GBC011 开花直流水枪的特点

开花直流水枪(图 1-2-3)是一种可喷射直流水流和开花水流的水枪。在火灾现场可进行灭火、冷却、隔离、稀释和排烟等多种消防作业。开花直流水枪由于可以单独或同时喷射密集柱状射流和伞形开花射流，常在火场中以伞形开花射流隔离热辐射，掩护消防人员进入火场接近火源，以密集柱状射流扑救一般固体物质火灾或冷却保护其他物质。

目前在用的开花直流水枪主要有 QZH16 和 QZH19 两种型号。开花直流水枪主要由稳流器、枪体、球阀、手柄、开花圈和直流喷雾体等部件组成，有直流调节阀和开花调节阀两种开关。

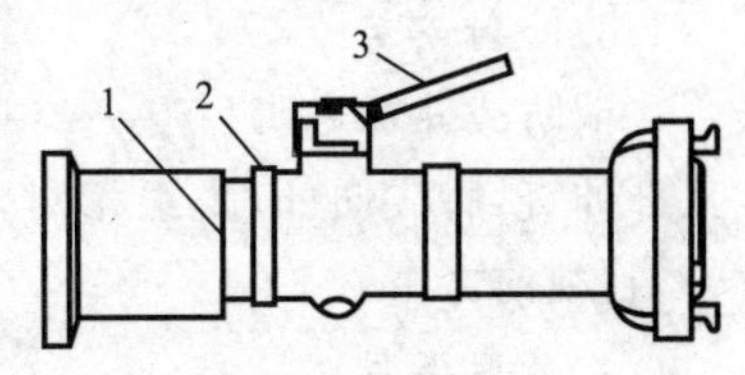

图 1-2-3　开花直流水枪

1—稳流器；2—枪体；3—手柄

(十) 消防中队射水打靶操训练方法

GBC015 消防中队射水打靶操训练方法

(1) 训练目的。使消防战斗员学会正确射水打靶，提高有效射流的方法。

(2) 场地、器材。在水源附近起点线上停靠一辆水罐消防车，车辆出水口与起点线相齐。起点线前 15 m、22 m 处分别标出射水线和终点线；沿出水口向前铺设一盘 ϕ65 mm 水带，连接一支口径 19 mm 的水枪，水枪喷嘴与射水线相齐。终点线上设置射水靶一个，靶架用金属管(32 mm×25 mm)焊接而成，靶盘呈正方形，中心有一个直径 50 mm 的靶孔。靶盘后接一集水器，容积 15 L，当集水器内水量达到 10 L 时，口令灯自动闪亮，喇叭鸣响。

(3) 操作程序。消防战斗班在起点线一侧 3 m 处站成一列横队。

听到“第一名出列”的口令，消防战斗员做好器材准备。

听到“预备”的口令，消防战斗员迅速持枪成立(跪、卧、肩)射姿势，向靶盘外射水，做好操作准备。驾驶员逐渐加压到 0.3 MPa 供水。

听到“开始”的口令，消防战斗员保持原来的射水姿势，向靶孔射水，待灌满容器后喊“好”。驾驶员停止供水，消防战斗员关闭水枪，成立正姿势站好。

听到“收操”的口令，消防战斗员将枪放回原处，成立正姿势站好。

听到“入列”的口令，消防战斗员跑步入列。

(4) 操作要求。

① 射水姿势正确且下达口令一致。

② 听到“开始”的口令，方可向靶孔射水。

③ 射水时，脚尖不准超过射水线。

④ 驾驶员供水时，逐渐加压，并保持 0.3 MPa 的压力。

(5) 成绩评定。

计时从发令“开始”至射水靶口令灯闪亮为止，24 s 为合格。

未能准确击中目标者不计成绩。

脚尖超过射水线及各种射水姿势不正确者加 1 s。

（十一）射水姿势

1. 立射姿势

GBC016 射水姿势

消防战斗员右脚后退一步，呈弓步，上体稍向前倾，同时左手握水枪前部，右手扶水带并靠于右胯，目视前方。

2. 跪射姿势

消防战斗员右脚后退一步，膝盖微弓，左小臂放在左大腿上，持水枪目视前方(持水枪方法同立射姿势)。

3. 卧射姿势

消防战斗员右脚后退一步并下蹲，双手前伸支撑上体；右手将水枪按在地上，双脚向后叉开伸直，脚尖向外，脚跟相对，与肩同宽，左臂肘部着地握水枪前部，右手小臂着地扶水带，目视前方。

4. 肩射姿势

消防战斗员右脚后退一步，呈弓步，上体稍向前倾，同时左手将水枪提于右肩，并握住水枪后部，右手握住水枪前部，使水枪紧靠肩部，目视前方。

（十二）水喷雾灭火系统的适用范围

GBC017 水喷雾灭火系统的适用范围

水喷雾灭火系统是利用水雾喷头在较高的水压作用下，将水流分离成细小的水雾滴，达到灭火或防护冷却的目的。水喷雾灭火系统由水喷雾头、管网、雨淋阀组、给水设备、消防水源以及火灾自动探测控制设备等组成，属于自动喷水灭火系统的一种。

1. 适用范围

水喷雾灭火系统的防护目的有灭火和防护冷却两种。

水喷雾灭火系统扑救各类露天设备火灾的效果较好，具体的适用范围为：扑救固体火灾、闪点高于 60 ℃的液体火灾和电气火灾。

防护冷却一般应用于可燃气体和甲、乙、丙类液体储罐及装卸设施的冷却，且在冷却的同时，可有效稀释泄漏的气体或液体。

水喷雾灭火系统设置场所不能有下列物质和设备：

(1) 遇水后能发生化学反应造成燃烧、爆炸的物质，如金属钾、钠，生石灰等。

(2) 没有溢流设备和排水设施的无盖容器。

(3) 装有操作温度在 120 ℃以上的可燃液体的无盖容器。

(4) 高温物质及易蒸发的物质。

(5) 表面温度在 260 ℃以上的设备。

2. 设置原则

符合下列条件的建筑物及部位应设置水喷雾灭火系统：

(1) 单台容量在 40 MV·A 及以上的厂矿企业可燃油油浸电力变压器、单台容量在

90 MV·A 及以上的电厂可燃油油浸电力变压器或单台容量在 125 MV·A 及以上独立变电所的可燃油油浸电力变压器。

(2) 低层建筑的燃油燃气锅炉房。

(3) 高层建筑内的可燃油油浸电力变压器室、充可燃油的高压电容器室和多油开关室、自备发电机房以及燃油、燃气锅炉房。

(4) 人防工程内的油浸变压器室。

(十三) 水喷雾灭火系统设置要求

1. 水雾喷头的类型

(1) 分类。

GBC018 水喷雾灭火系统设置要求

水雾喷头根据其结构和用途不同分为中速水雾喷头和高速水雾喷头两种。

中速水雾喷头主要用于对需要保护的设备提供整体冷却保护，以及对火灾区附近的建筑物、构筑物连续喷水冷却。

高速水雾喷头主要用于扑救电气设备火灾和闪点在 60 ℃以上的可燃液体火灾，也对可燃液体储罐进行冷却保护。

(2) 有效射程。

水雾喷头的有效射程是指喷头水平喷射时，水雾达到的最高点与喷口之间的水平距离。同一水雾喷头，雾化角小，射程远，反之则近。

(3) 喷头的选择。

保护对象为固体可燃物时，可选用中速水雾喷头；保护对象为可燃液体和电气设备时，应选用高速水雾喷头；当防护目的为冷却保护时，对喷头类型无严格限制。外形规则的保护对象，应尽量选用大流量、大雾化角的喷头；外形复杂的保护对象，则选用多种口径的喷头搭配使用，组成一个完整的保护系统，达到全面保护的目的。

2. 雨淋阀组

雨淋阀组是水雾灭火系统的主要组件，应具备下列功能：

(1) 接通或关闭系统供水。

(2) 接收电控信号可电动开启雨淋阀，接收传动管信号可液动或气动开启雨淋阀。

(3) 具有手动应急操作阀。

(4) 显示雨淋阀的启、闭状态。

(5) 驱动水力警铃。

(6) 监测供水压力。

3. 管路系统

管路系统由配水干管、主管道和供水管组成。

4. 过滤器

为防止杂物造成雨淋阀控制失效，应在雨淋阀前的水平管段上设置过滤器，防止水中杂物堵塞喷头。

5. 排水设施

水喷雾灭火系统防护区内应设排水设施，以便迅速排出系统喷出来的水。

6. 火灾探测传动控制装置

水喷雾灭火系统可采用自动、手动、应急操作三种控制启动方式。控制装置不应设置在潮湿、散发粉尘的场所，而应集中设置在控制室或消防值班室。

（十四）水喷雾灭火系统设计技术参数

1. 设计喷雾强度和持续喷雾时间

GBC019 水喷雾灭火系统设计技术参数

水喷雾灭火系统与雨喷淋灭火系统的区别在于喷头的结构、性能不同。设计喷雾强度和持续喷雾时间，应根据系统防护目的和保护对象类别确定。水喷雾灭火系统的技术参数见表 1-2-4。

表 1-2-4 水喷雾灭火系统技术参数

防护目的	保护对象		设计喷雾强度/$(L \cdot min^{-1} \cdot m^{-2})$	持续喷雾时间/h
灭火	固体火灾		15	1
	液体火灾	闪点 60～120 ℃的液体	20	0.5
		闪点高于 120 ℃的液体	13	
	电气火灾	油浸式电力变压器油开关	20	0.4
		油浸式电力变压器集油坑	6	
		电缆	13	
防护冷却	甲、乙、丙类液体的生产、储存、装卸设施		6	4
	甲、乙、丙类液体储罐	直径 20 m 以下	6	4
		直径 20 m 及以上		6
	可燃气体生产、输送、装卸、储存设施，灌瓶间、瓶库		9	6

2. 最不利点处水雾喷头的工作压力

最不利点处水雾喷头的工作压力应根据系统所选用的喷头性能以及喷头的工作压力范围确定。用于灭火时，工作压力不应小于 0.35 MPa；用于防护冷却时，工作压力不应小于 0.2 MPa。

3. 响应时间

响应时间是指由火灾报警设备发出信号至系统中最不利点水雾喷头喷出水雾的时间。它是评价水喷雾灭火系统在保护对象发生火灾时动作快慢的参数。

水喷雾灭火系统的响应时间，在用于灭火时不应大于 45 s；用于液化气生产、储存装置或装卸设施防护冷却时，不应大于 60 s；用于其他设施防护冷却时，不应大于 300 s。

4. 保护面积

水喷雾灭火系统的保护面积是指保护对象全部暴露的外表面面积。水喷雾灭火系统不仅用于保护建筑物和建筑物内的设施，还用于保护露天设备或装置。因此，其保护面积应根据具体保护对象确定。

不同对象的保护面积：

(1) 可燃气体和甲、乙、丙类液体灌装间、装卸台、泵房、压缩机房等的保护面积应按使用面积确定。

(2) 液化气储罐的保护面积，着火罐应按全部表面积计算，相邻罐应按外表面积的一半计算。

(3) 变压器的保护面积除应包括扣除底面积以外的变压器外表面面积外，还应包括油枕、冷却器的外表面面积和集油坑的投影面积。

(4) 分层敷设的电缆保护面积应按整体包容的最小规则形体的外表面面积确定。

(5) 输送皮带的保护面积应按上行皮带的上表面面积确定。

(6) 开口容器的保护面积应按液面面积确定。

(十五) 水喷雾灭火系统设计计算要求

1. 保护对象的水雾喷头设置数量确定

保护对象的水雾喷头设置数量应按下式计算：

GBC020 水喷雾灭火系统设计计算要求

$$N = Aq_{\mu}/q$$

式中　N——保护对象的水雾喷头设置数量；

A——保护对象的保护面积，m^2；

q_{μ}——保护对象的设计喷雾强度，$L/(min \cdot m^2)$；

q——水雾喷头的流量，L/min。

2. 系统设计流量确定

系统的设计流量按下式计算：

$$Q_s = KQ_j$$

式中　Q_s——系统的设计流量，L/s；

K——安全系数，应取 1.05～1.10；

Q_j——系统的计算流量，L/s。

3. 管道内水流速度的确定

水喷雾灭火系统管道内的水流速度不宜超过 5 m/s。用于球形液化气储罐时，系统水平环管内的水流速度不宜超过 2 m/s。

4. 管道和雨淋阀水头损失计算

水喷雾灭火系统的管道沿程和局部水头损失以及雨淋阀的局部水头损失计算，与自动水灭火系统相同。但当管道局部水头损失采用估算确定时，应按沿程水头损失的 20%～30%估算。

5. 系统水力计算方法

由于水喷雾灭火系统的保护对象火灾危险性大，发生火灾时蔓延迅速，扑救困难，所以系统的水力计算应采用沿途计算法。

6. 设计程序

(1) 根据保护对象类别确定水喷雾灭火系统的防护目的。

(2) 确定设计技术数据。

(3) 选择喷头型号，确定数量并布置喷头。

(4) 布置管网并绘制管网平面布置图和轴测图。

(5) 进行管网水力计算。

(6) 确定系统的设计流量。

(7) 选择消防水泵。

(8) 确定高位消防水箱的容积和设置高度。

(9) 选择系统的控制方式，并进行布置。

(10) 确定消防水池的容积。

(十六) 灭火中水枪阵地选择的基本要求

1. 水枪阵地选择的基本要求

GBC027 灭火中水枪阵地选择的基本要求

(1) 便于射水。能使水枪射流击中火点，充分发挥灭火效能。

(2) 便于观察。使水枪手能看到火势变化的情况和射水目标。

(3) 便于行动。水枪手要利用地形、地物接近火源，消灭火点，同时要便于后撤、转移、掩护等战斗行动。

2. 水枪阵地设置

(1) 依托门、窗。门(窗)口出入方便，不仅有利于进攻，还能起到较好的掩护作用，也便于观察火情，将水流准确地射到火点上。

(2) 依靠承重墙。在宽大的车间、仓库和大厅等建(构)筑物内灭火时，消防战斗员不应站在建(构)筑物内的中间部位，而应将水枪阵地设置在承重墙边。

(3) 吊顶内、外。吊顶检查口、屋顶上的老虎窗或百叶窗是设置水枪阵地的理想部位。

(4) 利用消防梯。将消防梯架设在燃烧着的窗(门)口旁边或屋檐上设置水枪阵地，向燃烧区射水。

(5) 利用地形、地物。可利用土堤、凹坑、树干、电杆等，必要时还可以利用重型机械设备充当水枪手移动、进攻的掩体。

(十七) 细水雾分级

GBC028 细水雾分级

细水雾灭火系统由一个或多个细水雾喷头、供水管网、加压供水设备及相关控制装置等组成，组件应具有防锈、防腐性能。

1. 细水雾的定义

细水雾的定义是在最小设计工作压力下、距喷嘴 1 m 处的平面上，测得水雾锥最粗部位的水微粒直径 $D_{v0.99}$ 不大于 1 000 μm。

描述喷雾液滴大小有三种方法：

(1) 体积中位数直径(VMD)。

(2) 邵特平均直径(SMD)。

(3) 数目中位数直径(NMD)。

2. 细水雾的分级

NFPA-750 将细水雾划分为三级：

(1) Ⅰ级细水雾。Ⅰ级细水雾代表最细的水雾，用于扑救电气设备火灾。

(2) Ⅱ级细水雾。由于有较大的水微粒存在，相对于Ⅰ级细水雾而言，Ⅱ级细水雾更容易产生较大的流量，适用于扑救 B 类火灾。

(3) Ⅲ级细水雾。这种细水雾主要是水经中压由小孔喷头、各种冲撞式喷嘴等喷出产生。这种细水雾对 A 类火灾有效。

(十八) 细水雾灭火系统的灭火机理

GBC029 细水雾灭火系统的灭火机理

1. 灭火机理

细水雾灭火系统是向保护对象或空间喷放细水雾并产生扑灭、抑制、控制火灾效果的自动系统。增加单位体积水雾液滴的表面积是细水雾灭火系统成功灭火的关键。

假如有 1 m^3水，其立方体的表面积为 6 m^2，如果将这个立方体一分为二，则其总表面积为 8 m^2。将这些水雾化为 1 mm 的液滴，则水的总表面积就会增加到 6 000 m^2。水滴表面积的增大可以极大地提高由火焰向水滴传导热能的速度，从而冷却燃烧反应。吸收热能后的水滴容易汽化，其体积大约会增加 1 700 倍。而水蒸气的产生既稀释了火焰附近氧气的浓度，窒息了燃烧反应，又有效地控制了热辐射。可以认为，细水雾灭火主要是通过高效率的冷却与缺氧窒息的双重作用来实现的。细水雾的灭火效果还与水雾相对于火焰的喷射方向、速度和喷水强度等密切相关。

2. 适用范围

细水雾灭火系统可用于保护下列场所：

(1) 油浸电力设备。

(2) 柴油发电机。

(3) 汽轮机的轴承。

(4) 齿轮变速箱。

(5) 燃油及润滑油储油箱及油泵。

(6) 易燃、可燃液体。

(7) 燃气涡轮机。

(8) 压缩机。

(9) 油漆混合及喷漆间。

(10) 电器火灾，如变压器、开关、断路器。

(11) 燃气喷嘴火焰。

(12) 电器设备，包括通信设备。

(13) 普通可燃固体，如纸张、木材等。

(14) 燃油、燃气锅炉。

(15) 海洋钻井平台。

(16) 军火库。

(十九) 细水雾灭火系统类型

GBC030 细水雾灭火系统类型

细水雾灭火系统具有环保、廉价，对人和环境没有危害的优点。按不同的标准，可分为下列几种：

1. 低压细水雾灭火系统

低压细水雾灭火系统的工作压力等于或小于 1.21 MPa。

2. 高压细水雾灭火系统

工作压力大于 3.45 MPa 的系统称为高压细水雾灭火系统。

3. 局部应用细水雾灭火系统

局部应用细水雾灭火系统保护的是一个特定设备，如蒸汽涡轮机组轴承。

4. 全淹没细水雾火火系统

全淹没细水雾灭火系统保护的是整个防护区，如燃气涡轮机组机房。

5. 预制细水雾灭火系统

该系统一般针对双流体系统。

6. 单流体细水雾灭火系统

该系统由喷嘴、水泵、雨淋阀、探测器及控制器组成，其构成和工作原理与普通的雨淋系统相同。

7. 双流体系统

该系统可分为两种类型：一种为水及雾化介质由不同管路分别供给到喷嘴，喷嘴利用高速气流将水撕碎并产生细小的水雾液滴；另一种为水及雾化介质经专用控制阀混合，通过同一管路以气液两相流输送至多孔喷嘴。

（二十）细水雾灭火系统设计方案

GBC031 细水雾灭火系统设计方案

细水雾灭火系统的设计应依据设定的消防目标，结合保护对象的功能、几何特性和可燃物的燃烧特性，合理选择系统类型。细水雾灭火系统的设计、施工、验收、维护管理应符合国家规范及现行有关标准的规定。

1. 系统的组成

细水雾灭火系统分为无泵式和有泵式两种。无泵式为高压储气瓶-储水罐系统；有泵式为雨淋阀系统，系统控制盘具有自动、手动切换功能。

2. 系统的启动

细水雾灭火系统的启动控制有两种方式：自动启动和手动启动。

3. 供水要求

细水雾灭火系统的消防用水量至少应满足最大一个保护对象的消防用水量要求。系统的储水量应保证能够供给系统不少于 30 min 的用水量。

（二十一）蒸汽灭火系统按设备安装情况分类

GBC032 蒸汽灭火系统按设备安装情况分类

水蒸气是不燃的惰性气体，能有效扑救可燃气体、可燃液体、易燃液体火灾。

1. 按用途分类

（1）全淹没式蒸汽灭火系统。

全淹没式蒸汽灭火系统是通过在防护区内建立蒸汽灭火浓度实现灭火，保护整个空间的。在石油化工厂的生产厂房、油品库房及油泵房等处，有大量的可燃液体和可燃气体设备，常处于高温高压下运转，一旦发生事故，易燃、可燃液体会迅速流散，可燃气体会很快扩散到整个空间或立即发生火灾，要消除可燃气体与空气形成的爆炸性混合物或迅速及时地扑灭初期火灾，全淹没式蒸汽灭火系统是一种既经济又有效的灭火设施。

（2）局部应用式蒸汽灭火系统。

局部应用式蒸汽灭火系统用于保护某一局部区域设备，采用直接喷射灭火方式，利用水蒸气的机械冲击力吹散可燃气体，并瞬间在火焰周围形成蒸汽层扑灭火灾，适用于石油化工厂的加热炉、炼制塔、反应锅、中间储罐等设备。

2. 按设备安装情况分类

（1）固定式蒸汽灭火系统。

固定式蒸汽灭火系统用于扑救整个空间、舱室的火灾，常用于生产厂房、油泵房、油船舱室、甲苯泵房等场所。一般由蒸汽源，输气干管、支管，配气管等组成。

（2）半固定式蒸汽灭火系统。

半固定式蒸汽灭火系统用于扑救局部区域火灾，闪点大于 45 ℃、罐体未破裂的可燃液体储罐火灾，有良好的灭火效果。

（二十二）蒸汽灭火系统的适用范围

蒸汽灭火系统有很多优点，在特定场合应用非常理想：

GBC033 蒸汽灭火系统的适用范围

(1) 蒸汽灭火系统最显著的特点是安装方便，使用灵活，且维修容易。

(2) 水蒸气本身具有一定的热焓，因而灭火时不会像水、泡沫等冷却型灭火剂那样，对高温设备产生骤冷的破坏力，故常用水蒸气扑救高温设备火灾。因此，水蒸气灭火系统在炼油厂、石油化工厂、火力发电厂、燃油锅炉房、油泵房、重油罐区、露天生产装置区和重质油品仓库等处得到广泛应用。

(3) 水蒸气灭火不留痕迹，但冷凝水有一定的水渍损失，不能用于扑救电气设备、精密仪表、文物档案及其他贵重物品的火灾。

(4) 水蒸气冷却作用小，不能扑救体积和面积较大的火灾。如二硫化碳设备不宜采用蒸汽灭火系统进行保护。

(二十三) 蒸汽灭火系统的设计规范

GBC034 蒸汽灭火系统的设计规范

有蒸汽源的火力发电厂、化工厂、气体加压站、油船，宜设置蒸汽灭火设施。

1. 蒸汽灭火浓度

蒸汽灭火浓度是指在防护区空间蒸汽灭火所要求的最小体积百分比。蒸汽灭火属于物理灭火作用，即通过降低空气中氧的含量产生窒息作用实现灭火。因此，汽油、煤油、柴油和原油等的蒸汽灭火浓度不宜小于35%。

2. 输气干管和支管

对于半固定式蒸汽灭火系统，在确定管径时，蒸汽干管、支管的直径不应小于相应短管的直径。

3. 配气管

蒸汽的释放不需要通过喷头，而是直接从配气管上的筛孔喷出，这与其他气体灭火系统不同。

(二十四) 蒸汽灭火系统的使用

GBC035 蒸汽灭火系统的使用

1. 蒸汽灭火系统的维护保养

平时应确保蒸汽灭火系统始终处于战备状态。蒸汽灭火系统的维护保养应注意以下几点：

(1) 蒸汽灭火系统的输气管道应保持良好，且应经常充满蒸汽。

(2) 排冷凝水设备工作正常，管内不积存冷凝水。

(3) 保温设施、补偿设施、支座等应保持良好，无损坏。

(4) 管线上的阀门应灵活好用，不漏气。

(5) 短管上的橡胶管连接可靠，完好整洁。

(6) 筛孔管畅通，配气管整洁卫生。

2. 蒸汽灭火系统的使用

(1) 设有固定灭火系统的房间，一旦发生火灾，应自动或人工关闭室内一切可以关闭的机械或自然通风孔洞、门窗，人员立即离开着火房间，然后开启蒸汽灭火管线，使整个房间充满蒸汽，进行灭火。

(2) 室内或露天生产装置内的设备泄漏可燃气体或易燃液体时，应打开接口短管的开关，对着火源喷射蒸汽，进行灭火。

(3) 可燃液体储罐区内的储罐发生火灾时，应立即在短管上连接橡胶输气管，将橡胶输气管的另一端绑扎在蒸汽挂钩上，打开接口短管的阀门，向油罐液面释放蒸汽，进行灭火。

（二十五）消防卷盘的使用方法

GBC048 消防卷盘的使用方法

消防软管卷盘是一种输送水、干粉、泡沫等灭火剂，供一般人员自救室内初期火灾，或供消防员进行灭火作业的消防装置，它广泛用于建筑楼宇、工矿企业、消防车等场所和装备上。

1. 分类

按使用灭火剂的种类可分为水软管卷盘、干粉软管卷盘、泡沫软管卷盘、水和泡沫联用软管卷盘、水和干粉联用软管卷盘、干粉和泡沫联用软管卷盘等。按使用场合可分为车用软管卷盘和非车用软管卷盘。

2. 组成

消防软管卷盘由输入阀门、卷盘、输入管路、支承架、摇臂、软管及喷枪等部件组成。

3. 使用与维护

(1) 使用消防软管卷盘时，首先应将输入阀门打开，将软管拉至需灭火部位，然后再打开喷枪实施扑救。

(2) 使用消防软管卷盘时，消防软管不应在毛糙的表面上拉曳，也不得扭结、压扁，或被车辆及其他设备碾压，或受到猛烈的冲击。

(3) 使用消防软管卷盘时，消防软管不能承受过多的纵向负荷，也不能超过最大工作压力使用，升压要逐步进行，避免过强的浪涌式压力。

(4) 使用消防软管卷盘时，消防软管不得在小于规定的最小弯曲半径时使用，不得在规定的温度范围外使用。

(5) 消防软管卷盘的外部和消防软管不应与带侵蚀性的材料，例如油、溶剂、腐蚀性物料等接触。软管使用后应排空。

(6) 消防软管不能长时间受阳光直射或反射，也要避免受强的人工光源照射。

(7) 应经常检查消防软管卷盘输入阀门与管路连接是否可靠，是否有渗漏现象；检查消防软管卷盘输入管路与软管间的连接是否可靠，是否有渗漏现象；检查输入阀门和喷枪的开关是否灵活可靠；检查全部附件是否齐全良好，软管的拉和收是否顺畅，软管是否有老化、破损、划伤现象；卷盘转动是否灵活。

二、技能要求

（一）准备工作

1. 材料、工具

分水器 1 只、ϕ65 mm 内衬消防水带 1 盘、直流开花水枪 1 支、消防救援头盔 1 顶、消防安全带 1 条。

2. 人员

1 人操作，个人防护装具齐全。

（二）操作规程

序号	工序	操作步骤
1	准备工作	穿戴好个人防护装具，将需要的器具摆放到指定位置

续表

序 号	工 序	操作步骤
2	铺设供水线路	按要求甩开水带
3	成立射姿势	右脚后退一步，呈弓步，上体稍向前倾，左手握水枪，右手握住水枪旋转开关
4	变换水流	变换水流
5	停止射水	关闭水枪，冲出终点线后举手示意喊"好"

(三) 技术要求

(1) 连接水带、水枪不得脱扣、卡扣。

(2) 水带扭圈不得超过 360°。

(3) 射水过程中必须变换水流。

项目二 操作移动水炮

一、相关知识

(一) 移动水炮的工作原理

GBC013 移动水炮的工作原理

消防炮是指设置在消防车顶、地面、船舶及其他消防设施上的灭火剂喷射炮，一般由炮头和炮体两部分组成，炮体主要包括流道和回转节两部分，带遥控操作功能的消防炮还应包括动力源和控制装置等部件。消防炮按喷射介质可分为消防水炮、消防泡沫炮和消防干粉炮。消防炮按使用方式分为移动式消防炮和固定式消防炮两种。

移动式消防炮包括移动式消防水炮和移动式消防泡沫炮。移动式消防水炮主要由炮座、喷嘴及相关附件组成。移动式消防泡沫炮主要由炮座、泡沫炮身及相关附件组成。固定式消防炮包括车载消防炮、船用消防炮、地面或炮塔固定安装的消防炮。固定式消防炮由炮座、喷嘴、泡沫炮身或干粉炮管等部分组成。

(二) 选择消防炮阵地

GBC014 选择消防炮阵地

使用载有消防炮的消防车，以及移动式消防炮灭火，应根据所扑救的火灾对象、火场地形、风向风力、所使用灭火剂的特性和消防炮的技术性能等选择阵地。

1. 喷射泡沫

通常选择在距燃烧区或燃烧物体 30 m 以外的上(侧)风方向，避开可能爆炸的部位。

2. 喷射干粉

通常选择在距燃烧区或燃烧物体 50 m 以内的上风方向，前方没有遮挡物，最好是居高临下的地方；当上风方向无法喷射时，可选择侧风方向。

3. 喷射水流

通常选择在火势蔓延方向的前方和两侧，根据火势和火场地形情况确定停车距离。消防炮流量大、冲击力强，不宜近距离(25 m 以内)使用，以防伤害人员和损毁建筑物。

(三) 物质的火灾特性

GBC036 物质的火灾特性

(1) 自燃点和燃点是评价固体可燃物火灾危险性的标志。

（2）在生产过程中，一般对闪点低于45 ℃的物料，要注意防止其蒸气与空气形成爆炸性混合物。

（3）固体物质的熔点表面积及热分解特性是衡量其火灾危险性的参考指标。

（4）闭杯实验闪点≤61 ℃的液体属于易燃液体。

（5）评价可燃液体火灾危险性的标志是闪点、自燃点。

（6）评价气体火灾危险性的主要标志是最小点火能量、爆炸浓度极限。

（7）气体爆炸浓度下限越低和上下限之间的幅度越大，其爆炸的危险性越大。

（四）火灾危险性扩大的主要特性

GBC037 火灾危险性扩大的主要特性

（1）物质的热值是指单位体积或单位质量的可燃物燃烧的热量。

（2）可燃性液体具有流动扩散性，可燃物的流动性越好，扩散速度越快，其火灾扩大的危险性也越大。

（3）可燃气体的密度越小，扩散性越大，火灾扩大蔓延的速度越快。

（4）在火灾状态下，沸点越低的物质越容易迅速形成过大的蒸气压力而导致容器爆裂，造成泄漏和扩散。

（5）有机化合物的相对分子质量越小，沸点越低，闪点越低，饱和蒸气压越大，蒸发速度越快，其火灾危险性也越大。

（6）气体、液体燃烧常呈扩散燃烧形式。

（7）影响火灾危险性扩大的主要性能有热值、燃烧速度、可燃气体密度、沸点、水溶性、流动扩散性等。

（五）灭火战斗结束的工作要求

GBC038 灭火战斗结束的工作要求

消防队在扑灭火灾后要进行下列工作：

1. 检查火场，防止复燃

消防队必须对火场进行全面细致的检查，以确认火灾是否被扑灭。发现余火和阴燃要继续将其扑灭，防止复燃。在检查中，对各种隐蔽部位和被压埋的可燃物尤其应注意查看。对温度较高或即将倒塌的建筑构件或设备，要进行必要的破拆。有的重要部位如果积水很多，应利用消防器材进行排水，以防止造成严重的水渍损失。必要时，应留下部分战斗力量或责成有关人员继续观察火场情况。

2. 清点消防人员和器材

扑灭火灾后，各级火场指挥员要及时清点消防人员和器材、装备。

（1）各战斗班长清点本班人数和器材、装备，并将清点情况报告中队指挥员；各中队如发现到场参战的人员缺少时，必须及时查明情况，如有在火场上下落不明的应迅速搜寻，逐个落实。

（2）队伍集合前应将使用过的消火栓出水阀和闷盖等拧紧，使之恢复原状。

3. 归队

（1）消防队撤离火场前，要将车上的消防梯和用过的水带固定牢固，器材箱门和车门关牢。

（2）留下监视火场的消防中队或战斗班应明确任务分工，坚守岗位，发现复燃立即予以扑救，遇有重要情况应及时报告调度室。

（3）消防队在返回驻地的途中，车速不可过快，以保证行车安全；如果又遇有火灾，应立即进行扑救，并及时报告调度室。

4. 恢复执勤备战状态

消防队归队后，要迅速检查和清点消防车辆器材，补充罐载水和维护其他器材、装备，根据需要调整充实各战斗班人员，使消防队达到能够重新参加灭火战斗的状态。

消防战斗员要检查个人装备，清洗水带，补充自己分工保管的器材。驾驶员要仔细检查车辆，将消防车的水罐灌满水，补充燃料油，使消防车的油、水、电、气充足。班长除检查自己的个人装备和分工保管的器材、装备外，还应检查本班的消防车和各消防战斗员执勤备战的恢复情况，并报告执勤队长。执勤队长应将有关情况及时报告调度室。

5. 灭火战评与总结

每次灭火战斗结束后的灭火战评与总结是一项重要工作。它有利于提高消防队的战术技术水平和灭火战斗能力，应当认真搞好。灭火战评，即评组织指挥、评战术技术、评火场纪律、评战斗作风、评协同作战。进行灭火战评要严肃认真，实事求是，发扬民主，集思广益。既要肯定成绩，总结成功的经验，表彰先进，又要总结失败的教训，找出缺点，提出改进意见。扑救重大火灾后，还要根据需要进行灭火总结，并整理上报专题材料。必要时由上级主管部门召开灭火现场会，实地总结和交流灭火经验。

每次火灾扑灭后，城市责任区公安消防中队和县公安消防队都要按照全国统一规定填报"火灾扑救报告表"。填报该表要及时、准确，以便各级主管部门进行统计分析，指导工作。

(六) 灭火战斗行动的概念

GBC039 灭火战斗行动的概念

灭火战斗行动，系指消防指战员在灭火战斗中的各项行动是从接到报警开始直至战斗结束的整个活动过程。一般情况下，灭火战斗行动包括接警、调度、出动、火情侦察、战斗展开、灭火、救人、疏散与保护物资、破拆、供水、排除积水、战斗结束等各个环节紧密联系的工作。

(七) 灭火战斗行动的原则

GBC040 灭火战斗行动的原则

灭火战斗行动的原则是：统一指挥、协同配合、准确迅速、机智勇敢、注意安全。正确理解和贯彻这一原则，对于保证消防指战员胜利完成灭火战斗任务，取得最佳灭火效果，并且最大限度地避免或减少消防车辆装备的损失和人员伤亡，具有重要意义。

(八) 灭火战斗的任务

GBC041 灭火战斗的任务

根据《公安消防队灭火战斗条令》规定，公安消防队在灭火战斗中的任务是：迅速扑灭火灾，积极抢救人命，保护和疏散物资。

灭火是争分夺秒的战斗，消防队必须有快速反应能力。迅速扑灭火灾，就是要行动迅速，采取措施及时，抓住战机，力争速战速决。因此，要求受理火警准，出动快；判断火情准，战斗展开快；控制火势及时，扑灭快。在灭火战斗的各个环节，防止发生失误和事故，充分发挥消防队的战斗效能，及时、有效地将火灾扑灭。积极抢救人命，是消防队员到达火场后的首要任务，要尽快查明情况，主动采取各种措施，把受到火灾威胁的人员迅速抢救或疏散出来，尽最大可能保护他们的人身安全。在火场上保护和疏散物资，也是灭火战斗的一项重要任务，要根据实际情况，采取有效措施，使国家、集体和公民的财产免遭火灾危害，尽量减少火灾损失。

为了有领导、有秩序地进行扑救火灾的各项工作，搞好组织指挥和战斗分工，火场上的各级消防指战员都要明确自己的职责，各司其职、各负其责，防止由于职责范围不清而造成火场秩序混乱，影响灭火战斗任务的顺利完成。《公安消防队灭火战斗条令》中对指战员的职责做了明确规定。

1. 中队指挥员职责

在扑救责任区火灾时，公安消防中队的指挥员担任火场指挥员，负责指挥整个火场的灭火工作，在上级到达前，行使火场总指挥的职权。其职责主要是：

(1) 进行火情侦察，及时采取救人、灭火和保护、疏散物资等措施，确定水枪（炮）和泡沫枪（炮）的数量和阵地，以及破拆建（构）筑物的地点和范围。

(2) 向各班和增援的公安消防队及企、事业专职消防队布置战斗任务，检查执行情况，并根据火场情况变化，调整力量部署。

(3) 及时向调度室报告火场情况。

(4) 在上级指挥员到场后，报告火场情况，执行上级命令，负责本队的灭火战斗工作。

(5) 在灭火战斗结束后，组织全队进行灭火战斗总结和战评，及时向上级报告火灾扑救情况。

2. 班长职责

班长在中队指挥员的领导下，负责本班的救人、灭火等工作。其职责主要是：

(1) 明确向消防战斗员分配任务，组织好各人员在战斗中的配合。

(2) 确定铺设水带的线路与水枪、分水器和消防梯等器材的设置地点。

(3) 搞好协同作战，与友邻班保持联系。

(4) 当火场发生紧急情况来不及请示时，立即采取相应的措施，然后向上级报告。

3. 消防战斗员职责

消防战斗员在班长的领导下，要积极主动地完成灭火战斗任务，其职责主要是：

(1) 明确自己和本班的战斗任务，坚决执行班长和中队指挥员的命令。

(2) 在灭火战斗中，必须坚守岗位。当灭火、救人、抢救物资等情况发生变化，来不及请示时，可以改变行动，随后向班长报告。

(3) 在使用水枪或泡沫枪时，要利用地形和掩体，尽量接近火源，充分发挥水枪或泡沫枪的作用。禁止盲目射水，避免或减少水渍损失。

(4) 在战斗行动中，要正确使用和爱护消防器材、工具，注意安全。

4. 驾驶员职责

驾驶员要在班长的领导下，积极完成灭火出动和在火场上供水等任务。其职责主要是：

(1) 明确本班的战斗任务，坚决执行班长和中队指挥员的命令。

(2) 将消防车迅速、安全地开到火场，停放在指定地点，坚守岗位。

(3) 在灭火战斗中，当火场发生紧急情况，危及消防车安全时，可以将车开到安全地点，随后向上级报告。

(4) 保证机械正常运转，及时完成向火场供水或供给泡沫混合液、干粉、二氧化碳等其他任务。

5. 通信员职责

中队通信员在中队指挥员的领导下，要积极做好火场与调度室（或县中队电话室）、火场指挥员与各班、前方与后方的通信联络工作，及时反映有关情况，迅速、准确地传达指挥员的命令。

（九）灭火战斗行动的内容

1.接警调度

（1）受理火警。

GBC042 灭火战斗行动的内容

受理火警，是指市公安消防总（支、大）队的火警调度室和城镇公安消防中队、专职消防队的电话室，对外界通过各种渠道和形式报告的起火信息接收和处理的活动。对消防队来说，受理火警是灭火战斗的开始。

消防队受理火警有集中接警、分散接警两种形式。通信员受理火警，要沉着镇定、动作熟练、反应敏锐、问话简练、语言清楚，做到受理火警准确、迅速。一定要把起火单位的名称及起火部位、地点、燃烧对象及物质、火势发展情况、起火单位电话号码及报警人姓名弄清搞准，避免出错。这就要求火警调度室和中队电话室实行昼夜 24 h 执勤制度。执勤通信员必须坚守岗位，集中精力，熟悉受理火警的方法和要求以及责任区的有关情况，保证通信器材好用。

（2）调度力量。

调度力量，是指公安消防总（支、大、中）队的通信员和调度指挥员在受理火警后通过有线、无线通信设备向火场调派灭火、救护、抢险力量的过程。

消防中队电话室的通信员接到报警后，要迅速派出第一出动力量；有灭火作战计划或有调度规定的，应按计划和规定调派灭火力量。在缺水区、大风、夜间等情况下发生火灾时，应加强第一出动力量。需要调集增援力量时，由执勤队长决定，通信员报告调度室。

根据扑救火灾的需要，公安消防队还要调用交通运输、供水、供电、电信和医院救护、环境卫生等部门的力量完成切断或控制电源、增大水压、协调救护人员、疏散物资、维护火场秩序、协助扑救火灾等工作。

2.灭火出动

灭火出动，是指公安、专职消防队接到出动信号后，执勤消防人员迅速着装出动，乘消防车驶向火场（或乘消防艇向火场航行）的过程。

（1）着装出动。

公安、专职消防队的执勤人员听到出动信号后，必须迅速穿着战斗服并佩戴好个人装备。每个执勤人员都要登上事先确定的消防车，并按规定的位置乘坐，不准乘坐在车厢上部。非执勤的班长、战士未经上级同意不得登车。

接到出动命令后，执勤消防车的驾驶员登车后立即发动车辆，班长检查本班人员登车和关闭车门情况，通信员将“出车证”送交执勤队长，执勤队长检查各班登车情况，宣布出车命令。计算消防队着装出动的时间，即从中队发出出动信号开始，到最后一辆消防车的后轮驶出消防车库大门为止。

（2）向火场行驶。

消防车在向火场行驶途中，一定要保证安全行车，防止发生事故，以免影响火灾扑救任务的完成和危及人员、车辆安全。驾驶员要集中注意力，在确保安全的前提下掌握好车速，不准盲目开快车。在超车、转弯、雨天路滑、能见度低等情况下，更要注意行车安全，发生紧急情况，应该沉着冷静地处理。消防车辆在同时出动的行车途中，两车之间必须保持一定的距离。在消防车前座上的指挥员或班长要协助驾驶员密切注视道路情况，及时提醒驾驶员注意行车安全。行车途中，乘内座式消防车的人员头部和上肢不得伸出车窗，乘敞开式消防车的人员，要双手抓住绳套或扶手，两脚站稳，目视前方，身体不要贴靠在消防车上，不许在车上着装。乘车前往火场的通信员，要利用车载台或其他无线通信器材同调度室或本队电话室保持联系。

在消防车行驶途中，如遇火车阻拦，指挥员或班长应根据等候或绕行的时间长短，果断做出决定；必要时应通知调度室，并要求另行调派邻近中队车辆前往火场。消防队在出动途中遇到另外一起火灾，应立即通过无线电台或借用沿途的有线电话向调度室报告；如果一时联系不上，执勤队长应根据两处火场情况的轻重缓急和危害程度进行判断，采取相应对策。

3. 火情侦察

火情侦察，是指消防队到达火场后为全面了解火灾情况所进行的一项重要工作。各级火场指挥员只有及时、全面、细致地进行火情侦察，才能做出正确的判断和决策，实施正确部署，采取正确的战术措施，避免或减少经济损失和人员伤亡，夺取灭火战斗的胜利。

（1）火情侦察的任务。

消防队到达火场后，要组织侦察人员迅速准确地查明火灾情况，主要包括：

① 燃烧部位及范围，燃烧物质的性质，火势蔓延途径及其主要发展方向。

② 是否有人被围困在火场内，是否有人受到火势的威胁，人员所在部位及疏散抢救的通路和方法。

③ 有无爆炸、毒害、腐蚀、放射性、遇水燃烧等物质，这些物质的数量、存放情况、危险程度和应采取的对策等。

④ 查明火场内外是否有带电设备，以及切断电源和预防触电的措施。

⑤ 有无需要疏散和保护的贵重物资、档案资料、仪器设备及其数量、放置部位、受火势威胁的程度、禁止使用的灭火剂等。

⑥ 已燃烧的建（构）筑物的结构特点、构造形式和耐火等级，有无倒塌的危险，是否威胁到毗邻的建（构）筑物，是否需要进行破拆等。

（2）火情侦察的组织。

及时搞好火情侦察是一项艰巨、复杂的任务，必须有组织、有领导地进行。火情侦察的组织应根据到达火场的灭火力量、火势情况和侦察任务来确定，通常采用以下几种形式：

① 一个战斗班单独进行灭火战斗时，由战斗班长和一名战斗员组成侦察小组。

② 一个消防中队投入灭火战斗时，由中队火场指挥员、战斗班长和火场通信员三人组成侦察小组。

③ 火场较大，参战中队较多，成立灭火指挥部时，由指挥部组织一个或若干个侦察小组进行火情侦察工作。

（3）火情侦察的程序。

从消防队到达火场开始，直到灭火战斗结束，火情侦察要贯穿整个扑救过程。一般可分为初步侦察和反复侦察两个阶段。

① 初步侦察。侦察人员通过火场外部侦察、向起火单位等有关人员询问情况和深入火场内部进行侦察等方法，迅速、概略地掌握火场上的一些情况，包括燃烧部位、火势蔓延方向是否有人被困或受到火势威胁，是否有贵重物资需要疏散抢救，为火场指挥员确定火场主攻方向、正确部署灭火力量和及时要求调派增援力量等提供依据。

② 反复侦察。继初步侦察之后，在整个灭火战斗过程中，还要不断地进行具体、细致的火情侦察，对某些重要情况反复进行侦察。反复侦察的目的在于进一步了解火场上的全面情况，及时掌握火场情况的变化，以便火场指挥员及时调整战斗力量部署，采取相应的战术措施，掌握灭火战斗的主动权。

(4) 火情侦察的方法。

不同的火灾有不同的火情侦察方法。通常情况下，可以采用外部侦察、询问知情人、内部侦察和仪器检测等方法。

① 外部侦察。指挥员和侦察人员在火场上仔细观察，通过感觉器官对外部火焰的高度、方向、温度，烟雾的颜色、气味、流动方向和周围情况等进行侦察，以判断火源位置、燃烧范围、燃烧物品的性质、火势蔓延方向、对毗邻建筑物的威胁程度、受到火势威胁人员的位置，以及飞火对周围可燃物的影响等。

② 询问知情人。指挥员和侦察人员直接向起火单位负责人、安全保卫干部、工程技术人员、值班人员和其他职工，以及邻近单位有关人员及周围群众和目击者等询问火场的各种相关情况，力求弄清有关问题。必要时，由1～2名熟悉火场情况的人员做向导，引导侦察人员深入火场进行内部侦察。

③ 内部侦察。参加火情侦察的人员进行内部侦察时，要接近或进入燃烧区，观察火势燃烧情况、蔓延方向和途径；人员、贵重物资和仪器设备等受火势威胁的程度；进攻路线和疏散通道；建(构)筑物有无倒塌征兆，是否需要破拆；弄清火场内对灭火战斗有利和不利的因素。在设有消防控制中心的建筑物发生火灾时，侦察人员应首先进入消防控制中心查询火灾情况；如果该中心装有电视监控系统，还可以通过荧光屏观察火势燃烧和电梯、通道等的情况。

④ 仪器检测。在有可燃气体、放射性物质、浓烟、空心墙、闷顶等特殊情况的火灾现场，侦察人员应使用可燃气体测试仪、辐射侦察仪、红外线火源探测器等现代化专用检测仪器进行侦察，以便及时找到火源和查明有关情况。

⑤ 其他方法。除以上方法外的火情侦察方法。

(5) 火情侦察的要求及注意事项。

侦察小组的每个成员都要配备个人防护装备和侦察器材。侦察人员必须胆大心细、机智灵活、目的明确。每个侦察小组应指定组长，明确侦察任务，提出安全注意事项，规定通信联络的方法。

侦察人员必须通过高温区、浓烟区或火区进行侦察时，应当用喷雾水枪进行掩护。

进入着火房间前，侦察人员应站在门侧(双开门在上风向，单开门在门锁一侧)，用工具推开门扇，以防烟火或热气喷出伤人，并应先用直流水枪向天棚、地板进行扫射，查看天棚、地板是否有塌陷危险，然后进入着火房间，在房间内行进时，应尽量靠近承重墙，前脚虚，后脚实，稳步前进，并注意掩护身体。

在登高侦察时，侦察人员应利用安全绳、安全钩、安全带和缓降器等器材进行自身防护。在有陡坡的屋顶活动时，要踩在屋脊等承重构件上，弯腰借助腰斧来探路、支撑；在高处行走时，必须选择安全可靠的部位，有时可采取匍匐、骑坐的姿势前进。

火情侦察中发现有人受到火势威胁时，必须积极进行抢救，并应根据具体情况关闭防火门和某些阀门，以阻止烟火蔓延。

4.战斗展开

战斗展开，是指消防队到达火场后，根据指挥员的命令，灭火人员和消防车迅速进入战位或作战阵地，对燃烧区形成进攻态势的战斗行动。战斗展开应根据火场情况具体实施，也可以按灭火作战计划进行。

灭火战斗展开可以分为准备展开、预先展开和战斗展开三种形式。消防队到达火场后应采用哪种形式，要根据火场具体情况灵活运用。

(1) 准备展开。消防队到达火场后，往往从外部看不到燃烧特征，需要进行火情侦察。火场指挥员则在开始组织进行火情侦察的同时，下达"准备展开"命令。前方消防车停在接近火场的地点，后方消防车停靠在水源旁，根据战斗分工，战斗员各自准备好灭火需要的器材、工具，到车前待命，并将干线水带接口连接到消防车出水口上，连接好吸水管与滤水器。

(2) 预先展开。消防队到达火场后，从外部可以看到烟雾和火焰，但对火势蔓延方向和途径、有无人员被困、建筑物结构及耐火等级、燃烧物质的性质等基本情况尚不清楚，需要进行火情侦察。火场指挥员则在开始组织进行火情侦察的同时，下达"预先展开"命令。前方消防车战斗班长持分水器跑到接近燃烧区的地点，将分水器放在适当的位置上，消防战斗员铺设好干线水带，将水带接口连接到消防车出水口与分水器进水口上，携带好各自使用的器材、工具，在分水器旁待命，驾驶员操纵车辆怠速运转，准备出水。后方消防车铺设好供水干线水带，连接好吸水管和滤水器，准备供水。

(3) 战斗展开。消防队到达火场后，通过外部侦察，已基本掌握了火场情况，或事先制订了灭火作战计划，熟悉该单位(起火部位)的建(构)筑物状况。这时，火场指挥员应根据火场情况或灭火作战计划下达"战斗开始"命令。前方消防车战斗班长将分水器放在地上，到前方指挥本班水枪手灭火；消防战斗员按各自的分工铺设好干线、支线水带，驾驶员操纵消防车(泵)加压向前方供水。后方消防车要连接好水源，向前车加压供水。

5.灭火

灭火是指参战人员使用消防器材、装备将灭火剂喷射到燃烧物上，或采用其他灭火方法破坏燃烧条件，中止燃烧的过程。在一般火场上，控制火势和消灭火源通常是通过射水来进行的。因此，水枪阵地的选择，以及水枪射流的变换，对于及时有效地灭火具有重要意义。

(1) 灭火要求和应注意的问题。

① 准确射击目标。应将水射在火点或需要冷却的目标上，严禁在火情不明的情况下盲目射水；水枪手应把水流喷射到火焰根部；要根据火场燃烧情况，及时变换水枪射流；合理用水，减少水渍损失。

② 正确使用灭火剂。根据火场燃烧物的性质、状态，燃烧范围和风力、风向等因素，正确选择灭火剂，并保证供给强度，充分发挥其灭火效能。

③ 搞好个人安全防护。灭火人员进入燃烧区灭火、救人，应佩戴空气呼吸器，有条件的应穿隔热服，携带安全绳、照明灯具和通信器材等。攀登消防梯时应有人保护，在梯上进行射水或破拆作业时，要用安全带、安全钩进行自身保护，防止坠落。

④ 避免人员伤亡。灭火战斗过程中，当火场有爆炸、毒害、腐蚀、放射性物质以及倒塌、油罐沸溢、喷溅等危险因素时，火场指挥员应组织精干力量实行重点突破，其余人员应撤至安全地带，防止情况发生突变造成不必要的人员伤亡。在扑救船舶火灾时，登上着火船舶以及乘坐消防艇参加灭火的消防指战员应穿戴水上救生衣，并配备救生圈等救生器材，以

便救人、自救。

⑤ 搞好协同配合。在灭火战斗中，公安消防队、专职消防队和义务消防队之间，战斗员和战斗员之间，都要顾全大局，互相配合，协同作战，在火场总指挥员的统一领导下，完成各自分工的任务。

⑥ 保护消防车辆和器材装备。消防车到达火场后，选择的停车地点既要便于灭火，又要注意安全。各级火场指挥员和消防车驾驶员、战斗员都要密切注视火势变化情况，当火势威胁到车辆、器材装备时，要及时予以转移或撤退到安全地带，以防止消防车被困在燃烧区或车辆器材装备被火烧坏。

(2) 灭火方法在火场上的应用。

① 冷却灭火法在火场上的应用。冷却灭火法是扑救火灾的一种常用方法。对于房屋、家具、木材、纸张等火灾，可以用水来冷却灭火。低温状态的二氧化碳也具有较好的冷却灭火效果，二氧化碳灭火器喷出－78 ℃的雪花状固体二氧化碳，在迅速汽化时需要吸收大量的热，能够大大降低燃烧区的温度，使燃烧停止。

在火场上，除用冷却法直接扑灭火灾外，还应经常冷却尚未燃烧的可燃物质，防止其达到燃点而着火，也可以用水冷却建筑构件、生产装置或容器等，以防止它们受热后变形或爆炸。

② 隔离灭火法在火场上的应用。火场上采用隔离法灭火的措施很多。例如：将火源附近的可燃、易燃、易爆和助燃物质从燃烧区转移到安全地点，关闭阀门，阻止可燃气体、液体流入燃烧区；排除生产装置、容器内的可燃气体或液体；阻止易燃、可燃液体的流散或可燃气体的扩散；拆除与火源毗连的易燃建筑构件，造成阻止火势蔓延的空间地带；用水流封闭的方法扑救油(气)井井喷火灾等。

③ 窒息灭火法在火场上的应用。运用窒息灭火法扑救火灾时，可以采用石棉布、湿棉被、湿帆布等不燃或难燃材料覆盖燃烧物或封堵孔洞；用水蒸气、惰性气体(如二氧化碳、氮气等)充入燃烧区内；利用建筑物上原有的门、窗以及生产储运设备上的部件，封闭燃烧区，阻止新鲜空气流入。此外，若无法采取其他扑救方法又在封闭有限的空间情况下，可采取用水淹没(灌注)或用高倍数泡沫充填的方法进行扑救。

④ 抑制灭火法在火场上的应用。采用抑制灭火法可使用的灭火剂有干粉、1211(二氟一氯一溴甲烷)、1301(三氟一溴甲烷)等。灭火时，一定要将足够数量的灭火剂准确地喷射在燃烧区内或燃烧物质上，使灭火剂参与和中断燃烧反应；同时采取必要的冷却降温措施，防止复燃。

在火场上采用哪种灭火方法，应根据燃烧物质的性质、燃烧特点和火场的具体情况，以及消防技术装备的性能来选择。有些火场，往往需要同时采用几种灭火方法，这就需要注意把握进攻时机，搞好协同配合，充分发挥各种灭火剂的效能，迅速有效地扑救火灾。

6. 火场救人

火场救人，是指灭火人员采用各种方法，使用各种器材、装备和工具营救火场上受火势围困和其他险情威胁的人员的行动。

(1) 坚持救人第一的指导思想。

当火场上有人受到火势、浓烟、爆炸、毒害、腐蚀、放射性物质和倒塌等威胁时，积极抢救人命是消防队的首要任务。火场指挥员要组织参战人员尽快将被困人员抢救出来。在灭火与救人同样需要人员和车辆、器材装备的情况下，必须首先满足救人的需要，力争避免或减少人员伤亡。

在救人和灭火的步骤上，根据火场情况，有时先救人后灭火，有时为了救人先灭火，有时救人与灭火同步进行。当火场上有人被困于燃烧区内，如果不扑灭火势就不能排除险情，而无法抢救被困人员，甚至会增大人员伤亡时，火场指挥员应组织力量首先灭火以打开疏散通道，排除威胁人员生命安全的险情，为保护和疏散被困人员提供必要的条件。在有些火场上，救人任务不重，到场的消防力量一边救人一边灭火，也不致影响救人任务的完成，在这种情况下，火场指挥员应在组织一部分力量投入救人工作的同时，组织其余力量扑救火灾，使救人与灭火工作同步进行。

(2) 搜寻被困人员的方法和地点。

火场被围困的人员在烟火威胁下，有些人会在窗口、阳台等处呼救，有些人则会在室内躲藏起来，从而给消防队的营救工作带来困难。灭火人员在火场上应仔细搜寻。

搜寻被困人员的方法：询问知情人、主动呼喊、查看、细听、触摸、寻找被困人员地点。

(3) 火场救人的要求与注意事项。

① 抢救楼内被困人员，向他们所在部位架设消防梯时，要警惕并制止他们蜂拥而上，以免造成人员坠落、消防梯倾翻等事故。

② 被困人员自己沿消防梯或云梯消防车从楼上向地面疏散时，消防战斗员可用安全绳系在其腰部予以保护，或由消防战斗员将其背在身上护送下梯。

③ 从燃烧区向外抢救被困人员遇到浓烟、火焰或热辐射时，消防战斗员和被困人员可采用低姿或匍匐行进；不能行走的被困者，消防战斗员可将其背在身上匍匐爬行离开危险区域。

④ 进入燃烧区的消防战斗员，出于自身防护和救人的需要应携带对讲机、安全绳、腰斧、照明灯具，佩戴空气呼吸器，穿避火服或隔热服。

⑤ 对抢救出来的人员要及时清点人数，认真核对，切实搞清被火势围困的人员是否全部救出。

⑥ 对被抢救出来的受伤人员，除在现场进行急救外，必要时应及时送往医院治疗。

7. 火场破拆

火场破拆，是指灭火人员为了完成火情侦察、救人、疏散物资等战斗任务，对建筑构件或其他物体进行破拆，以及对建（构）筑物进行局部或全部拆除的战斗行动。

(1) 破拆的目的。

灭火战斗中，消防队进行破拆工作必须目的明确，不能盲目破拆。

① 灭火人员到达火场后为了迅速查明火情进行局部破拆。

② 灭火人员在火场上需要抢救人命和疏散物资时，通过破拆消除障碍，开辟通道。

③ 对阻碍灭火人员和消防车行动、妨碍喷射灭火剂的建筑构件和障碍物进行破拆。

④ 火场上火势燃烧迅猛，如果不进行破拆就难以控制火势时，可组织人员对火势蔓延的前方及两侧建（构）筑物进行破拆；必要时拆除房屋，开辟隔离带。

⑤ 为了延缓火势蔓延速度，改变火势蔓延和烟雾流动方向，可选择适当的部位进行破拆；需要排除烟雾和有毒气体时，也要选择时机和部位进行破拆。

⑥ 为了消除倒塌的威胁，对可能发生倒塌的建（构）筑物进行破拆或拆除。

(2) 破拆的方法。

在火场上能否迅速有效地进行破拆工作，直接关系到救人、灭火、疏散物资等战斗行动的成效，有时还关系到灭火人员和消防车辆装备的安全。火场破拆的方法主要有以下几种：

① 撬砸法。即使用铁铤、腰斧、消防斧等简易破拆工具和扩张器进行撬、砸、劈、扩张等破拆行动，主要用来打开锁住的门、窗，撬（砸）开地板、屋盖、夹壁墙等。

② 拉拽法。即利用安全绳、消防钩等简易器材、工具通过拉拽进行破拆。当需要拉倒建（构）筑物时，可用安全绳系住建（构）筑物的承重构件，用人力或汽车、拖拉机等机械设备拉拽，需要破拆顶棚时，可用消防钩拉拽。

③ 锯切法。即使用手锯和机动链锯、切割器、金属切割机等破拆机械器材进行切割的破拆行动。当需要破拆船舶玻璃、飞机外壳、高层建筑的高强度玻璃、钢门（窗）等硬度较大的部位时，使用这些功效较高的破拆机械可以迅速完成破拆任务。

④ 冲撞法。主要是使用推土机、铲车等机械对建（构）筑物或墙壁等建筑构件进行撞击，使之倒塌或被拆除，以开辟通道或隔离带。

⑤ 爆破法。即利用炸药和爆破器材进行破拆。对一些建（构）筑物等，可在有条件时采用定点、定向爆破法进行快速破拆。

（3）火场破拆的要求和注意事项。

① 限定破拆的具体目的和范围，在力争减少损失的情况下进行局部破拆或全部拆除。

② 在破拆建（构）筑物内部构件时，灭火人员应注意保护自身安全，必要时，在破拆前做好出水灭火准备。在破拆时应注意防止因误拆承重构件而造成倒塌伤人。

③ 在建筑物内破拆时不得损坏管道、防止造成煤气泄漏或影响通信、供电、供气等。

④ 必要时，在破拆地点周围设置警戒线，禁止无关人员进入或靠近作业区。

（十）战斗展开的要求

1. 铺设水带

GBC043 战斗展开的要求

灭火战斗中，消防战斗员铺设水带是否迅速，方法是否正确，对水带的保护措施是否得当等，都直接影响着灭火战斗的成效。因此，要求消防战斗员铺设水带时做到以下几点：

（1）正确选择铺设水带的路线。铺设水带应选择距离近、坡度小、弯道和障碍物少的路线，以便达到加快水带铺设速度、减少水带摩阻损失的目的。

（2）铺设水带遇到火车轨道时，在轨道下面挖洞，使水带从轨道下穿过，以保证不间断供水。

（3）不影响车辆通行。在道路上铺设水带，要尽量不影响来往车辆通行，并保证连续供水。一般水带沿路边铺设。穿越道路时，必须横向铺设，并用水带桥或其他代用物件铺垫在水带两侧，保护水带不被压坏。

（4）水带要留出机动长度。分水器前面的支线水带应留有不少于 10 m 的机动长度。在分水器旁边还应放置几盘备用水带。铺设干线水带也应留有必要的机动长度。

（5）要避开腐蚀和油污。铺设水带如果遇到地面上有酸类、碱类、易燃或可燃液体、油漆、污油等物质时，应尽量避开，防止水带损坏。

（6）楼层铺设水带。沿楼梯蜿蜒铺设水带，长度不宜超过两盘，拐弯处应呈弧形盘旋；垂直铺设水带时，每个接口处都要用水带挂钩予以固定，在最高处水带折弯部位应用软枕或软物件铺垫。

2.运送器材

在灭火战斗中，经常需要向前方或后方运送消防器材和工具，有时由于缺少一件器材或工具，就会影响或延误某项作业的进行。因此，要求消防战斗员在运送消防器材、工具时，尽量做到一次带全，避免多次往返，延误时机。运送消防器材、工具时，必须根据实战需要，考虑配套使用。例如，架设消防梯，应携带水带挂钩；楼层铺设水带，应携带水带挂钩、水带包布和安全绳；使用 1.64×10^{5} W 手抬机动泵引水，应携带帆布桶和发动拉绳；破拆门窗和建筑构件，应携带消防斧、铁铤和扩张器、切割器（机）、机动链锯等破拆器材和工具，在楼房中救人时，应携带缓降器、安全绳和防护手套等。

3.架设消防梯

在火场上架设消防梯主要用于灭火、救人和疏散贵重物资，要求做到安全、可靠和有利于灭火战斗。

(1) 消防梯应架在便于消防战斗员直接进入室内，而且没有烟雾和火焰的窗口、阳台等部位。当消防战斗员必须经过有烟、火的部位时，应将消防梯架设在窗口、阳台一侧，梯子上端高出窗台、阳台两个梯蹬，并用水枪射流予以掩护。

(2) 架设消防梯时，要使梯脚距楼基 0.8～1.3 m，使梯子与地面保持 70°～75°的安全角度。已架设的消防梯不得随便移动位置或撤走，如果需要移动或撤走消防梯，必须确认楼上无人使用或事先通知用过该梯上楼的人员。

(3) 利用消防梯疏散人员要防止一拥而下，使梯子上人员过多，超过荷载而发生事故。两节拉梯只能同时供 3～4 人依次而下。消防战斗员使用消防梯时要互相保护，防止梯子倾斜和歪倒。

(4) 在火场使用举高消防车时，要根据地面和空中情况选择适当的位置。要选择平坦的地方，并与高压线及其他电气设备保持必要的安全距离。操作时必须严格执行操作规程，严禁超荷载等违章作业发生，以保证举高消防车的安全。利用举高消防车登高的消防战斗员，应携带自救用的安全绳和防护手套等救生器材。

(十一) 火场摄像的内容

GBC044 火场摄像的内容

对火场的摄像，应做到内容完整、全面，具体情况详细。

1.火场基本情况

(1) 火场鸟瞰图像。

摄像人员到达火场后，首先应从不同角度或高度摄（录）取火灾现场鸟瞰图像，以便确定消防队到达后的火势燃烧范围。

(2) 火势发展情况。

摄像员应把火势燃烧初期、发展、猛烈、下降、熄灭五个阶段的发展变化情况摄（录）取下来。

(3) 火场特殊情况。

扑救压力容器、油罐、大风天、大面积易燃建筑区等的火灾时，摄像人员要注意摄（录）取发生爆炸、沸溢喷溅前的征兆，以及发生爆炸、沸溢喷溅时的状况；大风天和大面积易燃建筑区因热辐射、飞火等造成的远距离可燃物起火情况。

(4) 建(构)筑物情况。

主要摄（录）取燃烧区建筑物的结构、形状和布局，以及毗邻建筑物的结构、形状和布局。特别是阻拦火势蔓延或导致火势蔓延的构件、造成蔓延的途径等，要详细摄（录）取下来。当时无法摄（录）取的，应在火灾扑灭后补录。

（5）人员伤亡、损失情况。

应将火灾造成的人员伤亡情况和数量，设备、物资和建筑物被烧毁等情况详细摄（录）取下来。

（6）气象情况。

通过摄（录）取火场外部空间和地面的烟雾流动方向，下雨、降雪、结冰等特征，提供火灾的风力、风向、气温和湿度等天气情况。

（7）起火情况。

扑救火灾过程中，要注意摄（录）取很可能是起火点的部位情况，尤其是该部位的某些物质已被烧毁，仍有可能引起火灾的物体。

2.灭火基本情况

（1）战斗部署情况。

各参战消防队前方灭火阵地、后方供水位置、火场指挥部和分片指挥点的位置等情况。

（2）战术技术运用情况。

向火场主要方面进攻、登高救人、破拆、疏散和保护物资、火场供水、火场通信、火场照明、排烟以及后勤保障等方面的情况。

（3）其他。

地方党政领导亲临火场指挥，火场安全警戒等情况。

（十二）火场摄像的要求

GBC045 火场摄像的要求

（1）摄像人员必须有严格的时间观念，精心准备，维护好摄像器材，随时做好战斗准备。

（2）摄（录）取不同高度和角度的镜头时，可借助举高消防车或其他登高机械设备，登上附近的建筑物。

（3）摄像人员应佩戴头盔，着战斗服，穿消防靴。接近或进入燃烧区摄像时，要注意个人安全防护，并用防水物品保护照相、摄像器材免受水渍损害。

（4）摄像人员在现场拍照、摄录时，要将摄录镜头的时间、部位、物体名称、方位、间距等情况及时记录下来。

（5）灭火战斗结束后，摄录人员要及时完成编辑录像片、印放照片的任务。

（6）认真详细地填写火灾照、摄录像记录表，将磁带、底片、照片登记编号，存档保存，留备查考。

（十三）布利斯水炮的使用方法

GBC046 布利斯水炮的使用方法

布利斯水炮是一款简单、轻巧和操作简易的移动水炮。该水炮有一个革命性的安全关闭阀，它能在水炮突然移动时关闭水流。这一特性使水炮失控时降低了人员伤害的危险。

1.操作步骤

（1）提携水炮。

未充水时，在水带已连接的情况下，对布利斯水炮可收起撑脚，挎在肩上搬动。在水带充水时，可提着阀柄和一个撑脚移动布利斯水炮。阀柄必须处于关闭位置并锁定，以防阀门突然打开。

（2）水炮的固定。

水炮的固定包括重量固定、防滑钉固定、撑脚固定、拴住固定。

（3）转动进水口。

布利斯水炮装有上下转动进水口，这样各种不同尺寸的水带都可使用而不至于抬起撑脚防滑钉。该转动进水口同样允许水炮放置在门廊、楼梯平台及类似的地方，进水口可上下转动 20°。布利斯水炮装有三个防滑钉，当水炮滑移时提供牵引力，防滑钉必须保持接触地面，以提供牵引力。确保水带不要搁置在任何物体下，以至于将防滑钉抬离地面。

俯仰角度转动机构有一个机械装置来支撑炮头的重量，由生产厂家设定。炮头上抬，机械装置松开，所以感觉不到机械装置向上的固定力。布利斯水炮设计在低俯仰角度作业以最大限度地利用中部冲击，这是因为俯仰角度低，水平反作用力就要大于垂直反作用力。避免使用长的水流增强管或沉重炮头，因为它们会压倒俯仰角度，增加机械固定扭力。俯仰角度低，会增加水炮侧滑的危险。为降低水炮侧滑引起的人员伤害甚至死亡，使用前要测试其安全关闭阀。

（4）转动出水口。

布利斯水炮出水口允许左右转动 20°，俯仰角度转动＋10°～＋50°，推或拉炮头可重新对准水流方向。转动机构在压力下便于重新定位，迅速对准水流方向。如果转动机构迅速碰撞行程限位的话，可能触动安全关闭阀，关闭水炮水流。

（5）打开安全关闭阀。

放置水炮，水带充水。炮头指向所需方向。拉出手柄锁定钮，并将手柄向后拉起打开阀门，将阀门手柄置于所需挡位上（越往后流量越大，越往前流量越小）。如果水炮开始侧滑，安全阀会感应到水炮移动并关闭阀门，一个内置弹簧和水的压力会将阀门向前移动至关闭位置并关闭水流，阀门手柄在关闭位置自行锁定。安全关闭阀会自动再设定。侧滑原因得到纠正后，重新打开阀门。

（6）流量控制。

布利斯水炮阀门既可用来控制流量，又具有安全关闭功能。阀门手柄向前，阀门关闭；阀门手柄向后，阀门全开。阀门有六挡流量定位。六挡定位允许水炮操作人员根据需要或怎样安全、有效地操作来调节流量。

2.水炮自摆装置安全注意事项

（1）不要试图改动自摆机械装置用于任何其他水炮。如这样做，会造成炮头反作用力偏离旋转中心线，水炮可能在强力作用下飞快旋转。

（2）水炮通水时，手掌和手指要远离自摆装置转动部分。转动部分可能会夹住手指和手掌，对水炮放置处应予以警戒。

（3）布利斯水炮应放置在结实的地面上，且容易固定。沥青地面、草地和烂泥地面都很容易固定，而混凝土和松散的砂砾地面不容易固定。

（4）装在布利斯水炮上的炮头每一次自摆运行至末端时，都必须降低速度，停止后再反方向运行。覆盖面积的两边受水量要大于中间受水量。如果覆盖面积中心需要更多冷却，可根据情况缩小覆盖面积或用手控制水炮。

3.维护保养

布利斯水炮不需要频繁的维护保养，每次使用后用水冲洗保持干净、无脏物即可，任何不能操作或损坏的零部件都应予以修理或更换。维护保养检查清单：安全关闭阀正常；阀门标签清楚；撑脚转动自如，收起和撑开可定位；防滑钉尖锐，钉尖面积如大于 1/16 in (1.6 mm)必须更换；进水接口旋转自如；进水接口支点上下移动自如；安全关闭阀手柄锁定钮可轻易地锁定和释放；安全关闭阀手柄移动平稳，没有黏合；安全关闭阀手柄可在流量定位挡定位；出水口支点两边移动自如；出水口支点向上移动自如；出水口支点具有足够的固定力支撑炮头重量；安全固定带完好，带子没有磨损，挂钩无损坏。

4.操作前检查

(1) 没有明显损坏，如零件缺失、断裂或松动；水带和炮头连接良好。

(2) 两个撑脚能全部撑开。

(3) 所有三个防滑钉接触地面；阀门关闭状态下，阀门手柄的锁定和释放灵活。

(4) 进水口转动自如。

(5) 水炮固定牢固。

(6) 出水口所有方向转动自如。

(7) 安全关闭阀功能正常。

(8) 水炮指向安全方向。

(十四) 克鲁斯水炮的使用方法

GBC047 克鲁斯水炮的使用方法

克鲁斯水炮是消防领域里最坚固、最新颖的车载移动主力水炮。炮身和炮座能快速、可靠连接。分离机构被水压锁定。水平旋转锁是一根简单的压杆，能将克鲁斯水炮固定在所需位置。当水炮使用完后，自动排水阀会将炮体内的残留水排尽。

1.操作步骤

(1) 提携水炮。水炮可上下分体，单人双手可轻便提携。

(2) 放置炮座。张开所有撑脚；确认撑脚锁定钮已插入；炮座置于平地上，所有撑脚防滑钉接触地面。

(3) 揭开储存盖。揭开储存盖，使安全固定带钩住炮座。

(4) 在炮座上安装炮身。旋转俯仰手动转盘，确保炮头高于 35°安全限位，确保限位销插入并锁定；确保滑板置于向上位置；将炮身置于炮座上方并垂直滑入；按下滑板并注意卡爪已卡住炮座旋转槽。

(5) 安全固定带拴住移动炮。安全固定带拴在坚固的物体上；安全固定带与水柱夹角越小越好；安全固定带尽可能贴近地面；收紧安全固定带。

(6) 连接水带。按供水情况，连接一条或两条水带；确保水带与炮体连接完好。

(7) 俯仰角度锁定。转动旋转手盘，将炮头转至合适角度；确保俯仰角度不低于 35°；确保限位销插入并锁定。

(8) 水平角度锁定。将炮头调整至合适方向；炮头与安全固定带夹角越小越好；按下水平旋转锁定钮。

(9) 打开安全关闭阀。打开安全关闭阀，如作业中安全阀关闭，必须先停水后才能再次开启安全阀。

（10）通水。缓慢开启供水阀门，最大流量控制在 4 500 L/min，最大压力控制在 12 bar。从炮座上卸下炮身，停止水流；按下锁定钮并拉上滑板；垂直提起水炮。

（11）收起炮座撑脚。拔出弹簧锁定钮；将两边撑脚推至水炮后部。

（12）炮座储存。将炮座置于炮座储存架上；储存架可装于车辆储存箱侧壁或底板上。

2. 维护保养

每次使用后用清水冲洗，确保无脏物，各部件活动自如、功能正常。特殊部位检查如下：

（1）移动炮座。

快速旋转接口上部平面光滑；快速旋转接口旋转自如；安全阀和触动板必须活动自如；撑脚和撑脚锁定钮必须活动自如并定位锁定。

（2）炮身操作。

手动转盘必须转动自如；俯仰角度限位销必须恢复到安全位置；快速分离滑板和安全锁定操作自如；旋转锁定自如，锁定时水炮不能转动。

（3）蜗轮加注润滑油。

转动手动转盘，将炮头置于最高俯仰角；将润滑油（车用中等黏度）注入蜗轮罩注油嘴，直至注满。

3. 使用前检查

克鲁斯水炮每次使用前必须进行如下检查：

（1）没有明显的损坏或零件缺失。

（2）水带和炮头与水炮连接良好。

（3）撑脚完全打开并锁定。

（4）所有撑脚防滑钉接触地面。

（5）水炮牢牢拴住，安全固定带不能松动。

（6）安全阀操作自如。

（7）炮身与炮座连接良好。

（8）炮头仰角高度高于安全限位。

（9）俯仰运行旋转手盘旋转自如。

（10）未锁定时，炮身在炮座上旋转自如，旋转锁定杆紧缩旋转。

（11）水炮指向安全方向。

二、技能要求

（一）准备工作

1. 设备

水罐消防车 1 台、移动水炮 1 门。

2. 材料、工具

ϕ80 mm 水带 1 盘、异径接口 2 副。

3. 人员

1 人操作，个人防护装具齐全。

（二）操作规程

序　号	工　序	操作步骤
1	准备工作	将移动水炮、水带摆放到指定位置
2	铺带连接水炮	从车辆侧出水口铺设一条 ϕ80 mm 水带干线连接水炮
3	架设水炮	将水炮摆放到指定位置并打开开关
4	调节角度	打开摇摆开关，调整水炮仰角约 45°，在驾驶员逐渐加压时，使水炮射流全部击中落水区 4 个角

（三）技术要求

（1）连接水带、水炮严禁卡扣、脱扣。

（2）水流必须全部击中落水区 4 个角。

项目三　操作 TFT 多功能水枪

一、相关知识

（一）多用水枪的性能

GBC004 多用水枪的性能

多用水枪的性能见表 1-2-5。

表 1-2-5　多用水枪的性能

型　号	进口直径 /mm	出口直径 /mm	标定压力 /MPa	流量/(L·s⁻¹)		雾化角 /(°)	平均射程 /m	水幕角度 /(°)
				直流喷雾	水　幕			
QDZ16	65	16	0.5	5.4	8	30	>10	120
QDZ19	65	19	0.5	7.5	10	30	>10	120
QDQ16	50	16	0.35	5.4	2.6～15.4	30～40	>16	120
QDQ19	65	19	0.35	7.5	0.83～7.5	30～40	>11	120

（二）多功能水枪的应用

GBC012 多功能水枪的应用

多功能水枪可以喷射直流水、雾状水、开花水，射水反作用力小，流量可根据灭火实际情况进行调节；可远距离直流喷射扑救明火，也可用喷雾模式大范围净化空气中的烟雾；具有排烟、吸热冷却作用。多功能水枪适用于扑救木材、草垛、粮囤等的火灾。

二、技能要求

（一）准备工作

1. 材料、工具

分水器 1 只、消防水带 1 盘、TFT 多功能水枪 1 支、消防救援头盔 1 顶、消防安全带 1 条。

2. 人员

1 人操作，个人防护装具齐全。

（二）操作规程

序　号	工　序	操 作 步 骤
1	准备工作	穿戴好个人防护装具，将需要的器具摆放到指定位置
2	铺设供水线路	按要求甩开水带
3	成立射姿势	右脚后退一步，呈弓步，上体稍向前倾，左手握水枪，右手握住水枪手柄
4	变换水流	变换水流大小，调整水流方式
5	停止射水	关闭水枪，冲出终点线喊“好”

（三）技术要求

（1）连接水带、水枪不得脱扣、卡扣。

（2）水带扭圈不得超过 360°。

（3）射水过程中必须变换水流大小及方式。

项目四　变换水枪射流

一、相关知识

（一）喷雾射水的优点

GBC021 喷雾射水的优点

喷雾水枪喷射的雾滴直径一般为 0.2～1.0 mm，属于高压喷雾。喷雾射水具有以下优点：

（1）有排烟作用。

（2）可当作保护水幕。

（3）射水反作用力小。

（4）冷却效果好。

（5）喷雾射水产生的水蒸气，对室内火灾有窒息或稀释灭火作用。

（6）灭火过程中喷雾射水可大面积注水，能够节约用水量。

（二）喷雾水枪的特点

GBC022 喷雾水枪的特点

喷雾水枪是一种喷射雾状射流的水枪，对建筑物的室内火灾具有很强的灭火能力，雾状水流冷却效果好，用水量少，水渍损失小，可用于扑救电气设备火灾和油类火灾。同时，雾滴吸收大量的热，可形成水幕保护消防人员，并可稀释浓烟及可燃气体和氧气的浓度。

GBC023 喷雾水枪的性能

（三）喷雾水枪的性能

喷雾水枪的性能见表 1-2-6。

表 1-2-6　喷雾水枪的性能

型　号	进水口径/mm	工作压力/MPa	额定流量/(L·min^{-1})	射程/m	喷射夹角或射流宽	形　式
QJW48	65	0.2～0.7	315～900	≥14	80°	机械撞击式
QW48	65	0.7		4～11	80°	离心式
QWP50	50	0.35～0.7	360	≥18	3.5 m 宽	簧片式
QWP60	65	0.35～0.7	540	≥22	4.5 m 宽	簧片式

(四) 直流喷雾水枪的用途

GBC024 直流喷雾水枪的用途

直流喷雾水枪是一种多用途水枪,具有开启、关闭功能。既可喷射直流水流,又可喷射雾状水流;既可将直流射流转变为雾状射流,又可将雾状射流转变为直流射流。这种水枪集合了直流水枪和喷雾水枪的两种功能,机动性能较大,可适应不同火场的需要。

直流喷雾水枪按结构形式分为多种,主要有球阀转换式直流喷雾水枪、球阀转换式直流水幕喷雾水枪、导流式直流喷雾水枪和多头直流喷雾水枪。

(五) 喷雾水枪喷头的结构形式

GBC025 喷雾水枪喷头的结构形式

1. 离心式喷雾水枪

离心式喷雾水枪有多种不同结构,其原理都是使水流形成螺旋旋转和产生离心力,从而形成雾化水流。喷芯处有三个螺旋式流道,水流通过喷头芯后流入各个螺旋式流道,水流产生漩涡流和离心力,从而使水流雾化。

2. 机械撞击式喷雾水枪

喷头为多孔形,除中间有一孔外,周围还有数圈与轴线成一定角度的小孔。水流通过小孔后,形成数股细小支流,然后相互撞击,从而使水流雾化。另一种结构形式的撞击喷头是在带盖的特殊圆筒表面开有许多细孔,通过这些细孔使细化了的水流从喷口喷出,进一步碰撞形成细微粒子。

3. 簧片式喷雾水枪

簧片式喷雾水枪枪身前端有个鸭嘴形水枪头,喷口为一狭长窄缝,喷口前端安装有一片可震动的薄簧片,水流经过窄缝喷口自由喷出得到初次雾化,再经过薄簧片横向震动增强雾化。水流基本沿轴线方向运动,可获得较大射程。

二、技能要求

(一) 准备工作

1. 设备

水罐消防车1辆。

2. 材料、工具

ϕ65 mm 内衬消防水带1盘、消防多功能水枪1支、消防救援头盔1顶、消防安全带1条、异径接口1副。

3. 人员

1人操作,个人防护装具齐全。

(二) 操作规程

序 号	工 序	操 作 步 骤
1	准备工作	穿戴好个人防护装具,将需要的器具摆放到指定位置
2	铺设供水线路	按要求甩开水带
3	成立射姿势	右脚后退一步,呈弓步,上体稍向前倾,左手握水枪,右手握住水枪旋转开关
4	变换水流	在操作区分别进行直流、喷雾、开花射流变换。每变换一种射流都要还原到直流状态,再变换另一种射流
5	停止射水	关闭水枪,把水带、水枪放回原位

（三）技术要求

（1）连接水带、水枪时不得脱扣、卡扣。

（2）水带扭圈不得超过 360°。

（3）射水过程中必须变换水流。

项目五　操作带架水枪

一、相关知识

GBC026 带架水枪的特点

带架水枪是一种具有支承架并可移动的消防水枪。固定式带架水枪又称水炮。带架水枪具有流量大、射程远、能上下俯仰和左右回旋、便于操作等优点，适合扑救易燃建筑密集区、露天货场等大面积或难以接近的火灾。带架水枪主要由喷嘴、枪体扇形板、三通接头、底座、支架和弯管等零部件组成。

带架水枪有两个进水口，可并联两条水带线路。通过操作，枪体可水平旋转 360°，上下俯仰 90°左右。水枪的喷嘴直径有 25 mm、28 mm、32 mm 三种规格可供选用和调换。

平时要加强对带架水枪的保养，注意保持水枪各活动关节转动灵活。

二、技能要求

（一）准备工作

1. 设备

水罐消防车 1 辆、带架水枪 1 支。

2. 材料、工具

ϕ65 mm 内衬消防水带 2 盘、异径接口 2 副。

3. 人员

1 人操作，个人防护装具齐全。

（二）操作规程

序　号	工　序	操 作 步 骤
1	准备工作	将带架水枪、水带、异径接口摆放到指定位置
2	铺设、连接带架水枪	从车两侧出水口各铺一条水带，连接带架水枪
3	拉下操纵杆	右手拉开操纵杆固定弹簧销柄，左手拉下操纵杆射水
4	调节角度射水	右手拉开水枪仰角固定弹簧销柄，左手压下操纵杆，调整水枪仰角约 45°，使水枪射流全部击中落水区 4 个角

（三）技术要求

（1）连接水带、带架水枪，严禁卡扣、脱扣。

（2）水流必须全部击中落水区 4 个角。

项目六　攀登挂钩梯救人

一、相关知识

GBD001 攀登挂钩梯救人方法

在训练塔前 5 m 处标出起点线，二楼窗内放置假人 1 具。听到“开始”口令后，消防战斗员跑至塔基处，攀登挂钩梯进入二楼，将假人扶起，采用肩负式将假人背起，沿楼梯背至起点，立正喊“好”。救人过程中应保护好假人头部。

二、技能要求

(一) 准备工作

1. 设备

训练塔 1 座。

2. 材料、工具

挂钩梯 1 架、假人 1 具。

3. 人员

1 人操作，个人防护装具齐全。

(二) 操作规程

序　号	工　序	操 作 步 骤
1	准备工作	佩戴头盔、安全带，在起点处站好
2	蹬　梯	跑至塔前，攀登挂钩梯进入二楼
3	救　人	将假人扶起，采用肩负式将假人沿楼梯背至起点放好

(三) 注意事项

(1) 攀登挂钩梯时注意个人防护。

(2) 救人过程中保护好假人头部，在救人过程中严禁将假人扔在地上。

项目七　火场应急心肺复苏

一、相关知识

(一) 地铁灾害事故的特点

1. 突发性强

GBD002 地铁灾害事故的特点

地铁线长、面广、客流量大，灾害事故发生的时间和地点具有不确定性，而且发生爆炸、毒气等恐怖袭击事件初期极具隐蔽性，不易察觉，一旦发现，已达到了一定的危害范围和程度。

地铁火灾一般发生在自动扶梯、变配电室、电缆管线、电气列车等处。

2. 人员伤亡大

地铁人员密集，出入口少，疏散线路长，通风、照明条件差。一旦发生灾害，惊慌失措的人群很难在短时间内疏散完毕，如事故列车停在隧道站区间，同一时间大量人员染毒等。发生火灾时，空气中氧含量降至15%时，人体肌肉活动能力下降；空气中氧含量降至14%～10%时，人体四肢无力，易迷失方向；空气中氧含量降至6%～10%时，人就会失去逃生能力，从而造成大量人员伤亡。

3. 处置难度大

地铁发生爆炸、毒气事故时，险情侦察艰难，地下通信联络不畅，特种装备有限。如发生火灾，火势蔓延快、浓烟充斥，救援人员很难确定遇险人员集中点，往往会有大量人员伤亡。

4. 社会影响大

地铁发生灾害事故时，除造成大量人员伤亡外，其运行将会较长时间中断，影响人们的正常生活，从而直接影响社会稳定。

（二）地铁灾害事故处置的难点

1. 乘客流量大，逃生距离长

GBD003 地铁灾害事故处置的难点

商业运营的地铁，一般建在地下10 m左右，考虑商业和战备兼顾的地铁建在地下30～70 m处，地铁站台至地面各出入口通道距离近者在100 m以上，最远的可达200 m。

2. 逃生途径少，人员疏散难

事故突发时，大量乘客同时涌向狭窄的通道和楼梯，加上检票口等障碍物阻挡，很难确保所有乘客在5 min左右的时间内有序疏散。

3. 照明强度不够，救援行动不便

地铁一旦发生事故，必须停用强电，弱电应急照明灯光源不足，逃生时没有方向感，拥挤增加了人为伤害，加上救援人员逆向进入，必定与逃生群体发生冲撞。

（三）地震灾害现场救助人员

GBD004 地震灾害现场救助人员

地震灾害的特点是破坏力强、人员伤亡重、易引发次生灾害、救援困难。地震灾害现场的人员救助要符合现场自救、互救的原则。

1. 现场自救

地震发生后被埋压人员要：

(1) 坚定生存信心，消除恐惧心理，尽快脱离险境。

(2) 不能脱险时，应设法将手脚挣脱，清除压在身上的物体，尽快捂住口、鼻，防止吸入烟尘导致窒息。

(3) 保持头脑清醒，不可盲目大声呼救，可用石块或铁器等敲击物体与外界联系。

(4) 想方设法支撑可能坠落的重物，若无力自救，应尽可能减少体力消耗，等待救援。

2. 现场互救

地震发生后未遇险人员要：

(1) 注意听被困人员发出的呼救、呻吟、敲击器物的声音。

(2) 要根据房屋结构，先确定被困人员位置，再行抢救，以防发生意外身亡。

(3) 先抢救建筑边沿的幸存者，及时抢救那些容易获救的幸存者，以扩大互救队伍。

(4) 外援抢救队伍应当首先抢救的是医院、学校、旅社、招待所等人员密集的地方。

(5) 救援须讲究方法，首先使头部暴露，迅速清除其口鼻内的尘土，防止窒息。

(6) 对于埋在废墟中时间较长的幸存者，首先输送食品和饮料，边挖边支撑，注意保护幸存者的眼睛。

(7) 对颈椎和腰椎受伤的人员,切忌生拉硬拽。

(8) 对于一息尚存的危重伤员,尽可能在现场进行救治,并迅速送往医疗点和医院。

(四) 化学灾害事故处置的基本任务

GBD005 化学灾害事故处置的基本任务

化学灾害事故的社会救援工作涉及面广、专业性强,靠某一部门难以完成,必须组织各方面力量,成立统一的救援指挥部,才能最大限度地减少灾害损失。

1.控制危险源

及时控制危险源,防止事故进一步扩大,才能及时有效地进行救援工作。

2.抢救受害人员

"救人第一"是灾害救援工作的指导思想,也是应急救援工作的首要任务。要及时有效地实施现场救人脱险、紧急医疗救治和监护运转。

3.指导防护,组织撤离

指导现场群众采取各种措施进行自我防护,并从上风方向迅速离开危险区域或可能受到危害的区域。

4.现场清洗消毒,消除危害后果

清除事故现场留下的有毒有害物质,防止继续危害人体或污染环境。

5.事故调查,查明原因

事故调查包括估计事故危害波及的范围和程度,查明人员伤亡情况。

(五) 化学灾害现场抢险救援准备工作

GBD006 化学灾害现场抢险救援准备工作

1.安全防护

到场救援车辆停靠在安全位置,即停靠在泄漏现场的上风或侧上风方向。选择水源、部署阵地和实施抢险展开的部位,要优先考虑上风和侧风方向。必须做好个人防护,如佩戴空气呼吸器等。

2.现场组织指挥

成立现场救援指挥部,对现场救援工作实施统一组织指挥,积极协调医疗、公安、军队等的抢险救援行动。

3.灾情了解

及时寻找和询问知情人,了解现场中毒受害人员的数量、所处部位,泄漏物质的种类、泄漏部位和泄漏时间,周围单位、居民、供电和火源情况等。

4.抢险救援实施准备

组成现场警戒组,设置警戒区域;组成救人组,搜寻救助中毒受害人员;组成堵漏小组,根据泄漏情况采取措施;组成掩护组,实施抢险处置的掩护工作,如设置水幕,阻截和稀释现场毒气浓度;设立洗消点,及时消除余毒,如对中毒受害人员,处置人员,现场地面、物体,现场使用的器材、装备等染毒体讲行清洗消毒和检测。

(六) 化学灾害现场处置的一般程序

GBD007 化学灾害现场处置的一般程序

(1) 调集救援和处置力量。根据接警时了解的化学事故规模、危害和发生场所,迅速确定和派出第一出动力量,注意考虑调集其他社会救援力量,带足有关抢险救援器材。

(2) 采取询问和现场侦检的方法,了解和掌握泄漏物质的种类、性质,泄漏时间,泄漏量,已波及的危害范围,潜在险情。

(3) 控制险情发展和抢救疏散人员。控制险情发展可采取的具体技术措施:划定警戒区,设置警戒线;控制火源,防止爆炸;稀释浓度,减弱危害;冷却罐体,降低蒸发;设置水幕,阻止扩散;封堵地沟,堵截流散。抢救疏散人员要充分依靠当地公安民警、事故单位保安、居委会人员、医疗人员等。

(4) 消除危险源。常用的具体技术措施:关阀断源;堵漏止流;包封隔离;倒罐置换;回收输转;强力驱散;引火焚烧。

(5) 现场清洗消毒。清洗消毒是消除现场残留有毒物质的有效方法。

(6) 结束归队。清理现场,撤除警戒,做好移交,安全归队。

(七) 灾害现场人员的中毒急救

在灾害现场急救中,一般应灵活掌握先抢后救、先重后轻、先急后缓、先近后远的顺序,最大限度地减少人员伤亡。

GBD008 灾害现场人员的中毒急救

1. 现场危险区域群众的安全疏散

(1) 做好防护再撤离。群众应自行或互相帮助戴好防毒面具或用湿毛巾捂住口鼻,同时穿好防毒衣或雨衣,救援人员迅速指导车辆离开危险区域。

(2) 就近朝上风或侧上风方向撤离。现场组织撤离的人员应迅速判明方向,可利用旗帜、树枝、手帕来辨明方向。

(3) 重点对重伤员和老、弱、幼、妇实施抢救撤离。现场救援人员应重点搜寻和帮助重伤员和老、弱、幼、妇迅速撤离,实行分工合作,做到任务到人,职责明确,团结合作。中毒人员就地实施人工心肺复苏,并通知医护人员前来抢救。

(4) 对被污染的撤出群众应及时进行消毒。现场安全区域集中设置洗消站,用流动清水冲洗皮肤等方法及时进行消毒。

2. 急性化学中毒现场救治

对急性中毒的处理原则是:尽快终止毒物的继续侵害;对症治疗,尤其是迅速建立并加强生命支持治疗;促进毒物排泄,选用有效的解毒药物。

(1) 应用解毒药物。解毒药物的使用应及时、合理和适量,使用的同时不可忽视对症治疗。

(2) 促进毒物的排泄。在补液的同时用利尿药,可促进毒物从尿中排出,这是常用的排泄方法;严重中毒伤员可进行血液、腹膜或结肠透析,加速毒物排泄;必要时将中毒伤员含有毒物的血液排出,并用正常的血液补偿。

(3) 对症治疗。根据中毒种类及产生的后果进行对症治疗。如呼吸衰竭应使用呼吸机辅助,一氧化碳中毒应就近转到有高压氧舱的医院救治。

(八) 城市煤气的功过

GBD010 城市煤气的功过

煤气中主要的有毒有害成分是一氧化碳、甲烷和氢气。水煤气的成分中氢气占体积的49%,一氧化碳占39.2%,甲烷占2.3%。

一氧化碳为无色、无味、无刺激性的气体,微溶于水,能溶于乙醇和苯。易燃烧,其火焰的颜色是蓝色。与空气混合能形成爆炸性气体混合物,其爆炸极限为12.5%~74.2%。一氧化碳吸入人体后,由于与血红蛋白结合力强而将血液中的氧气置换出来,造成人体缺氧,出现窒息中毒症状。中毒时先表现为头重、头痛、眩晕，进而出现恶心、疲乏、倦怠、耳鸣，最后窒息死亡。

煤气一旦泄漏，极易扩散、爆炸。煤气泄漏后应采取疏散人员、现场警戒、喷雾稀释、关阀断源的措施。

(九) 氧化剂的危险程度

GBD011 氧化剂的危险程度

一般来说，在氧化还原反应中，能获得电子的物质称为氧化剂，失去电子的物质称为还原剂。氧化剂具有毒性或腐蚀性。氧化剂按照化学组成分为无机氧化剂和有机氧化剂。

1.氧化剂的危险性

(1) 强烈的氧化性。

(2) 受热、被撞分解性。

(3) 可燃性。

(4) 与可燃液体作用的自燃性。

(5) 与酸作用的分解性。

(6) 与水作用的分解性。

(7) 强氧化剂与弱氧化剂作用的分解性。

(8) 腐蚀毒害性。

2.有机过氧化物的危险特性

有机过氧化物是热稳定性较差的物质，可发生放热的加速分解过程，具体归纳为以下几点：

(1) 分解爆炸性。

(2) 易燃性。

(3) 伤害性。有机过氧化物特别容易伤害眼睛。

(十) 氰化氢的毒性

GBD012 氰化氢的毒性

氰化氢为无色气体或液体，其液体又称氢氰酸。液体极易挥发，有苦杏仁味。气体溶于水，爆炸极限为5.6%～40%。

氰化氢属于高毒类物质，其毒性作用主要通过氰离子发生。氰离子可经呼吸道、消化道，甚至完整的皮肤吸收进入人体。它经口使人毙命的最小致死剂量为0.3～3.5 mg/kg。氰化氢轻度中毒的症状：胸闷、头痛、恶心；重度中毒的症状：深度昏迷状态、呼吸浅快、阵发性抽搐、强直性痉挛。

(十一) 汽油的危害特性

GBD013 汽油的危害特性

汽油为无色或淡黄色液体，特性是易燃、易爆、易挥发。闪点<－18 ℃，爆炸极限1.58%～6.48%，其蒸气能与空气形成爆炸性混合物，与氧化剂能发生强烈反应，蒸气密度比空气大，能在较低处扩散到相当远的地方，遇明火会引着回燃。急性中毒对中枢神经有麻醉作用，轻度中毒症状是头痛、恶心、呕吐。高浓度吸入出现中毒性脑病。极高浓度吸入可引起意识突然丧失、反射性呼吸停止及化学性肺炎。

(十二) 柴油的危害特性

GBD014 柴油的危害特性

柴油为无色或淡黄色液体，不溶于水，与有机溶剂互溶。引燃温度350～380 ℃，爆炸极限 1.5%～6.5%，蒸气能与空气形成爆炸性混合物，遇明火易燃烧爆炸。柴油少量泄漏可用活性炭或其他惰性材料吸收。遇高热，容器内压增大，有开裂和爆炸的危险。柴油应与氧化剂、卤素分开存放，切忌混储。公路运输柴油时要按规定路线行驶。适用的灭火剂：干粉、二氧化碳、雾状水、泡沫。

危害性：皮肤接触柴油可引起接触性皮炎、油性痤疮；柴油废气可引起眼、鼻的刺激症状、头昏及头痛。

（十三）氧气的危害特性

GBD015 氧气的危害特性

氧气是易燃物、可燃物燃烧爆炸的基本元素之一，溶于水和乙醇。其化学性质活泼，能与多种元素化合发出光和热，也即燃烧。可与易燃物形成爆炸性混合物。自身不会燃烧，但助燃。可燃物起火时，若空气中氧的浓度增加，火焰温度、火焰长度增加，可燃物的着火温度下降。液态氧易被衣物、木材、纸张等物质吸收，见火即燃。氧与油脂接触则放出反应热，此热蓄积到一定程度就会自燃。

常压下，当氧的体积分数超过 40% 时，就有可能发生氧中毒；吸入 40%～60%氧气时，出现轻咳、胸闷和呼吸困难，严重时发生肺水肿；吸入氧体积分数在 80%以上时，面部肌肉抽搐、眩晕、心动过速、虚脱，继而全身强直性抽搐、昏迷、呼吸衰竭直至死亡。长期处于氧分压为60～100 kPa 的条件中会发生眼睛损害，严重者可失明。

二、技能要求

（一）准备工作

1. 材料、工具

垫子 1 张、假人 1 具。

2. 人员

1 人操作，个人防护装具齐全。

（二）操作规程

序号	工序	操作步骤
1	准备工作	将垫子、假人摆放到指定位置
2	放置假人	将假人抱至垫子上，呈仰卧位
3	人工呼吸	将假人仰头举颏，进行人工呼吸 2 次
4	胸外按压	在正确的位置进行胸外按压，每做 30 次按压，需做 2 次人工呼吸，然后再在胸部重新定位，再做胸外按压
5	检查结束	心肺复苏两遍后检查一次脉搏、呼吸、瞳孔，操作结束后，立正喊“好”

（三）技术要求

（1）放置假人时必须使用抱姿，严禁拖拽。

（2）假人放置时必须呈仰卧位。

项目八　利用绳扣救人

一、相关知识

1. 单绳椅子扣救人结绳法

听到“开始”口令后，消防战斗员左手持绳索将安全绳折成两股，右手穿入绳环中，张开虎口抓住绳索，做成双层绳环，左手拿着双层绳环交叉处，右手由双层绳环外伸入绳环中，抓住左手做的双股绳后，双手拉紧，然后调整绳套大小，立正喊“好”。

GBD016 绳扣救人

2. 双绳椅子扣救人结绳法

听到“开始”口令后，消防战斗员将安全绳一端折成四股，双手分握两端，左手持绳端，右手持绳环，将右手中的绳环搭在左前臂上，再使右手穿过搭在左前臂上的绳环，抓住双股绳头将绳索收紧，立正喊“好”。

3. 操作要求

(1) 动作要正确、熟练。

(2) 绳圈大小要适中。

4. 成绩评定

各种结绳方法正确，动作迅速，操作连贯为合格。

二、技能要求

(一) 准备工作

1. 设备

训练塔 1 座。

2. 材料、工具

安全绳 1 根、假人 1 具。

3. 人员

1 人操作，个人防护装具齐全。

(二) 操作规程

序　号	工　序	操 作 步 骤
1	沿楼梯进入二层	听到“开始”口令后，携带安全绳沿楼梯跑至二层
2	结　绳	结双绳椅子扣将假人套牢
3	救　人	将假人从窗口轻轻顺至地面

(三) 技术要求

(1) 绳扣不得结成活扣，绳环大小要适中。

(2) 救人过程中假人不得脱落地面。

项目九 疏散物资

一、相关知识

GBD009 疏散物资的要求

疏散和保护物资，是指灭火战斗中灭火人员采用各种方法将受到火势或其他险情直接威胁的物资疏散到安全地带，或用灭火、遮盖等方法将物资就地保护起来的战斗行动。

在灭火战斗中，有效地疏散和保护物资，不仅可以直接减少国家、集体和公民的财产损失，而且有助于防止火势蔓延和迅速扑灭火灾，可最大限度地降低火灾造成的经济损失。

1.需要疏散和保护的物资

(1) 受到火势威胁的物资。燃烧区域内和火势蔓延方向上受火势威胁的危险化学品、贵重物资、价值昂贵的仪器设备和珍贵的文物等，应当予以疏散和保护。

(2) 在灭火、救人过程中遇到妨碍或影响火情侦察、抢救被困人员、破拆、向燃烧区进攻等战斗行动的物资，应予以疏散搬移，为救人、灭火开辟通路。

(3) 超过建(构)筑物承重能力的物资。燃烧区内堆放在被火烧的楼板等建筑构件上影响其承重能力的物资，以及被灭火水流浸湿后影响楼板、梁、柱等超负荷严重的物资，应疏散到建筑物外的安全地带，以防止建筑物倒塌、变形。

2.疏散和保护物资的方法

(1) 疏散物资的工作要有组织地进行，由火场指挥员统一组织指挥，协调疏散物资与救人、灭火等工作。必要时同起火单位领导和工程技术人员研究，确定疏散物资的方法、所需力量、先后顺序、疏散路线、存放地点。根据火场情况，有些物资疏散工作可以由起火单位领导具体组织进行。

(2) 除人力搬运、用安全绳吊送等方法外，有条件的情况下还可利用起火单位及其他单位的起重机、铲车、吊车、汽车等机械设备进行疏散，以提高物资疏散效率。

(3) 因火势迅猛，来不及将重要物资全部疏散到安全地带时，可以先移动到近处，然后再疏散到安全地带。

(4) 对于固定的大型机械设备等可以用喷射雾状水流、设置水幕等方法予以冷却，也可以用不燃或难燃材料加以遮盖；对易燃液体可以用泡沫覆盖；对于忌水和不能烟熏、被灰尘污染的物资，应用篷布等进行苫盖。

3.疏散与保护物资的要求及注意事项

(1) 疏散易爆、易碎、易损等物资和其他贵重仪器时，要做到轻拿轻放。

(2) 疏散出来的物资一般应放在上风方向和地势较高的地方。要严格检查，防止夹带火星引起燃烧。对疏散出来的物资要派人看管，防止丢失和损坏。

(3) 疏散物资时要注意人员安全。疏散有毒物品或在有毒条件下疏散物资时，要佩戴空气呼吸器。

二、技能要求

(一) 准备工作

1.设备

训练塔 1 座、巴固空气呼吸器 1 部。

2. 材料、工具

假人1具、垫子1张、消防安全带1条、消防救援头盔1顶、空的家用煤气罐1个。

3. 人员

1人操作，个人防护装具齐全。

(二) 操作规程

序号	工序	操作步骤
1	佩戴空气呼吸器	背上空气呼吸器，扣牢腰带，收紧肩带，完全打开气瓶开关，将面罩由下而上佩戴，收紧系带，连接面罩，佩戴头盔，系好头盔带
2	救人	沿楼梯上至二楼，采用抱式救人的方法救人，将假人沿楼梯救至起点垫子上
3	疏散气罐	沿楼梯上二楼疏散煤气罐至起点处，携带煤气罐轻拿轻放至安全区
4	卸载空气呼吸器	将空气呼吸器卸下，轻放在垫子上，戴上头盔系好盔带，立正喊“好”

(三) 技术要求

(1) 空气呼吸器严禁倒置佩戴。

(2) 气瓶开关必须完全打开，面罩应由下而上佩戴。

(3) 煤气罐必须放置在安全区。

(四) 注意事项

(1) 注意观察空气呼吸器的气瓶压力是否满足佩戴需要。

(2) 救人、疏散物资时要防止人员摔伤。

模块三　消防带梯训练

项目一　一人三盘 ϕ65 mm 内扣水带连接

一、相关知识

GBE015 消防接口的使用方法

消防接口包括消防水带接口、消防吸水管接口和各种异径接口、异形接口、闷盖等。国际上主要采用内扣式（德式）、卡式（日式和英式）和螺纹式（美式）消防接口，我国主要采用内扣式消防接口。

我国消防接口的材料主要采用铝硅合金，用于室外消火栓和消防水泵接合器的接口则以铜合金为主。制造工艺主要采用金属模浇铸，部分企业开始采用压铸的生产工艺。

消防接口按连接方式可分为内扣式消防接口、卡式消防接口、螺纹式消防接口。按接口用途可分为水带接口、管牙接口、内螺纹固定接口、外螺纹固定接口、闷盖、吸水管接口、同形接口、异径接口、异形接口等。

消防接口主要由本体、密封圈座、密封圈等组成，本体和密封圈座也有制成一体的。

消防接口使用时，应确保接口之间的连接是可靠的，接口与水带之间、接口与水枪之间、接口与消火栓之间、接口与消防水泵接合器之间的连接是可靠的，方能使用。平时要经常检查接口内是否有垫圈，连接管牙接口时要检查接口内垫圈是否完整好用，并注意密封。平时不得与酸碱等化学物品混放；远离热源，以防橡胶件老化。

二、技能要求

（一）准备工作

1. 材料、工具

ϕ19 mm 水枪 1 支、ϕ65 mm 训练水带 3 盘、分水器 1 只、消防安全带 1 条、消防救援头盔 1 顶。

2. 人员

1 人操作，个人防护装具齐全。

（二）操作规程

序　号	工　序	操 作 步 骤
1	准备工作	将操作所需器材按要求摆放到指定位置
2	甩开第一盘水带并接口	先甩开第一盘水带，连接各接口

续表

序 号	工 序	操 作 步 骤
3	甩开第二盘水带并接口	双手各持一盘水带，跑到 13 m 甩带线处，甩开第二盘水带，并与第三盘水带连接
4	甩开第三盘水带接枪喊“好”	跑到 33 m 甩带线处，甩开第三盘水带，连接水枪，冲出终点线，示意喊“好”

（三）技术要求

（1）水带甩开时不应出线、压线。

（2）水带扭圈不应超过 360°。

（3）分水器拖出距离不应超过 0.5 m。

项目二　沿楼梯铺设水带

一、相关知识

（一）沿楼梯铺设水带的技术要求

GBE001 沿楼梯铺设水带的技术要求

沿楼梯铺设水带的目的是使消防战斗员学会沿楼梯蜿蜒铺设一带一枪的方法。

（1）场地要求：距训练塔楼梯口前 10 m 标出起点线。

（2）器材要求：在起点线处放置分水器 1 只，水带 1 盘，水带挂钩 1 个，在训练塔前窗口架设两节拉梯（最上面一个梯蹬是为水带挂钩挂牢水带而设的）。

（3）防护装具要求：必须佩戴消防救援头盔，扎消防安全带，着作训服（或迷彩服），穿警用胶鞋（或运动鞋）。

（4）操作要求：

① 水带连接处不得脱扣。

② 水带不得扭圈，楼梯转角处水带应有机动长度。

③ 水带、水枪未接、脱扣、卡扣不计取成绩。

（二）沿楼梯铺设水带的方法

GBE002 沿楼梯铺设水带的方法

在起点线放置 ϕ65 mm 水带 1 盘，分水器 1 只，水带挂钩 1 个，1 名消防战斗员着防护装备齐全，站在起点线处。听到“开始”口令后，消防战斗员迅速向前，甩开水带，连接分水器与水带接口，接口不得卡扣、脱扣，连接水枪与水带接口，携带水带挂钩，跑向楼梯，携带水枪、水带，沿楼梯进入二层，在攀登时水枪、水带不得掉落地面，提拉机动水带，楼层内机动水带不应少于 2 m，将水带挂钩挂在梯蹬上，喊“好”。注意，分水器不能拖出起点线 50 cm。

二、技能要求

（一）准备工作

1. 设备

训练塔 1 座。

2. 材料、工具

6 m拉梯1架、ϕ19 mm水枪1支、ϕ65 mm水带1盘、分水器1只、水带挂钩1个。

3. 人员

1人操作，个人防护装具齐全。

（二）操作规程

序　号	工　序	操作步骤
1	准备工作	将操作所需器材按要求摆放到指定位置
2	甩开水带连接分水器	开始后，消防战斗员迅速向前，甩开水带，连接分水器与水带接口
3	连接水枪	连接水枪与水带接口
4	上二层	携带水枪、水带、水带挂钩，沿楼梯上至二层，提拉机动水带
5	吊好水带	将水带挂钩挂在梯蹬上，固定好水带后，举手示意喊“好”

（三）技术要求

（1）连接分水器、水枪、水带时不应脱扣、卡扣。

（2）机动水带不应少于2 m。

（3）分水器拖出距离不应超过0.5 m。

项目三　利用墙式消火栓出一带一枪

一、相关知识

（一）室内消火栓系统组成

1. 消火栓箱

GBE003 室内消火栓系统组成

它是建筑室内消防给水系统的重要组成部分，一般由箱体、消火栓口、水枪、水带组成。

2. 室内管网

从消防泵出水管后至每个消火栓处的所有管路统称为管网。

3. 消防水箱

用来储存消防用水的水箱称为消防水箱。消防水箱应储存10 min的消防用水量。高层建筑中一类公共建筑储水量不应少于18 m^3，二类公共建筑和一类居住建筑不应少于12 m^3，二类居住建筑不应少于6 m^3。高层民用建筑室内消火栓间距不超过50 m。

4. 市政入户管

从市政管网引入消防水池的管道称为市政入户管。

5. 消防水池

用来储存消防用水的水池叫消防水池。

6. 消防水泵

消防水泵应有备用泵，其工作能力不小于1台主泵。一组消防水泵的吸水管不应少于2条。

7. 水泵接合器

水泵接合器是消防泵出现故障或消防泵不能满足消防用水量时，消防车向室内管网补水的装置。

8.消防泵控制室

消防泵控制室是用于设置消防泵控制装置的场所，内设消防泵控制系统。

9.试验消火栓

试验消火栓设置于屋顶，是用于试验管网水压、水流量的消火栓。

(二) 室内消火栓使用要求

GBE004 室内消火栓使用要求

1.可同时打开使用的消火栓数量

(1) 可同时打开使用的消火栓数量，就是用消火栓设计用水量除以每支 19 mm 口径水枪的流量。

(2) 不清楚其用水量时，可以通过检查泵房内运行消防主泵的流量得知。

(3) 如果消防人员事先知道消火栓系统的水泵接合器数量，就可以估计该系统正常工作时同时出水枪的数量：

$$N = 2n$$

式中　n——水泵接合器的数量。

(4) 当消防主泵未动作时，采用水泵接合器供水，每启动一个水泵接合器一般可以同时启用 2 个室内消火栓。水泵接合器一般分类、分区、分段设置。

2.对建筑室内最不利消火栓充实水柱的要求

(1) 一般普通建筑消火栓系统的充实水柱不得小于 7 m。

(2) 高层工业建筑、高架库房消火栓系统的充实水柱不得小于 13 m。

(3) 高层民用建筑高度在 100 m 以下时，要求消火栓系统充实水柱不得小于 10 m；100 m 及以上时不得小于 13 m。

(三) 室内消火栓检查测试

GBE005 室内消火栓检查测试

1.检查方法

(1) 日常检查。按规定对消防给水系统进行日常检查。

(2) 季节性检查。季节性检查的重点是冬、春季节。冬季检查消防设施的保温情况；春季检查消防设施的维修、保养情况，保证消防设施完好有效。消火栓要定期进行清洁、防腐。

(3) 专项治理检查。针对消防设施现状和某一时期的火灾特点，开展有针对性的专项治理检查。

2.室内固定泵供水系统测试方法

(1) 消防水枪直接连接消火栓出水，测试水枪的有效射程和压力。

(2) 根据每支水枪的有效射程或压力，确定水枪的实际流量。

(3) 任意选择消火栓启动按钮，远程启动固定消防加压泵。

(4) 在消防控制室启动消防泵，在消防泵房手动启动消防泵，观察消防泵运转是否正常。

3.高层建筑室内给水增压系统静压测试

(1) 选择最不利点消火栓，一般为室内最顶层消火栓。

(2) 在不启动任何加压设施的情况下，从最不利点消火栓接水枪出水。

(3) 查看消火栓水枪充实水柱是否达到设计使用要求。

（四）墙式消火栓出一枪一带方法

1.操作要求

GBE006 墙式消火栓出一枪一带方法

（1）空气呼吸器面罩由下而上佩戴。

（2）完全打开气瓶开关。

（3）各接口不得出现未接、脱扣、卡扣现象。

（4）呼吸器佩戴前按要求进行检查。

（5）进入燃烧、泄漏、爆炸、烟雾区域应严格按战术要求实施。

2.操作程序

起点线放置垫子1张、空气呼吸器1部、水带1盘、水枪1支，在15 m处设置墙式消火栓1个。消防战斗员站在起点线处，防护装具佩戴齐全，听到“开始”口令后，考生背好空气呼吸器，扣牢腰带，收紧肩带，完全打开气瓶开关，将面罩由下而上佩戴，收紧系带，连接面罩，佩戴头盔，系好头盔带，携带水枪、水带跑至消火栓处与水带、水枪连接，开启消火栓法兰，冲出终点线，示意喊“好”。

（五）高层消火栓给水系统用水量

GBE007 高层消火栓给水系统用水量

高层建筑消火栓给水系统的任务主要是向火场提供消防用水量和必要的消防水压。

高层建筑消火栓给水系统用水量包括室外消防用水量和室内消防用水量两部分。室外消防用水量提供给消防队到场用水，用于扑救高层建筑下部火灾用水，邻近建筑发生火灾时用于保护高层建筑本身不受火灾危害，同时可由消防队通过水泵接合器，向室内管网送水，以提高室内管网的供水能力。

高层建筑室内消防用水量包括消火栓、自动喷水、水喷雾、雨淋、水幕、泡沫等灭火设备用水量的总和。当室内同时设有上述灭火设备时，其室内消防用水量为上述设备同时开启灭火用水量之和。

建筑高度未超过50 m的普通住宅，室内消防用水量为10 L/s，室外消防用水量为15 L/s；建筑高度超过50 m的普通住宅，室内消防用水量为20 L/s，室外消防用水量为15 L/s。

（六）高层建筑和低层建筑消防给水的区别

GBE008 高层建筑和低层建筑消防给水的区别

高层建筑和低层建筑室内消防给水的区别主要取决于消防队的灭火能力。

低层建筑火灾主要立足于城市消防队，立足于移动式消防装备扑救，而建筑内部设置的消防给水设备是用于扑救初期火灾的，即在消防队未到达火场之前，供居民和群众使用，因而是辅助性的灭火设备。高度低于24 m的建筑发生火灾，消防队使用移动式装备，易控制和扑灭火灾。

高层建筑火灾主要立足于建筑物消防给水设施自救为主，因此高层建筑物内的消防给水设施具有独立作战能力，移动式消防车仅是扑救高层建筑的辅助设备。

可见，高层建筑和低层建筑室内消防给水应根据消防队到达火场扑救中期火灾的可能性、消防设备登高能力、消防队员的体力、消防车的供水能力进行区分。

灭火过程中，消防队员的登高能力一般由呼吸频率、心率、生理共济情况来评定；登高使用的水带长度，根据水带铺设方式不同也有所差异。

（七）低层建筑室内消防用水量

GBE009 低层建筑室内消防用水量

低层建筑室内消火栓的类型主要取决于室外管网的水压、水量和建筑物高度、建筑物周围环境、建筑物的重要性等因素。室内消火栓用水量应根据同时使用水枪的数量和充实水柱长度，由计算确定。

建筑内部设有消火栓、闭式自动喷水灭火设备，以及水幕、雨淋、水喷雾等灭火设备时，其室内消防用水量应按需要同时开启上述设备的用水量之和计算，即按建筑物内部同一时间发生一次火灾计算，且在某部位发生火灾时需要同时使用的消防设备的用水量之和计算。

低层建筑室内消火栓用水量应根据同时使用水枪的数量、每支水枪的充实水柱长度及相应的流量，由计算确定。在火场扑救火灾时，水枪的上倾角度一般不宜超过45°，在最不利情况下，水枪的上倾角一般不宜超过60°。低层室内灭火采用口径19 mm的水枪时，其流量不应小于5 L/s。

水幕系统的用水量或配合防火幕、防火卷帘进行防火隔断时，其消防用水的供给强度不应小于0.5 L/(m^2·s)。

（八）露天生产装置区消防用水量

GBE010 露天生产装置区消防用水量

露天生产装置区的消防用水量应为固定高压水枪、移动高压带架水枪、喷淋冷却设备、水幕系统以及水炮等用水量之和。

1. 固定高压水枪

固定高压水枪的用水量为同时使用水枪数量与每支水枪用水量的乘积。同时使用水枪的数量应根据生产装置的物料性质、装置规模、平面布置状况确定。固定高压水枪的保护高度一般为20～30 m。

2. 移动高压带架水枪

设有固定高压水枪的装置区，还应设有移动高压带架水枪，利用高压给水管网消火栓供水，数量视实际需要而定。

3. 水幕设备

水幕用水的供给强度不宜小于0.1 L/(m^2·s)，距保护对象不应小于15 m。

4. 泡沫、水两用枪

水和泡沫两用枪是用于扑救露天生产装置区初起火灾和局部流散液体火焰的简易灭火设备。

5. 喷淋设备

固定喷淋冷却设备喷雾水头的设置，应保证被保护设备各部分得到均匀冷却。露天生产装置区塔喷淋环管的垂直距离不应超过15 m，以免出现空白点。

（九）建筑物耐火等级对火场供水力量的影响

GBE011 建筑物耐火等级对火场供水力量的影响

建筑物的耐火等级高，抗燃性能就好。根据建筑物的耐火性能，我国将建筑物划分为四个耐火等级。

1. 一、二级耐火等级建筑物

一、二级耐火等级的墙、柱、板和屋顶均为非燃烧材料制造，构件耐火极限高、抗火能力强，一般不需要大量的水流进行冷却和保护。但目前钢结构应用较多，随着温度的升高，碳钢的强度会迅速降低。一般可燃物在起火后 5 min 左右，就会使起火部位的钢构件温度上升到 500 ℃；起火后 10 min，会使起火部位钢构件的碳钢强度降低 90%以上。因此，一、二级耐火等级建筑起火后，对裸露的承重钢构件应用射流进行及时冷却和保护。

2. 三级耐火等级建筑物

三级耐火等级建筑物的柱、梁、楼板和墙是用非燃烧体构件制造的。三级耐火等级建筑物起火后，火灾蔓延扩大的可能性很大，特别是屋顶部位火灾发展和蔓延很快，需要组织强大的水枪射流进行扑救。

3. 四级耐火等级建筑物

四级耐火等级建筑物的墙、柱、梁、楼板都是难燃烧体，耐火极限低，起火后需要水枪射流保护，以防火灾迅速蔓延。因此，四级耐火等级建筑物起火后，就需要大量的消防用水来降低火场温度，才能控制火势。

（十）建筑物用途对火场供水量的影响

GBE012 建筑物用途对火场供水量的影响

根据建筑物的用途，将建筑物分为民用建筑和工业建筑两大类。

民用建筑分为住宅建筑、公共建筑；工业建筑分为厂房和库房。根据生产厂房和库房的火灾危险程度不同，工业建筑物的火灾危险性分为甲、乙、丙、丁、戊五类。

甲类生产厂房均为易燃易爆物质，由于有些物质会与水发生化学反应，其火灾不能用水扑救，因此甲类火灾危险性虽然最大，消防用水量却不是最大的。

乙类生产厂房和库房内是易燃、易爆物质，但火灾危险性比甲类低。大多数物质能用水和泡沫扑救。因此，消防用水量比甲类要大。

丙类生产厂房和库房内绝大部分物品均属于可燃固体物质，其主要灭火剂是水，需要大量的冷却和灭火用水，供水量很大。

丁类生产厂房绝大部分为难燃物质，灭火用水较少，不需太大的供水量。

戊类生产厂房除个别物品和包装材料的可燃物较多外，其储存和生产产品均为不燃材料，一般消防用水量很少，所以火场供水量最少。

综上所述，甲、乙类火灾危险性的厂房和库房，需要的消防用水量较大；丙类火灾危险性生产厂房和物品库房，需要的消防用水量最大；丁、戊类火灾危险性生产厂房和库房，需要的用水量最少。

（十一）建筑物层数对火场供水量的影响

GBE013 建筑物层数对火场供水量的影响

民用和工业建筑中有单层建筑、多层建筑、高层建筑之分。建筑层数为一层的，称为单层建筑；建筑层数超过一层的，称为多层建筑；建筑层数超过九层或多层建筑高度超过 24 m 的住宅，称为高层民用建筑；建筑层数超过一层且高度超过 24 m 的厂房或库房称为高层工业建筑。

单层建筑发生火灾后，火势在平面内向四周扩展；多层建筑发生火灾时，火势除平面发展外，还沿着竖向发展；高层建筑内的电梯井、电缆井、通风井等上下互相连通，一旦起火，会产生烟囱效应，火势蔓延极快。

火场消防用水量统计资料说明，当建筑物层数增多时，需要的消防用水量也增多。多层建筑物的消防用水量比单层建筑物的消防用水量大 2 倍以上。高层建筑物的消防用水量比多层建筑物的消防用水量还要大，需要的火场供水量最多。

(十二) 可燃物数量对火场供水量的影响

GBE014 可燃物数量对火场供水量的影响

建筑物着火时，可燃物越多，释放的热量越大，燃烧时间越长。各种材料的单位发热量见表 1-3-1；不同火灾荷载时，可燃物放出的热量和燃尽时间见表 1-3-2。

表 1-3-1　各种材料的单位发热量

可燃物名称	木材	纸张	软纸合板	硬纸合板	羊毛织物	油毡漆布	橡胶	氯化乙烯树脂	聚酯	聚苯乙烯树脂	聚乙烯树脂
单位发热量/(kJ·N^{-1})	1 922.5	1 708.9	1 708.9	1 922.5	2 136.6	1 708.9～2 136.6	384.5	17 165.9	3 204.2	4 058.6	4 443.1

表 1-3-2　不同火灾荷载时可燃物(均折算成松木)放出的热量和燃尽时间

可燃物量/(N·m^{-2})	239.1	488	732	976	1 464	1 952	2 440	2 928	3 416
放出热量/(kJ·m^{-2})	459 710.6	919 401.8	1 379 102.6	1 838 803.4	2 758 263.8	3 677 684.4	4 597 106.4	5 516 527	6 435 948.6
燃尽时间/h	0.5	1.0	1.5	2.0	3.0	4.0	5.0	6.0	7.0

由上表可以看出，当火灾荷载超过 2 500 N/m^2 时，若不进行扑救，任其燃烧，就是防火墙也难以阻止火灾蔓延。可燃物较多的场所，应使用较大的火场供水量。

(十三) 室外消火栓的使用要求

GBE016 室外消火栓的使用要求

室外消火栓由进水弯座、阀门、阀座、本体、泄水弯头、出水口、帽盖、启闭杆等零部件组成。不同型号消火栓的出水口数量和口径不同，可分别用来连接消防车吸水管或直接向消防车水罐灌水，也可连接水带直接灭火。通常情况下，口径 65 mm 或 80 mm 的出水口为内扣式，口径 100 mm 或 150 mm 的出水口为螺纹式。室外消火栓按安装形式分为两种，安装在地面上的称为地上消火栓，安装在地面以下的称为地下消火栓。

使用消火栓时，将消火栓钥匙扳手套在启闭杆上端的轴心头后，按逆时针方向转动消火栓钥匙，阀门在启闭杆螺纹作用下向上提起，打开进水口，关闭排水口，管道里的水便进入消火栓，由出水口流出。顺时针转动消火栓钥匙，进水口即关闭，排水口打开，消火栓里积存的水便由排水口排出。消火栓要缓慢开启并要全开，不能反向。消防车使用消火栓出水口取水时，应将不用的出水口帽盖盖紧，防止漏水。

二、技能要求

(一) 准备工作

1. 设备

消火栓 1 个、空气呼吸器 1 部。

2. 材料、工具

水枪 1 支、ϕ65 mm 水带 1 盘、垫子 1 张、消防安全带 1 条、消防救援头盔 1 顶。

3. 人员

1人操作，个人防护装具齐全。

（二）操作规程

序　号	工　序	操作步骤
1	准备工作	将操作所需器材摆放在规定位置
2	佩戴空气呼吸器	在起点处，背上空气呼吸器，扣牢腰带，收紧肩带；完全打开气瓶开关，将面罩由下而上佩戴，连接面罩，佩戴头盔，系好头盔带
3	开启法兰	携带水枪、水带跑至消火栓处将水带与消火栓、水枪连接后，开启消火栓法兰
4	冲出终点	冲出终点线后，举手示意喊“好”

（三）技术要求

（1）空气呼吸器严禁倒置佩戴。

（2）气瓶开关必须完全打开。

（3）连接水带、水枪时不应出现脱扣、卡扣。

（四）注意事项

（1）注意观察气瓶压力是否满足佩戴需要。

（2）要防止人员摔伤。

项目四　原地攀登9 m拉梯上三楼

一、相关知识

（一）9 m拉梯工作原理

GBF001 9 m 拉梯工作原理

9 m拉梯的材质一般有木、竹、铝合金三种，适用于攀登不超过二层楼顶和三层窗口的高度，工作高度约9 m。9 m拉梯主要由上节、中节、下节和升降装置组成。拉梯梯蹬一般由竹和钢板组成；拉梯的升降由滑轮、拉链、停止轴组成。由于自身荷载大，应视情况增加操作人员，可由3人操作。

（二）9 m拉梯的使用范围

GBF002 9 m 拉梯的使用范围

在扑救普通居民楼火灾时，可将9 m拉梯伸至二层楼顶或三层窗口，用于抢救人员或疏散物资。在灭火救援过程中，如果前方有建筑物阻挡，可用9 m拉梯翻越。9 m拉梯在救援现场一般不用作抬送伤员。

（三）9 m拉梯的操作方法

1. 操作方法

GBF003 9 m 拉梯的操作方法

三名消防战斗员在起点线成立正姿势。

听到“准备器材”口令后，消防战斗员开始准备器材。

听到“预备”口令后，消防战斗员做好操作准备。

听到“开始”口令后，第一、三名消防战斗员分别将右臂伸入梯蹬之间，左手握梯蹬，起梯上肩跑向竖梯区;第二名消防战斗员在梯子中间处托住梯梁协同前进;至竖梯区后,第一名消防战斗员将拉梯放下,两腿下蹲,转梯 90°将梯子转平,两梯脚着地,背向训练塔,用两脚掌抵住梯脚,双手抓住梯蹬后喊“竖梯”,然后站立于拉梯左侧,左手在上,右手在下,抓住梯梁将梯扶稳,并用左脚抵住梯脚,待拉梯靠墙后,双手拉住梯梁一侧做保护;第二名消防战斗员待梯子到达竖梯区后,转身至梯首面向训练塔,右手托住梯梁,同时双手交替向上推梯,将梯竖直,然后转向拉梯右侧,右手在上,左手在下,并用右脚抵住梯脚,扶稳梯身,待拉梯靠窗后,双手拉住梯梁另一侧做保护;第三名消防战斗员待梯子到达竖梯区后,协同第二名消防战斗员推梯,待拉梯竖直后,右脚伸入两梯脚中间,两手交替拉绳,使内梯升足,右手伸入梯蹬内侧向外拉梯绳,左手松脱外梯绳,使活络铁脚坐落于主梯蹬上,拉梯靠窗后,逐级攀登至三楼窗口。

2. 操作要求

(1) 9 m 拉梯应经常维护保养,做到清洁干燥、油漆完好、加注润滑油。经常检查连接部位有无松动、梯蹬有无损坏、部件有无丢失、拉绳是否损坏。

(2) 攀登 9 m 拉梯时必须佩戴头盔,头盔脱落应重新佩戴后再攀登。

(3) 竖梯时必须在第一名消防战斗员发出口令后方可向上推梯,动作要协调一致。

(4) 拉梯未竖稳或向外倾斜时,严禁升梯。

(5) 梯脚与训练塔距离不得小于 1 m。

(6) 操作 9 m 拉梯时一定要注意登高安全。

(四) 原地攀登两节拉梯的技术参数

GBF006 原地攀登两节拉梯的技术参数

两节拉梯有木质、竹质和铝合金三种。木质两节拉梯具有重量轻、弹性好的优点,供消防员攀登二、三楼灭火救人、疏散物资,特殊情况下也可作为越沟的板桥,是攀登训练的常用器材。两节拉梯锁梯时应锁定第七蹬以上,拉梯竖起要与地面成 75°角。两节拉梯的规格参数见表 1-3-3。

表 1-3-3　两节拉梯的规格参数

型　号	工作高度/m	质量/kg	外形尺寸(长×宽×高)/mm		材　质
			展开时	缩合时	
TE60	6	33	163×440×6 000	163×440×3 764	木
TEZ61	6.1	33	163×440×6 100	160×440×3 840	竹
TEL75	7.5	31.5	145×446×7 690	145×446×4 406	铝合金
TE90	9	53	183×440×9 000	183×440×5 358	木

(五) 15 m 拉梯的工作原理

GBF007 15 m 拉梯的工作原理

15 m 拉梯由铝镁合金制作,质量 80～100 kg,共 3 节,操作时由 5 名消防战斗员配合操作,上节梯纳入中节梯,中节梯纳入下节梯,并用压角限定起来,中节梯的侧板上有滑槽,便于梯子升降,防止偏斜。三节梯子的升降装置有滑轮、拉链和停止轴。

(六) 15 m 拉梯的使用范围

GBF008 15 m 拉梯的使用范围

15 m 拉梯缩合时高度 6.5 m,最大工作高度 15 m。一般用于攀登不超过四层楼顶和五层窗口的高度。与挂钩梯配合使用时,可达六层以上窗口。

二、技能要求

（一）准备工作

1. 设备

训练塔 1 座。

2. 材料、工具

安全绳 1 根、消防安全带 1 条、消防救援头盔 1 顶。

3. 人员

1 人操作，个人防护装具齐全。

（二）操作规程

序 号	工 序	操 作 步 骤
1	准备工作	将操作所需器材摆放到规定位置
2	扛 梯	肩扛梯跑向架梯区，辅助人员在梯子中间托住梯梁协同前进
3	竖 梯	到训练塔底后将梯子竖起
4	升内梯	交替拉绳将内梯升起并锁好
5	攀 梯	待拉梯靠在塔上后，向上攀登，进入楼层，双脚着地，举手示意喊“好”

（三）技术要求

(1) 梯子架设在窗框外时严禁攀登。

(2) 梯锁必须锁牢。

项目五　利用挂钩梯转移窗口

一、相关知识

（一）利用挂钩梯转移窗口的操作方法

GBF004 利用挂钩梯转移窗口的操作方法

操作时训练塔上设置安全保护绳 1 根，地面设置保护人员 2 名。

操作程序：听到“开始”口令后，消防战斗员双手协力上抬将挂钩梯举起，推进窗内，并挂入窗台，然后登梯至二楼，双手脱磴攀登或钩齿外露三齿以上该项目不计取成绩，骑坐窗台上升梯，双手握梯梁，将梯第一磴支撑在右大腿上，使挂钩梯沿塔壁倾斜向右侧窗口转移，待接近窗口时，将梯子挂入窗台，右手握梯梁，右脚蹬梯第一磴，左手拉窗框，左脚踏窗台，使梯子垂直，然后向上攀登进入窗内，双脚着地，面向外举手示意喊“好”。

（二）利用挂钩梯转移窗口的注意事项

GBF005 利用挂钩梯转移窗口的注意事项

利用挂钩梯转移窗口是一种登高训练方法，因此操作者要注意登高安全。

操作要求：

(1) 操作者应穿训练胶鞋，防护装具佩戴齐全，做好安全防护工作。

(2) 严禁非操作者靠近窗口。

(3) 登高时必须系好安全绳，戴好头盔，转移窗口时，保持一只手不脱离梯子。

（4）转移窗口时动作要协调、规范、正确。

二、技能要求

（一）准备工作

1.设备

训练塔1座。

2.材料、工具

挂钩梯1部、安全钩1个、安全绳1根、消防安全带1条、消防救援头盔1顶、手套1副、扳手1把。

3.人员

1人操作，个人防护装具齐全。

（二）操作规程

序 号	工 序	操作步骤
1	准备工作	将操作所需器材摆放到规定位置
2	攀梯至二楼	消防战斗员双手协力上抬，将挂钩梯举起，推进窗内，并挂入窗台，然后登梯至二楼
3	升 梯	骑坐窗台上升梯，双手握梯梁，将梯第一磴支撑在右大腿上，使挂钩梯沿塔壁倾斜向右侧窗口转移
4	移梯转移	待接近窗口时，将梯子挂入窗台，右手握梯梁，右脚蹬梯第一磴，左手拉窗框，左脚踏窗台
5	攀 梯	使梯子垂直，然后向上攀登进入窗内，双脚着地，面向外举手示意喊“好”

（三）技术要求

（1）挂梯时钩齿外露不超过3齿。

（2）转移窗口时梯子脱手或钩齿外露3齿以上严禁继续操作。

高级理论知识试题

一、**单选题**（每题有4个选项，其中只有1个是正确的，将正确的选项号填入括号内）

1. AA001　高层建筑火灾的特点是（　　）扩散迅速，极易造成人员伤亡。

A. 烟气　　B. 火势　　C. 燃烧　　D. 物质

2. AA001　高层建筑起火后，人员伤亡的原因主要是在含有毒性气体的浓烟作用下（　　）中毒。

A. 有毒　　B. 高温　　C. 辐射　　D. 窒息

3. AA002　扑救高层建筑火灾时，应认真进行（　　）侦察，迅速掌握火场情况。

A. 火情　　B. 水源　　C. 路线　　D. 燃烧物

4. AA002　扑救高层建筑火灾要充分发挥义务消防队的作用，力争扑灭（　　）火灾。

A. 燃烧　　B. 猛烈　　C. 发展　　D. 初起

5. AA003　地下建筑起火后，由于浓烟、（　　）弥漫，内部照明可能失去作用。

A. 火焰　　B. 毒气　　C. 湿度　　C. 空气

6. AA003　扑救地下建筑火灾时，应利用（　　）灭火。

A. 固定消防设备　　B. 泡沫　　C. 干粉　　D. 工具车

7. AA004　易燃建筑起火后一般在（　　）内，火焰就会烧穿门窗。

A. 8～10 min　　B. 11～13 min　　C. 14～16 min　　D. 17～19 min

8. AA004　易燃结构建筑区着火后，第一出动力量一般要调动6～9辆消防车，或者能一次部署（　　）水枪，并保持不间断供水。

A. 2～3支　　B. 2～4支　　C. 3～4支　　D. 4～6支

9. AA005　在能控制室内火势的情况下，要尽量使用（　　）水流。

A. 开花喷雾　　B. 开花直流　　C. 密集直流　　D. 开花密集

10. AA005　扑救楼层火灾要尽量深入（　　），接近火点打近战。

A. 内部　　B. 外部　　C. 顶部　　D. 底层

11. AA006　扑救闷顶火灾时在火势没有烧穿房盖和吊顶前，应以（　　）灭火战术为主。

A. 内攻　　B. 外攻　　C. 内外合击　　D. 逐片消灭

12. AA006　房屋建筑中属难燃材料的是（　　）。

A. 木板　　B. 刨花板　　C. 纤维板　　D. 板条抹灰棚

13. AA007　人防工程内发生火灾时，在封闭空间内散热困难，温度迅速升高，火源附近的温度往往超过（　　）。

A. 400 ℃　　B. 600 ℃　　C. 800 ℃　　D. 1 000 ℃

14. AA007　进入人防工程内的灭火人员，在洞室内灭火的时间尽量不要超过(　　)，且应组织多组交替更换灭火。

A. 10 min　　B. 20 min　　C. 30 min　　D. 40 min

15. AA008　影剧院观众厅发生火灾后，火势主要是通过舞台口和吊顶向(　　)蔓延。

A. 舞台　　B. 放映室　　C. 观众厅　　D. 前厅

16. AA008　影剧院的主体建筑是(　　)。

A. 放映厅　　B. 售票室　　C. 配电室　　D. 小卖部

17. AA009　在医院火灾中，对精密医疗设备、药品可采用(　　)灭火剂扑救。

A. 泡沫　　B. 水　　C. 干粉　　D. 卤代烷

18. AA009　在医院火灾中，对患者的疏散工作，一定要在(　　)的指导和密切配合下进行。

A. 火场总指挥　　B. 医护人员　　C. 火场指挥员　　D. 政府官员

19. AA010　当有毒物品或贵重物资受到火势威胁时，应采取(　　)的战术方法。

A. 逐片消灭　　B. 上下夹击　　C. 重点突破　　D. 内外合击

20. AA010　在扑救露天堆垛火灾时，应集中主要力量，采取(　　)堵截、两侧夹击的战术，防止火势向下风方向蔓延。

A. 上风　　B. 下风　　C. 左侧　　D. 右侧

21. AA011　老式的粮食加工厂多为(　　)结构建筑。

A. 砖土　　B. 砖木　　C. 砖混　　D. 钢筋混凝土

22. AA011　粮食加工厂火灾的特点之一是(　　)。

A. 火势弱　　B. 传播途径多

C. 不易发生粉尘爆炸　　D. 建筑不易倒塌

23. AA012　扑救粉尘较多的粮食仓库火灾时，应避免使用强水流冲击粉尘，以防止其(　　)。

A. 闪燃　　B. 阴燃　　C. 自燃　　D. 爆炸

24. AA012　在储存面粉的库房里，粉尘飞扬达到爆炸极限时，遇明火就会发生(　　)。

A. 猛烈燃烧　　B. 缓慢燃烧　　C. 阴燃　　D. 爆炸

25. AA013　棉花捆、垛阴燃时会产生大量的烟雾，这说明棉花具有(　　)的特点。

A. 阴燃　　B. 闪燃　　C. 自燃　　D. 爆炸

26. AA013　如果储存过程中棉花含水量较大时，有可能发热造成热量积累引起(　　)。

A. 阴燃　　B. 爆炸　　C. 自燃　　D. 静电

27. AA014　棉花的主要成分是(　　)。

A. 纤维素　　B. 果胶质　　C. 水分　　D. 蜡质

28. AA014　棉垛着火后，要对疏散出来的棉花包拆包浇水，以扑灭(　　)火，防止复燃。

A. 阴燃　　B. 自燃　　C. 爆炸　　D. 闪燃

29. AA015　汽车猛烈燃烧时人体不要靠近车轮以免被击伤，这是因为轮胎易发生(　　)。

A. 爆裂　　B. 固化　　C. 变形　　D. 软化

30. AA015　当整个汽车着火时，应首先扑灭(　　)部位的火焰。

A. 轮胎　　B. 油箱附近　　C. 车身　　D. 汽车

31. AA016　铁路旅客列车发生火灾时所成立的警戒组组长由(　　)担任。

A. 乘警　B. 列车长　C. 乘客　D. 列车员

32. AA016　扑救旅客列车火灾的方法：一是自救；二是（　）。

A. 组织乘务员灭火　B. 组织乘客灭火

C. 组织乘务员和乘客灭火　D. 请求救援

33. AA017　高速公路停车场之间间距一般情况下为（　）。

A. 5～15 km　B. 10～20 km　C. 20～50 km　D. 40～70 km

34. AA017　消防人员在切割破拆事故车辆时，要防止金属碰撞产生火花，造成（　）爆炸，引起二次火灾。

A. 轮胎　B. 车体　C. 油蒸气　D. 救援车辆

35. AA018　超重型机床的质量在（　）以上。

A. 50 t　B. 70 t　C. 80 t　D. 100 t

36. AA018　盐溶淬火是以熔融的（　）作为金属零件热处理时加热或冷却的介质。

A. 盐类　B. 碱类　C. 酸类　D. 脂类

37. AA019　火力发电厂的燃油系统以（　）为主要燃料。

A. 煤粉　B. 汽油　C. 氢气　D. 重油

38. AA019　重油的黏度大、流动性差。为了保证燃油的顺利输送和良好雾化，需将油加热到（　）以上。

A. 50 ℃　B. 100 ℃　C. 150 ℃　D. 200 ℃

39. AA020　农村打谷场的特点有（　）。

A. 道路宽敞，水源充足　B. 道路宽敞，水源缺乏

C. 道路狭窄，水源充足　D. 道路狭窄，水源缺乏

40. AA020　打谷场上的谷物、粮食堆垛火灾，有（　）的特性。

A. 阴燃　B. 易爆　C. 中毒　D. 人员易亡

41. AA021　配电线路火灾是常见的（　）火灾之一。

A. 电气　B. 油品　C. 化学危险品　D. 房屋

42. AA021　农村居民防火应注意生产建筑与（　）建筑分区布置。

A. 民用　B. 工业　C. 农业　D. 商业

43. AA022　扑救炼油厂火灾时，重点应着眼于保护炼油厂的（　）和装置。

A. 原油　B. 设备　C. 汽油　D. 石蜡

44. AA022　炼油厂着火时易形成（　）火灾。

A. 立体　B. 平面　C. 空间　D. 地面

45. AA023　一架大型飞机着火后，需要扑救的最大面积可达（　）。

A. 3 000～4 000 m^2　B. 4 000～5 000 m^2　C. 5 000～6 000 m^2　D. 6 000～7 000 m^2

46. AA023　航空燃油起火时，火焰在油面上的传播速度可达（　）。

A. 180～190 m/min　B. 213～214 m/min　C. 275～279 m/min　D. 280～300 m/min

47. AA024　纺织品按纺织工艺可分为（　）。

A. 3 类　B. 4 类　C. 5 类　D. 6 类

48. AA024　棉、麻着火后其火焰温度可达（　）。

A. 700 ℃　B. 1 000 ℃　C. 1 300 ℃　D. 1 500 ℃

49. AA025　对初起的电气火灾，在确定最小安全距离后，可以用（　）灭火剂扑救。

A. 清水　B. 干粉　C. 泡沫　D. 酸碱

50. AA025　扑救电器火灾时一般首先应(　　)。

A. 切断火场电源　B. 救人　C. 疏散物资　D. 灭火和救人

51. AA026　森林中的地表火的烟为浅灰色，温度达(　　)。

A. 200 ℃　B. 300 ℃　C. 400 ℃　D. 500 ℃

52. AA026　森林中的火旋风大小不一，小的直径仅 50 cm 左右，大的直径在(　　)以上。

A. 70 m　B. 80 m　C. 90 m　D. 100 m

53. AA027　草原火灾火焰长度在(　　)以上，火灾蔓延快、火势强时，要集中人力扑救，且每个班的作业地段不宜过长。

A. 0.5 cm　B. 1 cm　C. 1.5 cm　D. 2 cm

54. AA027　草原火灾火焰在(　　)以上，火势强大时一般不宜用人力扑救。

A. 0.5 cm　B. 1 cm　C. 1.5 cm　D. 2 cm

55. AA028　消防中队在夜间接到报警后应加强(　　)。

A. 第一出动　B. 第二出动　C. 中队留守　D. 训练

56. AA028　夜间发生火灾时，由于发现较晚、报警较迟，因而火势(　　)发展蔓延。

A. 不能　B. 很难　C. 极易　D. 不易

57. AA029　油罐火灾的特点之一是先燃烧后(　　)。

A. 熄灭　B. 爆炸　C. 升温　D. 升压

58. AA029　扑救油罐火灾时，一般要经过(　　)保护、灭火准备和发起总攻三个步骤。

A. 安全　B. 防火　C. 冷却　D. 自动

59. AA030　发生井喷火灾时，火焰温度可高达(　　)。

A. 1 000 ℃　B. 800 ℃　C. 2 300 ℃　D. 2 000 ℃

60. AA030　井喷火灾的扑救应(　　)设备，掩护清场。

A. 冷却　B. 隔离　C. 移动　D. 保护

61. AA031　井下喷出的原油在空气中没有烧尽，易形成(　　)，产生新的火点。

A. 油点　B. 喷溅　C. 沸溢　D. 飞火

62. AA031　海洋中发生井喷事故时，其喷出的原油洒落到海上，对(　　)有很大危害，而且危害环境。

A. 海洋生物　B. 生产　C. 工业　D. 农业

63. AA032　发生井喷时，当火焰高度达 50 m 时，距火焰柱(　　)处，车辆、人员不能靠近。

A. 50 m　B. 60 m　C. 70 m　D. 80 m

64. AA032　对一般井喷火焰的扑救应采取分(　　)平行切割的方法。

A. 1 层　B. 2 层　C. 3 层　D. 4 层

65. AA033　冷却高温构件时水流要(　　)。

A. 密集　B. 强大　C. 均匀　D. 充实

66. AA033　开启着火房间门窗时，人要站在门窗两侧，防止室内(　　)伤人。

A. 爆炸　B. 爆燃　C. 高温　D. 火势

67. AA034　扑救仓库火灾时应加强内攻人员的(　　)。

A. 灭火装备　B. 破拆装备　C. 排烟装备　D. 安全防护

68. AA034　明火扑灭后，对阴燃火源应及时改用(　　)水流。

A. 直流　B. 喷雾　C. 开花　D. 细水雾

69. AA035　仓库发生火灾时，火势上下波及，易形成（　）燃烧。

A. 平面　B. 空间　C. 稳定　D. 立体

70. AA035　扑救仓库火灾时应灭火与（　）结合，减少损失。

A. 冷却　B. 破拆　C. 排烟　D. 疏散

71. AA036　消防部队通信联络的种类主要有（　）。

A. 1 种　B. 2 种　C. 3 种　D. 4 种

72. AA036　火场通信的（　）可分成一个消防中队到达火场、两个中队到达火场和大面积火场 3 种形式。

A. 组织形式　B. 方法　C. 工作方式　D. 原则

73. AA037　火场纪律的执行、火场警戒等都是（　）。

A. 火场防护　B. 火场管理　C. 后勤保障　D. 火场指挥

74. AA037　为保障指战员免受火场伤害而采取的安全措施是（　）。

A. 火场警戒　B. 火场防护　C. 火场管理　D. 火场破拆

75. AA038　划分火场警戒区的大小应根据（　）确定。

A. 燃烧面积　B. 燃烧物质　C. 实际情况　D. 蔓延方向

76. AA038　有毒气体和可燃气体扩散时，在有风的情况下，警戒区的范围可能为（　）。

A. 圆形　B. 方形　C. 扇形　D. 椭圆形

77. AA039　要“保护”起火点不被破坏，应在灭火战斗中，对（　）给予保护。

A. 燃烧最猛烈的地方　B. 燃烧减弱的地方

C. 最后起火的部位　D. 最先起火或可能是起火点的部位

78. AA039　（　）即引起火灾的部位。

A. 起火点　B. 泄漏点　C. 爆炸点　D. 事故点

79. AA040　根据防火要求，防火墙是具有不少于（　）耐火极限的非燃烧体墙壁。

A. 3 h　B. 4 h　C. 5 h　D. 6 h

80. AA040　一般的民用建筑群应合理进行防火分区，分区之间设置足够的防火间距，而分区内设置必要的宽（　）的消防车道，既节约用地，又能满足防火要求。

A. 3 m　B. 3.5 m　C. 4 m　D. 4.5 m

81. AB001　消防器材装备是消防队伍进行（　）抢险等战斗任务的重要武器。

A. 灭火　B. 救援　C. 生产　D. 训练

82. AB001　对消防器材装备必须统一登记、逐级负责、专人保管，严格执行登记、（　）、使用、保管、保养等各项管理制度。

A. 清查　B. 检查　C. 维护　D. 清理

83. AB002　消防中队要每周对库存器材、装备进行一次（　）。

A. 清查　B. 维修　C. 清洁　D. 更换

84. AB002　消防战斗员要按照各自的（　），负责保管好消防器材和个人装备。

A. 要求　B. 职责　C. 任务　D. 分工

85. AB003　制约灭火战斗成败的因素一般可分为（　）主要方面。

A. 1 个　B. 2 个　C. 3 个　D. 4 个

86. AB003　客观现实存在的条件和现状，及其对灭火战斗的影响是（　）。

A. 客观因素　B. 主观因素　C. 价值标准　D. 社会价值

87. AB004　战斗班长在灭火战斗中，应明确地向（　）分配任务。
A. 消防战斗员　B. 副班长　C. 二号员　D. 专勤人员

88. AB004　灭火战斗中，班长负责（　）的灭火救人工作。
A. 全员　B. 专勤人员　C. 本班　D. 本人

89. AB005　评定灭火战斗成败可划分为（　）类型。
A. 2 种　B. 3 种　C. 4 种　D. 5 种

90. AB005　清理火场不彻底，致使复燃，使消防队重返火场扑救，应评定为灭火战斗（　）。
A. 基本成功　B. 成功　C. 失败　D. 基本失败

91. AB006　灭火战斗中，消防战斗员应明确自己和（　）的任务。
A. 班长　B. 中队　C. 驾驶员　D. 本班

92. AB006　属于灭火战斗中消防战斗员职责的是（　）。
A. 确定水枪数量　B. 确定破拆范围　C. 确定水带线路　D. 执行班长命令

93. AB007　在灭火战斗中把兵力集中调配到火场及其主要方面和地段是指（　）。
A. 速战速决　B. 集中兵力　C. 打歼灭战　D. 加强第一出动

94. AB007　灭火战术应坚持（　）的原则。
A. 先消灭，后控制　B. 先救物，后灭火　C. 先灭火，后救人　D. 先控制，后消灭

95. AB008　灭火战斗中，通信员应做好通信联络工作，准确传达（　）的命令。
A. 大队长　B. 战斗班长　C. 中队长　D. 火场指挥员

96. AB008　通信员到达火场后要进行（　），并报告火场情况。
A. 破拆　B. 灭火　C. 火情侦察　D. 冷却

97. BA001　变速跑的动作要领：起跑后，加速跑至（　）前的标志线时，以最快的速度跑完规定距离。
A. 5～10 m　B. 10～20 m　C. 20～25 m　D. 25～30 m

98. BA001　在进行追逐跑的二追一练习时，要求双方不允许有（　）动作。
A. 躲避性　B. 干扰性　C. 欺骗性　D. 攻击性

99. BA002　快速跑中高抬腿练习的动作要领：上体稍向前倾，抬腿高度使大腿与上体成（　）角，小腿放松与大腿自然折叠，蹬地腿的髋、膝、踝关节充分伸直。
A. 45°　B. 60°　C. 90°　D. 110°

100. BA002　在进行小步跑练习时，可以原地做（　）不离地的交换支撑腿练习。
A. 脚跟　B. 前脚掌　C. 脚尖　D. 全脚掌

101. BA003　按练习时肌肉工作的形式划分，肌肉收缩放松交替进行的力量练习，称为（　）练习。
A. 动力性　B. 不定性　C. 反复性　D. 交替性

102. BA003　与动力性力量练习相比，（　）练习能更有效地提高肌肉的张力与神经细胞的机能水平。
A. 相对力量　B. 静力性　C. 速度力量　D. 力量耐力

103. BA004　负重器材力量练习是克服外部（　）的力量练习。
A. 阻力　B. 压力　C. 冲击力　D. 摩擦力

104. BA004 负重器材力量练习中,持哑铃两臂侧平举练习主要发展的是(　　)力量。
A. 胸肌　B. 背肌　C. 三角肌　D. 腰肌
105. BA005 越野跑是一项很有意义的长跑活动,也是一项很好的(　　)训练。
A. 战备　B. 常规　C. 速度　D. 极限
106. BA005 越野跑不仅能发展耐久力,还能增强内脏的功能和调节(　　)的功能。
A. 肌肉系统　B. 循环系统　C. 神经系统　D. 呼吸系统
107. BA006 压肩练习的动作要点:两臂、两腿伸直,振压幅度应(　　),压点集中于肩。
A. 大　B. 小　C. 由小到大　D. 由大到小
108. BA006 单臂绕环练习的预备姿势:两腿成(　　)后,左手或右手按于同侧前腿膝关节上。
A. 马步　B. 弓步　C. 仆步　D. 虚步
109. BA007 立定跳远属于(　　)考核项目。
A. 男消防战斗员　B. 女消防战斗员　C. 通用　D. 非
110. BA007 立定跳远考核的场地、器材要求:一小块平坦地面、(　　)。
A. 撑杆　B. 三角板　C. 量尺　D. 哑铃
111. BA008 弓箭步走和原地摆臂练习都是快速跑的(　　)练习。
A. 辅助性　B. 专门性　C. 强化性　D. 提高性
112. BA008 速度训练中,变速跑的距离一般为(　　)。
A. 10～30 m　B. 20～50 m　C. 20～80 m　D. 30～100 m
113. BB001 可视探测仪的交流电压为(　　)。
A. 8 V　B. 16 V　C. 220 V　D. 360 V
114. BB001 可视探测仪的最大传输距离为(　　)。
A. 80 m　B. 90 m　C. 100 m　D. 110 m
115. BB002 可视探测仪的(　　)禁止弯折。
A. 传输线　B. 机身　C. 屏幕　D. 探头
116. BB002 当可视探测仪的探测空间很暗时,可打开(　　)照明灯。
A. 显示屏　B. 机身　C. 手持　D. 探头
117. BB003 电子气象仪的温度测量范围为(　　)。
A. －30～30 ℃　B. －30～40 ℃　C. －30～50 ℃　D. －30～60 ℃
118. BB003 电子气象仪的湿度测量范围为(　　)。
A. 0%～90%　B. 0%～95%　C. 0%～99%　D. 10%～100%
119. BB004 电子气象仪选定测温功能后,按键(　　),选定温度单位。
A. 1 s　B. 2 s　C. 3 s　D. 4 s
120. BB004 电子气象仪测湿度时,仪器离人太近,人的(　　)也能影响湿度的探测值。
A. 体温　B. 身高　C. 呼吸　D. 衣物
121. BB005 红外测温仪可以测量蒸汽管沿线的(　　)。
A. 焊接情况　B. 有无泄漏　C. 温度差异　D. 爆炸浓度
122. BB005 使用红外测温仪时应避免人眼直接暴露在激光下受到(　　)。
A. 烫伤　B. 伤害　C. 撞击　D. 腐蚀
123. BB006 方位灯的额定电压为(　　)。

A. 8 V　　B. 10 V　　C. 12 V　　D. 14 V

124. BB006　方位灯的充电时间为(　　)。

A. 6 h　　B. 7 h　　C. 8 h　　D. 9 h

125. BB007　方位灯使用时,应打开(　　)。

A. 密码锁　　B. 电源　　C. 开关锁　　D. 屏幕

126. BB007　方位灯使用中,(　　)即将耗尽时,灯光突然变暗。

A. 电量　　B. 能量　　C. 容量　　D. 电容

127. BB008　不要随意拆卸方位灯的(　　),尤其是密封结构件。

A. 密封件　　B. 结构件　　C. 透明件　　D. 零件

128. BB008　在(　　)环境或海水中使用方位灯后应擦拭干净表面。

A. 酸性　　B. 碱性　　C. 腐蚀性　　D. 复杂

129. BB009　GX-A 型防水灯具的质量为(　　)。

A. 110 g　　B. 120 g　　C. 130 g　　D. 140 g

130. BB009　GX-A 型防水灯具的灯泡规格为(　　)电珠。

A. 4.4 V　　B. 4.6 V　　C. 4.8 V　　D. 5 V

131. BB010　气动升降照明灯顶部安装有(　　)500 W 探照灯。

A. 3 盏　　B. 4 盏　　C. 5 盏　　D. 6 盏

132. BB010　气动升降照明灯的最大升限为(　　)。

A. 4 m　　B. 5 m　　C. 6 m　　D. 7 m

133. BB011　红外火源探测仪的灵敏度正常在大约(　　)开始。

A. 70 ℃　　B. 80 ℃　　C. 90 ℃　　D. 100 ℃

134. BB011　红外火源探测仪的质量为(　　)。

A. 100 g　　B. 200 g　　C. 300 g　　D. 400 g

135. BB012　红外火源探测仪电源使用(　　)碱性电池。

A. 9 V　　B. 12 V　　C. 16 V　　D. 24 V

136. BB012　按下红外火源探测仪开关,即自动检测(　　)电量。

A. 屏幕　　B. 机器　　C. 线路　　D. 电池

137. BB013　照明机组的连续工作时间大于(　　)。

A. 3 h　　B. 4 h　　C. 5 h　　D. 6 h

138. BB013　照明机组的整机质量为(　　)。

A. 30 kg　　B. 40 kg　　C. 50 kg　　D. 60 kg

139. BB014　照明机组气密性高,气动升降杆(　　)不下降。

A. 10 h　　B. 16 h　　C. 24 h　　D. 30 h

140. BB014　照明机组直接使用发电机组供电时,发电机组一次注满燃油,连续工作时间可达(　　)。

A. 13 h　　B. 16 h　　C. 20 h　　D. 10 h

141. BB015　照明机组可根据现场需要将(　　)灯头单独做上下、左右大角度调节。

A. 1 个　　B. 2 个　　C. 3 个　　D. 每个

142. BB015　照明机组可实现(　　)全方位照明。

A. 360°　　B. 180°　　C. 240°　　D. 120°

143. BB016 起重气垫适用于（ ）重物的起重。
A. 规则 B. 不规则 C. 方形 D. 圆形
144. BB016 救生软梯适用于（ ）以下楼宇。
A. 1 层 B. 2 层 C. 3 层 D. 7 层
145. BC001 喷雾水枪的种类有（ ）。
A. 1 种 B. 2 种 C. 3 种 D. 4 种
146. BC001 多用水枪的特征是（ ）转换式。
A. 球阀 B. 球体 C. 开关 D. 离心
147. BC002 消防离心式喷雾水枪的喷嘴直径为（ ）。
A. 14 mm B. 15 mm C. 16 mm D. 17 mm
148. BC002 消防离心式喷雾水枪的喷雾角为（ ）。
A. 70° B. 80° C. 90° D. 100°
149. BC003 一支喷嘴口径为 19 mm 的水枪能控制的燃烧面积为（ ）。
A. 10～20 m^2 B. 30～50 m^2 C. 60～70 m^2 D. 70～80 m^2
150. BC003 为了使消防水泵能够长时间正常运转，一般情况下水泵的出水口压力不宜超过（ ）。
A. 0.5 MPa B. 0.6 MPa C. 0.7 MPa D. 0.8 MPa
151. BC004 QDZ16 型多用水枪出口直径为（ ）。
A. 13 mm B. 14 mm C. 15 mm D. 16 mm
152. BC004 QDZ16 型多用水枪的标定压力为（ ）。
A. 0.5 MPa B. 0.6 MPa C. 0.7 MPa D. 0.8 MPa
153. BC005 目前，我国消防部队普遍使用的直流水枪喷嘴直径为（ ）。
A. 19 mm B. 25 mm C. 27 mm D. 29 mm
154. BC005 我国目前生产的直流水枪是（ ）型。
A. QZ B. QZB C. QZL D. QZN
155. BC006 直流水枪在关闭或开启水枪阀门时应（ ）进行。
A. 缓慢 B. 较快 C. 快速 D. 迅速
156. BC006 操作直流水枪射水时，由于操作者受到（ ）影响，所以如变更射水方向，应缓慢操作。
A. 水压 B. 重量 C. 作用力 D. 反作用力
157. BC007 直流水枪适用于远距离扑救（ ）火灾。
A. 轻质油品 B. 可燃气体 C. 一般固体物质 D. 金属物质
158. BC007 喷射充实柱状水流的水枪是（ ）水枪。
A. 开花 B. 喷雾 C. 直流 D. 高压
159. BC008 直流水可用于扑救（ ）火灾。
A. 遇水燃烧物质 B. 可燃粉尘聚集处 C. 高温设备 D. 一般固体物质
160. BC008 直流水不能够扑救（ ）火灾。
A. 阴燃物质 B. 石油 C. 大量浓硫酸 D. 天然气
161. BC009 直流水枪可根据现场情况合理选择有效射程，一般可在（ ）选择。
A. 7～12 m B. 7～14 m C. 7～15 m D. 7～17 m

162. BC009　直流水枪可通过(　　)自行控制流量。

A. 手柄　B. 开关　C. 消防车　D. 压力

163. BC010　对于常见的电压在 35 kV 以下的带电设备，使用一般淡水和直径为 13～16 mm 的直流水枪灭火时，水枪与带电设备的距离只要超过(　　)就不会发生触电危险。

A. 7 m　B. 8 m　C. 10 m　D. 5 m

164. BC010　在距离、时间都受到限制的室内外扑救带电设备火灾时，应使用喷雾水枪，待喷雾水枪达到正常工作状态以后再射向带电设备，喷嘴与带电设备的距离应不小于(　　)。

A. 3 m　B. 5 m　C. 2 m　D. 1 m

165. BC011　既可喷射直流水流又可喷射开花水流的水枪是(　　)水枪。

A. 直流　B. 开花直流　C. 直流喷雾　D. 喷雾

166. BC011　开花直流水枪常在火场中以(　　)射流隔离热辐射。

A. 伞形喷雾　B. 充实柱状　C. 伞形开花　D. 空心柱状

167. BC012　多功能水枪具有(　　)作用。

A. 排烟　B. 排水　C. 断电　D. 供水

168. BC012　多功能水枪的射水反作用力(　　)。

A. 大　B. 较大　C. 一般　D. 小

169. BC013　水炮可利用(　　)进行远距离控制。

A. 水压　B. 油压　C. 电气　D. 水压、油压、电气

170. BC013　SP40 型水炮适于安装在消防车、油罐区等场所和设备上，该炮是(　　)水炮。

A. 固定式　B. 车载式　C. 移动式　D. 远距离操纵

171. BC014　使用消防炮喷射泡沫时，通常选择在距燃烧区或燃烧物体(　　)以外的上风或侧风方向。

A. 20 m　B. 25 m　C. 30 m　D. 3 m

172. BC014　使用消防炮喷射干粉时，通常选择在距燃烧区或燃烧物体(　　)以内的上风方向。

A. 30 m　B. 35 m　C. 45 m　D. 50 m

173. BC015　射水打靶操作中射水线距起点线(　　)。

A. 10 m　B. 15 m　C. 17 m　D. 22 m

174. BC015　射水打靶的靶孔直径为(　　)。

A. 30 mm　B. 40 mm　C. 50 mm　D. 60 mm

175. BC016　消防员手持水枪的射水姿势有(　　)。

A. 2 种　B. 3 种　C. 4 种　D. 5 种

176. BC016　前腿弓，后腿直，双脚成丁字形，上体稍向前倾，同时左手握住水枪前部，右手扶住水带并靠于右胯，目视前方，这是(　　)射水姿势。

A. 立射　B. 跪射　C. 卧射　D. 肩射

177. BC017　水喷雾灭火系统是利用(　　)在较高的水压力作用下，将水流分离成细小水雾滴，以达到灭火或冷却的目的。

A. 消防水泵　B. 控制阀　C. 供水管　D. 水雾喷头

178. BC017 水喷雾灭火系统是( )的一种。

A. 自动泡沫灭火系统 B. 自动喷水灭火系统

C. 火灾自动报警系统 D. 喷淋系统

179. BC018 水喷雾灭火系统的控制装置应集中设置在控制室或( )室。

A. 消防值班 B. 操作 C. 经理 D. 联防

180. BC018 水喷雾灭火系统有( )控制启动方式。

A. 2 种 B. 3 种 C. 4 种 D. 5 种

181. BC019 水喷雾灭火系统的响应时间,在用于灭火时不应大于( )。

A. 45 s B. 50 s C. 55 s D. 60 s

182. BC019 用于液化生产、储存装置或装卸设施防护冷却时,水喷雾灭火系统的响应时间不应大于( )。

A. 60 s B. 65 s C. 70 s D. 75 s

183. BC020 水喷雾系统的设计流量公式为 $Q_s = KQ_j$,其中 K 表示( )。

A. 系统的设计流量 B. 安全系数

C. 系统的计算流量 D. 水雾喷头的实际流量

184. BC020 水喷雾灭火系统管道的局部水头损失应按沿程水头损失的( )估算。

A. 10%~20% B. 20%~30% C. 30%~40% D. 40%~50%

185. BC021 离心式喷雾水枪的工作压力为( )。

A. 0.5 MPa B. 0.6 MPa C. 0.7 MPa D. 0.8 MPa

186. BC021 喷雾射水属于( )喷雾。

A. 低压 B. 中压 C. 中低压 D. 高压

187. BC022 喷雾水枪喷射的雾滴直径一般为( )。

A. 1.0~2.0 mm B. 2.0~3.0 mm C. 3.0~4.0 mm D. 0.2~1.0 mm

188. BC022 雾状水流( )效果好。

A. 冷却 B. 抑制 C. 隔离 D. 窒息

189. BC023 机械撞击式喷雾水枪的进水口径是( )。

A. 55 mm B. 60 mm C. 65 mm D. 70 mm

190. BC023 离心式喷雾水枪的进水口径为( )。

A. 61 mm B. 63 mm C. 65 mm D. 67 mm

191. BC024 直流喷雾水枪是一种( )水枪。

A. 直流 B. 多用途 C. 喷雾 D. 开花

192. BC024 直流喷雾水枪可将( )射流转变为雾状射流。

A. 环状 B. 开花 C. 伞状 D. 直流

193. BC025 形成喷雾水流的水枪喷头结构形式主要有( )。

A. 2 种 B. 3 种 C. 4 种 D. 5 种

194. BC025 形成的喷雾水流,雾粒较大,射程远,适用于大水量喷雾射水的是( )喷雾水枪。

A. 导流式 B. 撞击式 C. 离心式 D. 簧片式

195. BC026 具有支承架并可移动的水枪是( )水枪。

A. 移动 B. 带架 C. 固定 D. 无架

196. BC026　固定式带架水枪又称为(　　)。

A. 泡沫炮　　B. 带架炮　　C. 水炮　　D. 干粉炮

197. BC027　为充分发挥灭火剂的灭火效能，水枪阵地的选择应便于(　　)。

A. 行动　　B. 观察　　C. 撤离　　D. 射水

198. BC027　水枪阵地选择中，便于(　　)是为了让水枪手能看到火势变化。

A. 射水　　B. 登高　　C. 行动　　D. 观察

199. BC028　描述喷雾液滴大小有(　　)表示方法。

A. 1 种　　B. 2 种　　C. 3 种　　D. 4 种

200. BC028　NFPA-750 将细水雾划分为(　　)。

A. 2 级　　B. 3 级　　C. 4 级　　D. 5 级

201. BC029　增加单位体积水雾液滴的(　　)，是细水雾灭火系统成功灭火的关键。

A. 重量　　B. 表面积　　C. 活动力　　D. 表面张力

202. BC029　吸收热能后的水滴容易汽化，其体积大约会增大(　　)。

A. 500 倍　　B. 1 000 倍　　C. 1 700 倍　　D. 2 500 倍

203. BC030　低压细水雾灭火系统是指系统的工作压力等于或小于(　　)。

A. 1.0 MPa　　B. 1.21 MPa　　C. 1.4 MPa　　D. 3.45 MPa

204. BC030　高压细水雾灭火系统是指工作压力大于 1.21 MPa，最高可达到(　　)的系统。

A. 10 MPa　　B. 20 MPa　　C. 30 MPa　　D. 40 MPa

205. BC031　细水雾灭火系统的启动控制有(　　)。

A. 2 种　　B. 3 种　　C. 4 种　　D. 5 种

206. BC031　细水雾灭火系统的储水量应保证能够供给系统不小于(　　)的用水量。

A. 10 min　　B. 20 min　　C. 25 min　　D. 30 min

207. BC032　半固定式蒸汽灭火系统用于扑救(　　)的火灾。

A. 全部区域　　B. 局部区域　　C. 炼油厂　　D. 生产厂房

208. BC032　高温设备火灾常用水蒸气扑救，是因为水蒸气本身具有一定的(　　)。

A. 热焓　　B. 浓度　　C. 热能　　D. 温度

209. BC033　水蒸气的(　　)作用小，不适宜扑救体积和面积较大的火灾。

A. 冷却　　B. 热能　　C. 放热　　D. 比热容

210. BC033　二硫化碳设备发生火灾时，不宜使用(　　)灭火系统扑救。

A. 干粉　　B. 蒸汽　　C. 二氧化碳　　D. 卤代烷

211. BC034　蒸汽灭火是通过降低(　　)的含量，产生窒息作用而实现灭火的。

A. 空气中氧　　B. 空气　　C. 空气中碳　　D. 二氧化碳

212. BC034　汽油的蒸汽灭火浓度不应小于(　　)。

A. 15%　　B. 20%　　C. 30%　　D. 35%

213. BC035　蒸汽灭火系统的排冷凝水管内不应积存(　　)。

A. 蒸汽　　B. 冷凝水　　C. 干粉　　D. 二氧化碳

214. BC035　在室内装置泄漏可燃气体采取蒸汽灭火系统时，应打开(　　)开关，对着火源喷射蒸汽，进行灭火。

A. 接口短管　　B. 蒸汽喷栓　　C. 橡胶软管　　D. 闸阀

215. BC036　在生产过程中，一般对闪点低于（　　）的物料，要注意防止其蒸气与空气形成爆炸性混合物。

A. 30 ℃　B. 45 ℃　C. 60 ℃　D. 70 ℃

216. BC036　自燃点和（　　）是评价固体可燃物火灾危险性的标志。

A. 燃点　B. 闪点　C. 最小点火能量　D. 熔点

217. BC037　可燃气体的比重越小，扩散性（　　），火灾扩大蔓延的速度越快。

A. 越小　B. 越大　C. 无关　D. 不好

218. BC037　在火灾状态下，沸点越低的物质越容易迅速形成过大的（　　）而导致容器爆裂，造成泄漏和扩散。

A. 流动性　B. 蒸气压力　C. 扩散　D. 质量

219. BC038　灭火战斗结束后，发现余火和阴燃要将其扑灭，以防引起（　　）。

A. 闪燃　B. 自燃　C. 复燃　D. 轰燃

220. BC038　灭火战斗结束后，对即将倒塌的建筑构件要进行必要的（　　）。

A. 冷却　B. 维修　C. 破拆　D. 防护

221. BC039　下面不属于灭火战斗环节的是（　　）。

A. 接警　B. 供水　C. 报警　D. 救人

222. BC039　灭火战斗行动是指从（　　）开始到战斗结束的整个过程。

A. 火情侦察　B. 灭火　C. 调度　D. 接警

223. BC040　在火场上统一指挥、协同配合、准确迅速、机智勇敢、注意安全，这是（　　）的原则。

A. 灭火战斗行动　B. 火场破拆　C. 执勤战备　D. 火场警戒

224. BC040　贯彻执行（　　）对于保证消防指战员完成灭火战斗任务有重要意义。

A. 训练　B. 执勤

C. 灭火战斗行动原则　D. 火场供水

225. BC041　积极抢救人命是消防队到达火场后的（　　）任务。

A. 首要　B. 次要　C. 不重要　D. 可以忽视

226. BC041　迅速扑灭火灾，积极抢救人命，保护和疏散物资是灭火战斗的（　　）。

A. 原则　B. 方针　C. 任务　D. 内容

227. BC042　公安消防队执勤人员听到（　　）后，必须迅速穿着战斗服并佩戴好个人装备乘车。

A. 训练命令　B. 出动信号　C. 交接班指令　D. 开会指令

228. BC042　灭火战斗的一般程序包括（　　）环节。

A. 5 个　B. 6 个　C. 7 个　D. 8 个

229. BC043　分水器前支线水带要留有不少于（　　）长度的机动水带。

A. 10 m　B. 20 m　C. 30 m　D. 40 m

230. BC043　穿越道路铺设水带时应使用水带（　　）。

A. 包布　B. 挂钩　C. 护桥　D. 变口

231. BC044　摄像人员到达火场后，首先应从不同角度或高度摄录火灾现场（　　）。

A. 平面图　B. 立体图　C. 剖面图　D. 鸟瞰图

232. BC044　摄像员应把火势燃烧的（　　）阶段发展情况摄录下来。

A. 2 个　B. 3 个　C. 4 个　D. 5 个

233. BC045　摄像人员应佩戴(　　),着战斗服,穿消防靴。

A. 安全带　B. 头盔　C. 安全绳　D. 帽套

234. BC045　摄像人员要用(　　)物品保护照相、摄像器材不遭水渍侵害。

A. 防火　B. 防爆　C. 防烟　D. 防水

235. BC046　布利斯水炮装有(　　)防滑钉。

A. 2 个　B. 3 个　C. 4 个　D. 5 个

236. BC046　布利斯水炮的出水口允许左右转动(　　)。

A. 10°　B. 20°　C. 30°　D. 40°

237. BC047　克鲁斯水炮使用完毕,(　　)会将炮体内的残留水排尽。

A. 减压阀　B. 泄压阀　C. 出水阀　D. 自动排水阀

238. BC047　克鲁斯水炮可(　　)分体,单人双手可轻便提携。

A. 左右　B. 上下　C. 前后　D. 以上皆不对

239. BC048　使用消防软管卷盘时,首先应将(　　)打开。

A. 输出阀门　B. 输入阀门　C. 输出开关　D. 输入开关

240. BC048　使用消防软管卷盘时,不得在(　　)范围外使用。

A. 低温　B. 高温　C. 常温　D. 规定温度

241. BD001　攀登挂钩梯救人时要(　　),防止撞伤和摔伤。

A. 迅速　B. 谨慎　C. 灵活　D. 快速

242. BD001　攀登挂钩梯救人时为确保被救者安全,地面应放置(　　)。

A. 担架　B. 软床　C. 软垫　D. 木板

243. BD002　实验表明地铁发生火灾时,空气中的氧含量降至(　　)时,人体肌肉活动能力下降。

A. 20%　B. 15%　C. 10%　D. 5%

244. BD002　实验表明地铁发生火灾时,空气中氧含量降至(　　)时,人会失去逃生能力。

A. 18%～14%　B. 14%～10%　C. 6%～10%　D. 6%～4%

245. BD003　商业运营地铁,一般建在地下(　　)左右。

A. 30 m　B. 20 m　C. 10 m　D. 5 m

246. BD003　商业和战备兼顾的地铁建在地下(　　)。

A. 30～40 m　B. 30～50 m　C. 30～60 m　D. 30～70 m

247. BD004　地震发生后,外援抢救队伍应首先抢救的是医院、学校等(　　)的地方。

A. 人员老化　B. 救援人员　C. 人员稀少　D. 人员密集

248. BD004　对于长时间埋在地下被救出的人员,首要任务是保护好他们的(　　)。

A. 手脚　B. 头部　C. 心脏　D. 眼睛

249. BD005　当发生大型化学灾害事故时,应由当地(　　)协调各部门的救援行动,并组成现场指挥部,实施统一指挥。

A. 消防支队长　B. 消防战训科长　C. 中队指挥员　D. 政府主要领导

250. BD005　化学灾害事故处理应急救援工作的首要任务是(　　)。

A. 抢险　B. 救人　C. 灭火　D. 破拆

251. BD006　在抢险救援工作中,水幕的作用是阻截和稀释现场(　　)的浓度,改变其扩散方向。

A.一氧化碳　B.氯气　C.氧气　D.毒气

252.BD006　抢险救援时在现场应成立（　）指挥部。

A.训练　B.灭火　C.火场　D.救援

253.BD007　消除现场残留有毒物质的有效方法是（　）。

A.添加药剂　B.清洗消毒　C.清扫　D.风吹

254.BD007　清洗消毒污水的排放，要经过环保部门检测，以防止造成（　）污染中毒。

A.二次　B.粉尘　C.灰尘　D.空气

255.BD008　眼内溅入的毒物，应立即用清水彻底冲洗，腐蚀性毒物更须反复冲洗，至少不短于（　）。

A.5 min　B.10 min　C.15 min　D.20 min

256.BD008　现场组织撤离的人员应迅速判明风向，可利用旗帜、树枝、（　）来辨明风向。

A.手帕　B.火势　C.辐射热　D.车辆走势

257.BD009　疏散出来的物资，一般应放在（　）。

A.下风方向　B.地势低的地方　C.上风方向　D.侧风方向

258.BD009　火场上应由（　）统一组织指挥协调疏散物资与救人、灭火等工作。

A.起火单位领导　B.通信员　C.警察　D.火场指挥员

259.BD010　一氧化碳与空气混合能形成爆炸性气体混合物，其爆炸极限为（　）。

A.5.0%～20.4%　B.5.6%～31.7%　C.20.7%～73.7%　D.12.5%～74.2%

260.BD010　一氧化碳燃烧时，其火焰的颜色是（　）。

A.黑色　B.黄色　C.蓝色　D.砖红色

261.BD011　一般来说，在氧化还原反应中，失去电子的物质称为（　）。

A.氧化物　B.过氧化物　C.氧化剂　D.还原剂

262.BD011　氧化剂本身具有腐蚀性和（　）。

A.危险性　B.酸性　C.碱性　D.毒性

263.BD012　氰化氢气体在空气中的爆炸极限为（　）。

A.2%～9%　B.4%～44%　C.5.6%～40%　D.15%～84.2%

264.BD012　氰化氢经口使人毙命的最小致死量为（　）。

A.0.3～3.5 mg/kg　B.0.5～4.7 mg/kg　C.10～21.4 mg/kg　D.15～30.1 mg/kg

265.BD013　汽油与（　）能发生强烈反应。

A.氧化剂　B.催化剂　C.助燃剂　D.氧气

266.BD013　汽油蒸气比空气（　），能在较低处扩散到相当远的地方，遇明火会回燃。

A.重　B.轻　C.相同　D.大

267.BD014　（　）接触柴油可引起接触性皮炎、油性痤疮。

A.皮肤　B.手掌　C.四肢　D.胳膊

268.BD014　（　）运输柴油时要按规定路线行驶。

A.铁路　B.飞机　C.公路　D.船舶

269.BD015　常压下，当氧的浓度超过（　）时，有可能发生氧中毒。

A.10%　B.20%　C.30%　D.40%

270.BD015　长期处于氧分压为（　）条件下可发生眼损害，严重者可失明。

A. 60～70 kPa　B. 60～80 kPa　C. 60～90 kPa　D. 60～100 kPa

271. BD016　双绳椅子扣操作时消防战斗员应首先用左手将安全绳一端折成(　　)。
A. 2 股　B. 3 股　C. 4 股　D. 5 股

272. BD016　单绳椅子扣操作时消防战斗员应首先用左手将安全绳一端折成(　　)。
A. 2 股　B. 3 股　C. 4 股　D. 5 股

273. BE001　沿楼梯铺设水带的起点线距离训练塔(　　)。
A. 5 m　B. 10 m　C. 15 m　D. 20 m

274. BE001　沿楼梯铺设水带、器材的要求:在起点线处放置分水器(　　)。
A. 1 只　B. 2 只　C. 3 只　D. 4 只

275. BE002　沿楼梯铺设水带需要使用 ϕ65 mm 水带(　　)。
A. 1 盘　B. 2 盘　C. 3 盘　D. 4 盘

276. BE002　沿楼梯铺设水带需(　　)消防战斗员操作。
A. 1 名　B. 2 名　C. 3 名　D. 4 名

277. BE003　水泵接合器是消防车向(　　)管网补水的装置。
A. 室内　B. 室外　C. 地上　D. 地下

278. BE003　消防水箱应储存(　　)的消防用水量。
A. 5 min　B. 10 min　C. 15 min　D. 20 min

279. BE004　不清楚消防用水量时,可通过检查泵房内消防主泵的(　　)得知。
A. 压力　B. 流量　C. 扬程　D. 标牌

280. BE004　每启动一个水泵接合器一般可以同时启用(　　)室内消火栓。
A. 1 个　B. 2 个　C. 3 个　D. 4 个

281. BE005　静压测试一般选择室内(　　)消火栓。
A. 高处　B. 低处　C. 最顶层　D. 中间

282. BE005　冬季应检查消防设施的(　　)情况。
A. 保温　B. 好用　C. 损坏　D. 维修

283. BE006　墙式消火栓出一枪一带训练时,要求场地长(　　)。
A. 5 m　B. 10 m　C. 15 m　D. 20 m

284. BE006　墙式消火栓出一枪一带训练的目的:使消防战斗员学会佩戴空气呼吸器,利用墙式消火栓扑救(　　)火灾的方法。
A. 楼层　B. 油罐　C. 化工　D. 天然气

285. BE007　建筑高度超过 50 m 的普通住宅的室外消防用水量为(　　)。
A. 5 L/s　B. 10 L/s　C. 15 L/s　D. 20 L/s

286. BE007　建筑高度超过 50 m 的普通住宅的室内消防用水量为(　　)。
A. 5 L/s　B. 10 L/s　C. 15 L/s　D. 20 L/s

287. BE008　高层建筑物和低层建筑物室内消防给水的区分,主要取决于(　　)。
A. 消防队的灭火能力　B. 火灾情况
C. 楼层结构　D. 人为因素

288. BE008　高层建筑火灾主要立足于以(　　)为主。
A. 自生自灭　B. 控制
C. 消防队车载水扑救　D. 建筑物消防给水设施自救

289. BE009　低层室内采用口径 19 mm 的水枪时，其流量不应低于（　　）。
A. 1 L/s　B. 3 L/s　C. 4 L/s　D. 5 L/s

290. BE009　火场扑救火灾时，在最不利情况下，水枪的上倾角一般不宜超过（　　）。
A. 15°　B. 30°　C. 45°　D. 60°

291. BE010　固定高压水枪的保护高度一般为（　　）。
A. 10～20 m　B. 20～30 m　C. 30～40 m　D. 40～50 m

292. BE010　计算水枪有效射程的长度时，水枪上倾角不宜大于（　　）。
A. 20°　B. 35°　C. 45°　D. 55°

293. BE011　一般可燃物品在起火后 10 min 会使起火部位的钢构件碳钢强度降低（　　）以上。
A. 60%　B. 70%　C. 80%　D. 90%

294. BE011　根据建筑物的耐火性能，我国将建筑物划分成（　　）耐火等级。
A. 2 个　B. 3 个　C. 4 个　D. 5 个

295. BE012　根据建筑物的用途，可将建筑物分成（　　）大类。
A. 2　B. 3　C. 4　D. 5

296. BE012　根据生产厂房和库房的火灾危险程度，工业建筑物的火灾危险性可分成（　　）。
A. 3 类　B. 4 类　C. 5 类　D. 6 类

297. BE013　建筑层数超过（　　）的，称为多层建筑。
A. 1 层　B. 2 层　C. 3 层　D. 4 层

298. BE013　单层建筑物发生火灾后，火势在平面内向（　　）扩展。
A. 前　B. 后　C. 上　D. 四周

299. BE014　木材的单位发热量为（　　）。
A. 384.5 kJ/N　B. 1 708.9 kJ/N　C. 1 716.9 kJ/N　D. 1 922.5 kJ/N

300. BE014　橡胶的单位发热量为（　　）。
A. 384.5 kJ/N　B. 1 708.9 kJ/N　C. 1 716.9 kJ/N　D. 1 922.5 kJ/N

301. BE015　室外消火栓和水泵接合器的接口主要采用（　　）为主。
A. 铸铁　B. 不锈钢　C. 铜合金　D. 铝合金

302. BE015　平时要经常检查消防接口内是否有（　　），并注意密封。
A. 灰尘　B. 垫圈　C. 杂物　D. 杂质

303. BE016　消火栓要（　　）开启并全开，不要反向。
A. 快速　B. 用力　C. 下压　D. 缓慢

304. BE016　口径 65 mm 的消火栓出口为（　　）。
A. 内扣式　B. 外扣式　C. 螺纹式　D. 卡扣式

305. BF001　9 m 拉梯由（　　）操作。
A. 2 人　B. 3 人　C. 4 人　D. 5 人

306. BF001　9 m 拉梯的工作高度为（　　）。
A. 6 m　B. 8 m　C. 9 m　D. 12 m

307. BF002　在救援现场可以用（　　）拉梯把被困人员从三楼救出。
A. 6 m　B. 9 m　C. 15 m　D. 都可以

308. BF002 9 m 拉梯在火场可以用来( )。
A. 救人 B. 破拆 C. 疏散物资 D. 转移窗口

309. BF003 攀登 9 m 拉梯时,操作人员应佩戴( )来保护头部。
A. 头盔 B. 安全绳 C. 安全钩 D. 安全带

310. BF003 操作 9 m 拉梯训练时,梯脚应( )架设。
A. 紧贴塔身 B. 在竖梯区
C. 在距塔基 2 m 处 D. 在距塔基 2.5 m 处

311. BF004 利用挂钩梯转移窗口时应一手握住( ),一手拉住窗框。
A. 梯梁 B. 墙 C. 安全带 D. 梯齿

312. BF004 利用挂钩梯转移窗口的操作者应( )操作。
A. 骑坐窗台 B. 站立窗台 C. 站在窗内 D. 单腿站在窗内

313. BF005 利用挂钩梯转移窗口是一种( )训练。
A. 登高 B. 灭火 C. 心理 D. 破拆

314. BF005 利用挂钩梯转移窗口是( )的操作项目。
A. 消防员 B. 驾驶员 C. 通信员 D. 指挥员

315. BF006 TE90 型木质两节拉梯的质量为( )。
A. 53 kg B. 55 kg C. 57 kg D. 60 kg

316. BF006 TE90 型木质两节拉梯竖起要与地面成( )角。
A. 30° B. 45° C. 65° D. 75°

317. BF007 15 m 金属拉梯材料主要以( )为主。
A. 铝镁合金 B. 硬铝 C. 钢 D. 镁锌合金

318. BF007 15 m 金属拉梯的伸长长度为( )。
A. 5 m B. 10 m C. 15 m D. 20 m

319. BF008 15 m 金属拉梯操作是( )的操作科目。
A. 消防员 B. 驾驶员 C. 通信员 D. 指挥员

320. BF008 15 m 金属拉梯是( )工具。
A. 登高 B. 破拆 C. 灭火 D. 供水

二、多选题(每题有 4 个选项,其中至少有 2 个是正确的,将正确的选项号填入括号内)

1. AA001 高层建筑的消防设施有( )。
A. 火灾报警系统 B. 自动灭火系统 C. 消防给水系统 D. 防排烟设施

2. AA002 高层建筑可利用( )排烟。
A. 排烟塔 B. 排烟竖井 C. 排烟窗 D. 楼梯

3. AA003 地下建筑火灾( )。
A. 燃烧充分 B. 可燃物资多 C. 发烟量大 C. 氧气充足

4. AA004 对较大的闷顶火灾,指挥员应根据( )等情况,分成几个战斗段逐一消灭。
A. 燃烧面积 B. 房屋高度 C. 进攻条件 D. 灭火力量

5. AA005 当高层楼房发生火灾时,被困人员可以从( )疏散。
A. 室内楼梯 B. 室外楼梯 C. 民用电梯 D. 消防电梯

6. AA006 闷顶火灾的特点是( )。

A. 隐蔽燃烧,不易发现　B. 燃烧猛烈　C. 人员密度大　D. 容易塌落

7. AA007　下列属于人防工程的是(　　)。

A. 地下指挥所　B. 地下铁道　C. 地下商场　D. 地下掩蔽所

8. AA008　影剧院一般由(　　)三大部分组成。

A. 舞台　B. 观众厅　C. 前厅　D. 休息室

9. AA009　不宜用水、泡沫、干粉扑救的医疗设备,应采取(　　)灭火剂灭火。

A. 二氧化碳　B. 干砂　C. 卤代烷　D. 蒸汽

10. AA010　仓库按物资储存场所分为(　　)仓库。

A. 地上　B. 地下　C. 室内　D. 露天

11. AA011　下面属于粮食加工厂火灾特点的是(　　)。

A. 火势蔓延迅速　B. 有粉尘爆炸危险　C. 易造成建筑倒塌　D. 人员密集

12. AA012　露天粮食堆垛火灾的特点是(　　)。

A. 易形成大面积火灾　B. 易发生粉尘爆炸　C. 易污染粮食　D. 易炭化阴燃

13. AA013　棉花在加工过程中形成的(　　)等,都容易燃烧起火。

A. 飞花　B. 静电　C. 棉絮　D. 粉尘

14. AA014　棉花储存运输过程中,应严防堆垛(　　)。

A. 前后挤压　B. 顶部漏水　C. 底部受潮　D. 摆放松动

15. AA015　汽车库的特点有(　　)。

A. 建筑面积大　B. 跨度大　C. 门窗多　D. 停放车辆多

16. AA016　罐车起火时可用(　　)覆盖罐口窒息灭火。

A. 毛毯　B. 石棉被　C. 湿被　D. 保温被

17. AA017　扑灭高速公路火灾的同时,应利用(　　)等工具营救车内被困人员。

A. 液压剪　B. 扩张器　C. 千斤顶　D. 倒链

18. AA018　电镀车间的火灾特点是(　　)。

A. 燃烧稳定　B. 粉尘燃烧　C. 腐蚀性强　D. 易爆炸

19. AA019　最常见的发电厂是(　　)发电厂。

A. 原子能　B. 太阳能　C. 火力　D. 水力

20. AA020　打谷场火灾的特点是(　　)。

A. 易蔓延　B. 燃烧隐蔽　C. 机械设备易烧毁　D. 易复燃

21. AA021　电气设备火灾多是由于(　　)等原因造成的。

A. 短路　B. 超负荷　C. 接触电阻过大　D. 雷击

22. AA022　炼油厂的特点是生产设备(　　)。

A. 高大空旷　B. 高大密集　C. 管道纵横　D. 互相连通

23. AA023　飞机起落架火灾的发展一般需要经过(　　)三个阶段。

A. 过热起烟　B. 着火　C. 局部燃烧　D. 完全着火

24. AA024　纺织加工厂中(　　)最容易发生火灾。

A. 针织厂　B. 棉纺厂　C. 麻纺厂　D. 毛纺厂

25. AA025　用水进行带电灭火时,水枪手必须穿戴好(　　)。

A. 绝缘头盔　B. 绝缘鞋　C. 绝缘手套　D. 绝缘服

26. AA026　影响森林火灾的地形因素有(　　)。

A. 坡向　B. 坡谷　C. 坡度　D. 坡位

27. AA027　草原火灾的(　　)主要取决于风向和风速。

A. 蔓延方向　B. 燃烧面积　C. 蔓延速度　D. 灭火时间

28. AA028　夜间深入内部进行火情侦察可携带(　　)。

A. 无齿锯　B. 扩张器　C. 强光手电　D. 热敏成像仪

29. AA029　油品中夹杂水分或油罐底部有水层时，随着燃烧时间的增长和热传导的作用，可能发生(　　)。

A. 爆炸　B. 沸溢　C. 喷溅　D. 轰燃

30. AA030　井喷火灾时应查明喷射油气的(　　)。

A. 部位　B. 方向　C. 压力　D. 流量

31. AA031　钻井及油井试油过程中存在发生(　　)并导致火灾的危险。

A. 井漏　B. 井涌　C. 井喷　D. 井塌

32. AA032　下面属于井喷火灾特点的是(　　)。

A. 热辐射强　B. 火焰温度高　C. 水源少　D. 扑救时间长

33. AA033　可燃物多的场所(　　)。

A. 燃烧持续时间长　B. 燃烧持续时间短　C. 温度高　D. 温度低

34. AA034　日用品仓库发生火灾时，(　　)。

A. 库内烟雾浓　B. 寻找火源难　C. 库房跨度大　D. 建筑易倒塌

35. AA035　日用百货仓库中各类物品的燃烧特性一般分为(　　)。

A. 易燃商品　B. 可燃商品　C. 难燃商品　D. 不燃商品

36. AA036　火场通信联络组的主要任务是(　　)。

A. 传达命令　B. 火情侦察　C. 汇报火场情况　D. 迎接增援车辆

37. AA037　不同危害区的危害程度不同，在(　　)时要区别对待。

A. 警戒　B. 防护　C. 冷却　D. 救援

38. AA038　划分火场警戒区的方法是(　　)。

A. 强制排除现场混乱　B. 控制现场秩序　C. 火场外部疏导　D. 确定警戒范围

39. AA039　消防战斗员应尽量不在起火点处(　　)，防止人为破坏现场原状。

A. 走动　B. 搬移物体　C. 破拆　D. 侦察

40. AA040　防火分区的水平划分构件有(　　)。

A. 耐火楼板　B. 防火门　C. 防火卷帘　D. 防火墙

41. AB001　库存器材要做到(　　)。

A. 数量清　B. 质量清　C. 品种清　D. 型号清

42. AB002　消防车库要达到(　　)的要求。

A. 防雨　B. 防晒　C. 防冻　D. 保温

43. AB003　灭火战斗评定是检查、考核、(　　)消防队灭火战斗的一项重要内容。

A. 奖励　B. 总结　C. 评比　D. 通报

44. AB004　灭火战斗中班长确定铺设水带的路线与(　　)等器材的设置地点。

A. 破拆器材　B. 水带　C. 分水器　D. 救生器材

45. AB005　在灭火战斗过程中，(　　)应评定为灭火战斗失败。

A. 听错或误传火警　B. 灭火出动缓慢

C. 行车路线错误　　D. 严重贻误灭火战机

46. AB006　下面属于灭火战斗中消防战斗员职责的是（　）。

A. 正确使用消防器材　　B. 听到出动信号迅速登车
C. 向增援队伍布置战斗任务　　D. 准确传达指挥员命令

47. AB007　灭火战术的指导思想，就是在灭火战斗中要（　）。

A. 坚持速战速决　　B. 团结一致打歼灭战
C. 集中兵力打歼灭战　　D. 互相协作打歼灭战

48. AB008　灭火战斗中不是通信员职责的是（　）。

A. 确定水枪阵地　B. 确定破拆地点　C. 保证通信联络　D. 遵守交通规则

49. BA001　后蹬跑的动作要领：（　），然后大腿积极下压，前脚掌着地，两臂配合两腿动作做前后自然摆动。

A. 上体稍向前倾　　B. 后蹬充分有力
C. 髋部前送　　D. 摆动腿向前上方摆动

50. BA002　加速跑的动作要领：从站立姿势开始，均匀地（　），在达到最高速度时，仍然保持正确姿势顺惯性向前跑一段距离。

A. 加大摆臂幅度　B. 加大步幅　C. 加大摆臂速度　D. 加快速度

51. BA003　下列属于力量训练方法的是（　）。

A. 大重量　B. 多组数　C. 快速度　D. 多次数

52. BA004　负重训练的好处有（　）。

A. 强壮上肢　B. 强壮下肢　C. 强壮腹部　D. 强壮脑部

53. BA005　越野跑锻炼耐力的核心是（　）。

A. 肌肉力量　B. 循环系统　C. 心肺功能　D. 呼吸系统

54. BA006　热身时需要活动的关节有（　）。

A. 肩关节　B. 髋关节　C. 膝关节　D. 踝关节

55. BA007　立定跳远是测试（　）的最简单有效的手段。

A. 上肢爆发力　B. 下肢爆发力　C. 全身协调能力　D. 腰肌爆发力

56. BA008　短跑运动员专项身体训练的内容主要包括速度、（　）等。

A. 起跑姿势　B. 短跑的力量　C. 耐力　D. 柔韧性和协调性

57. BB001　可视探测仪应注意保护（　）清洁。

A. 开关　B. 显示屏　C. 探头玻璃　D. 机身

58. BB002　可视探测仪适用于（　）等的救援。

A. 地震　B. 矿难　C. 建筑物坍塌　D. 泥石流

59. BB003　电子气象仪可以测量大气压力、（　）、风速、露点、寒冷指数等。

A. 温度　B. 湿度　C. 风向　D. 阴晴

60. BB004　电子气象仪可用于（　）、水上救生和抢险救援等。

A. 防毒　B. 防化　C. 防火　D. 防尘

61. BB005　红外测温仪可用于寻找（　）、电接头的发热点。

A. 发动机　B. 马达　C. 轴承　D. 水箱

62. BB006　方位灯按发光形式可分为（　）方位灯。

A. 照明型　B. 闪光型　C. 恒光长明型　D. 报警型

63. BB007　方位灯应经常检查并保证（　　）之间结合紧密。
A. 灯筒与后盖　B. 提手与后盖　C. 开关与后盖　D. 灯罩与后盖
64. BB008　方位灯具有（　　）等特点。
A. 高效节能　B. 可靠耐用　C. 方便灵活　D. 照射距离远
65. BB009　GX-A 型防水灯具按性能分为（　　）。
A. 防水型　B. 防爆型　C. 防火型　D. 防水防爆型
66. BB010　气动升降照明灯是集（　　）于一体的小型移动照明设备。
A. 发电机组　B. 发动机　C. 灯杆　D. 照明装置
67. BB011　红外火源探测仪主要用于消防人员在火场探测（　　）。
A. 被困人员　B. 火源位置　C. 温度　D. 爆炸物
68. BB012　红外火源探测仪设有（　　）。
A. 自检装置　B. 声呐装置　C. 自动报警装置　D. 声控装置
69. BB013　照明装备按供电源分为使用（　　）的照明装备。
A. 干电池（组）　B. 蓄电池（组）　C. 发电机（组）　D. 墙壁电源
70. BB014　移动式发光照明灯由（　　）组成。
A. 灯盘　B. 伸缩杆　C. 电动气泵　D. 发电机组
71. BB015　全方位泛光工作灯由（　　）组成。
A. 三角支撑架　B. 气泵
C. 伸缩杆　D. 金属卤化物灯灯盘
72. BB016　救生绳是消防战斗员在灭火救援中用于（　　）的绳索。
A. 救人　B. 疏散　C. 吊升装备　D. 自救
73. BC001　直流开关水枪主要由（　　）等组成。
A. 接口　B. 枪管　C. 喷嘴　D. 阀门
74. BC002　消防直流水枪的喷嘴直径有（　　）。
A. 13 mm　B. 16 mm　C. 19 mm　D. 20 mm
75. BC003　水枪在火灾现场可进行（　　）和排烟等多种消防作业。
A. 灭火　B. 冷却　C. 隔离　D. 稀释
76. BC004　消防、高压两用水枪的喷嘴直径有（　　）、8 mm。
A. 5 mm　B. 6. 5 mm　C. 7 mm　D. 7. 5 mm
77. BC005　QZ 型和 QZA 型直流水枪一般由（　　）组成。
A. 接口　B. 枪体　C. 喷嘴　D. 密封圈
78. BC006　水枪的控制周长与水枪的（　　）有关。
A. 喷嘴口径　B. 有效射程　C. 用水供给强度　D. 反作用力
79. BC007　直流水枪具有（　　）的特点。
A. 冲击力小　B. 冲击力大　C. 有效射程近　D. 有效射程远
80. BC008　用水不能扑救（　　）火灾。
A. 带电设备　B. 金属钠　C. 棉麻　D. 橡胶
81. BC009　直流水可（　　）到可燃物内部，用来扑救阴燃物质火灾。
A. 冲击　B. 撞击　C. 渗透　D. 泄漏
82. BC010　可燃粉尘包括（　　）。

A. 面粉　B. 铝粉　C. 糖粉　D. 煤粉

83. BC011　开花水可用于扑救（　）火灾。

A. 塑料　B. 草垛　C. 碱金属　D. 浓酸

84. BC012　多功能水枪可以喷射（　）。

A. 细水雾　B. 直流水　C. 雾状水　D. 脉冲水

85. BC013　水炮按安装方式可分为（　）。

A. 推车式　B. 车载式　C. 固定式　D. 移动式

86. BC014　使用消防炮喷射水流时，由于（　），不宜在 25 m 以内使用，以防止伤害人员和损害建筑物。

A. 流量大　B. 流量小　C. 冲击力弱　D. 冲击力强

87. BC015　射水打靶操作需要的消防器材有（　）。

A. ϕ65 mm 水带　B. 水枪　C. 泡沫枪　D. 射水靶

88. BC016　右脚退后一步跪下，（　），左小臂放于左大腿上，左手握枪前部，右手扶住水带并靠于右胯，这是跪射射水姿势。

A. 脚尖离地　B. 脚尖蹬地　C. 左腿弓成 90°　D. 左腿弓成 45°

89. BC017　水喷雾灭火系统不适于扑救的物质是（　）。

A. 反应锅　B. 磷石灰　C. 发电机　D. 油开关

90. BC018　水喷雾灭火系统的管路由（　）组成。

A. 供水管　B. 配水干管　C. 消防水源　D. 主管道

91. BC019　水喷雾灭火系统与雨喷淋系统的区别在于喷头的（　）不同。

A. 结构　B. 大小　C. 性能　D. 流量

92. BC020　下面不适用于水喷雾灭火系统水力计算方法的是（　）。

A. 水力估算法　B. 沿途计算法　C. 流量计算法　D. 损失计算法

93. BC021　下面不是喷雾射水的优点的是（　）。

A. 射水距离短

B. 过小的喷雾粒子会由于上升气流影响而飞落火点外

C. 对油类火灾、电气火灾的扑救有良好效果

D. 冲击力小

94. BC022　喷雾水枪的特点是（　）。

A. 用水量少　B. 用水量多　C. 水渍损失小　D. 水渍损失大

95. BC023　撞击式喷雾水枪（　）。

A. 水滴较细　B. 射程较近　C. 水滴较大　D. 射程较远

96. BC024　直流喷雾水枪具有（　）功能。

A. 自动开启　B. 自动关闭　C. 开启　D. 关闭

97. BC025　使水流形成（　），从而形成雾化水流的是离心式喷雾水枪。

A. 充实水柱　B. 细小水流　C. 螺旋旋转　D. 产生离心力

98. BC026　带架水枪喷嘴的直径有（　）等规格。

A. 25 mm　B. 28 mm　C. 32 mm　D. 40 mm

99. BC027　水枪手选择水枪阵地时利用地形、地物接近火源，消灭火点，同时要便于前进、后退、转移阵地，是为了（　）。

A. 便于射水 B. 便于观察 C. 便于进攻 D. 便于转移

100. BC028 细水雾灭火系统由( )等组成。

A. 一个或多个细水雾喷头 B. 供水管网

C. 加压供水设备 D. 相关控制装置

101. BC029 细水雾的灭火效果与水雾相对于火焰的( )等密切相关。

A. 喷射方向 B. 喷水强度 C. 速度 D. 灭火力量

102. BC030 细水雾灭火系统的类型应根据防护对象的( )及环境条件确定。

A. 防火性能目标 B. 火灾类型 C. 防护区使用性质 D. 几何尺寸

103. BC031 细水雾灭火系统的( ),应符合国家规范及现行有关标准的规定。

A. 设计 B. 施工 C. 验收 D. 维护管理

104. BC032 蒸汽灭火系统按用途可分为( )。

A. 全充满系统 B. 半充满系统 C. 局部应用系统 D. 半应用系统

105. BC033 水蒸气局部应用系统适用于扑救( )火灾。

A. 加热炉 B. 炼制塔 C. 换热器 D. 冷凝器

106. BC034 有蒸汽源的( ),宜设置蒸汽灭火设施。

A. 火力发电厂 B. 化工厂 C. 气体加压站 D. 油船

107. BC035 对( )等液体火灾,水蒸气的灭火浓度不宜小于35%。

A. 汽油 B. 煤油 C. 柴油 D. 机油

108. BC036 评价气体火灾危险性的主要标志是( )。

A. 燃点 B. 闪点 C. 最小点火能量 D. 爆炸浓度极限

109. BC037 有机化合物的( ),闪点越低,饱和蒸气压力越大,蒸发速度越快,其火灾危险性也越大。

A. 相对分子质量越小 B. 沸点越低

C. 相对分子质量越大 D. 沸点越高

110. BC038 灭火战斗结束后,火场指挥员要及时清点( )。

A. 灭火人员 B. 器材、装备 C. 灭火剂 D. 燃料油

111. BC039 战斗展开分为( )。

A. 现场展开 B. 准备展开 C. 预先展开 D. 全面展开

112. BC040 火场救人的方法有( )。

A. 询问知情人 B. 人员侦察 C. 仪器探测 D. 搜救犬搜救

113. BC041 指挥员选择的灭火阵地应便于( )。

A. 观察 B. 喷射灭火剂 C. 进攻 D. 转移

114. BC042 侦察小组成员应配备( )。

A. 破拆器材 B. 堵漏器材 C. 个人防护装备 D. 侦察器材

115. BC043 战斗班单独进行灭火战斗时,由( )组成侦察小组。

A. 指挥员 B. 战斗班长 C. 电话员 D. 消防战斗员

116. BC044 扑救油罐火灾时,摄像人员要注意摄录发生( )的征兆。

A. 起火 B. 爆炸 C. 沸溢 D. 喷溅

117. BC045 扑救大风天和大面积易燃建筑火灾时,应将因( )等造成的远距离可燃物体起火情况摄录下来。

A. 热辐射　　B. 飞火　　C. 爆炸　　D. 流淌火

118. BC046　布利斯水炮的固定包括(　　)。

A. 重量固定　　B. 防滑钉固定　　C. 撑脚固定　　D. 拴住固定

119. BC047　克鲁斯水炮的(　　)能快速、可靠连接。

A. 炮体　　B. 炮身　　C. 炮座　　D. 炮头

120. BC048　消防软管卷盘按使用场合分为(　　)。

A. 车用软管卷盘　　B. 非车用软管卷盘

C. 民用软管卷盘　　D. 非民用软管卷盘

121. BD001　攀登挂钩梯救人时要防止被救人员(　　)。

A. 撞伤　　B. 烧伤　　C. 烫伤　　D. 摔伤

122. BD002　以下(　　)属于地铁火灾的特点。

A. 火势蔓延快　　B. 火势蔓延慢

C. 浓烟充斥　　D. 易造成恶性伤亡事故

123. BD003　地铁火灾(　　)。

A. 能见度低　　B. 毒气重　　C. 人员聚集　　D. 疏散困难

124. BD004　地震灾害的特点是(　　)。

A. 破坏力强　　B. 人员伤亡重　　C. 易引发次生灾害　　D. 救援困难

125. BD005　苯泄漏后易发生(　　)事故。

A. 爆炸燃烧　　B. 扩散　　C. 中毒　　D. 污染

126. BD006　化学品抢险救援现场应(　　)。

A. 禁绝火源　　B. 高热设备停止工作

C. 关闭手机　　D. 切断电话线路

127. BD007　消除危险常用的具体技术措施有(　　)等。

A. 引火焚烧　　B. 加强警戒　　C. 强力驱散　　D. 加强出动

128. BD008　止血的方法有(　　)。

A. 指压止血法　　B. 止血带止血法　　C. 加压包扎止血法　　D. 屈指加压止血法

129. BD009　对于难以疏散的物资,如固定的大型机器设备,可以(　　)。

A. 喷射雾状水流冷却　　B. 设置水幕冷却

C. 拖车拖运　　D. 用不燃或难燃材料遮盖

130. BD010　煤气泄漏后应采取(　　)措施。

A. 疏散人员　　B. 现场警戒　　C. 喷雾稀释　　D. 关阀断源

131. BD011　氧化剂按化学组成分为(　　)。

A. 过氧化剂　　B. 无机氧化剂　　C. 有机氧化剂　　D. 有机过氧化物

132. BD012　以下是氰化氢轻度中毒症状的是(　　)。

A. 胸闷　　B. 头痛　　C. 恶心　　D. 强直性痉挛

133. BD013　汽油的特性是(　　)。

A. 易燃　　B. 易爆　　C. 易挥发　　D. 易储存

134. BD014　柴油应与(　　)分开存放,切忌混储。

A. 汽油　　B. 氧化剂　　C. 卤素　　D. 煤油

135. BD015　液态氧易被(　　)等吸收,见火即燃。

A. 衣物　B. 木材　C. 钢材　D. 纸张

136. BD016　下面属于救人结绳法的是(　)。

A. 单绳椅子扣　B. 双绳椅子扣　C. 蝴蝶扣　D. 抓手扣

137. BE001　沿楼梯铺设水带时,需要准备的器材有(　)。

A. 水带　B. 集水器　C. 水枪　D. 分水器

138. BE002　沿楼梯铺设水带操作中,分水器拖出(　)者不扣分。

A. 20 cm　B. 30 cm　C. 40 cm　D. 50 cm

139. BE003　消火栓箱一般由(　)组成。

A. 水带　B. 箱体　C. 消火栓口　D. 水枪

140. BE004　水泵接合器一般(　)设置。

A. 分区　B. 分类　C. 分时　D. 分段

141. BE005　水枪可直接接消火栓出水,测试水枪的(　)。

A. 流量　B. 有效射程　C. 范围　D. 压力

142. BE006　利用墙式消火栓出一枪一带时,(　)不计取成绩。

A. 水带卡扣　B. 水枪卡扣　C. 水枪脱扣　D. 水带脱扣

143. BE007　高层建筑消火栓的用水量包括(　)。

A. 室外消防用水量　B. 室内消防用水量

C. 地上消防用水量　D. 地下消防用水量

144. BE008　高层建筑和低层建筑室内消防给水应根据消防队到达火场(　)进行区分。

A. 扑救中期火灾的可能性　B. 消防设备登高能力

C. 消防队员的体力　D. 消防车的供水能力

145. BE009　低层建筑室内消火栓的类型主要取决于(　)等因素。

A. 室外管网的水压、水量　B. 建筑物高度

C. 建筑物周围环境　D. 建筑物的重要性

146. BE010　露天生产装置区的消防用水量应为(　)以及水、炮等用水量之和。

A. 固定高压水枪　B. 移动高压带架水枪

C. 喷淋冷却设备　D. 水幕系统

147. BE011　一、二级耐火等级建筑物的构件(　)。

A. 耐火极限低　B. 抗火能力弱　C. 耐火极限高　D. 抗火能力强

148. BE012　民用建筑分为(　)。

A. 普通建筑　B. 住宅建筑　C. 高层建筑　D. 公共建筑

149. BE013　民用和工业建筑中有(　)之分。

A. 单层建筑　B. 多层建筑　C. 错层建筑　D. 高层建筑

150. BE014　建筑物着火时,可燃物越多,(　)。

A. 释放热量越小　B. 燃烧时间越短　C. 释放热量越大　D. 燃烧时间越长

151. BE015　消防接口包括(　)、闷盖等。

A. 水带接口　B. 吸水管接口　C. 异径接口　D. 异形接口

152. BE016　室外消火栓按安装形式可分为(　)。

A. 地上消火栓　B. 地下消火栓　C. 半地上消火栓　D. 半地下消火栓

153. BF001　9 m 拉梯的升降由(　)组成。

A. 滑轮　　B. 齿轮　　C. 拉链　　D. 停止轴

154. BF002　在扑救普通居民楼火灾时，(　　)层楼不可以使用 9 m 拉梯。

A. 二　　B. 三　　C. 四　　D. 五

155. BF003　9 m 拉梯应经常维护保养，做到(　　)。

A. 清洁干燥　　B. 长期暴晒　　C. 油漆完好　　D. 加注润滑油

156. BF004　利用挂钩梯转移窗口操作时要做好保护工作，应设置(　　)。

A. 救生气垫　　B. 防滑手套　　C. 塔上安全保护绳　　D. 地面保护人员

157. BF005　利用挂钩梯转移窗口操作时，动作要(　　)。

A. 迅速　　B. 协调　　C. 正确　　D. 规范

158. BF006　两节拉梯可用于火场辅助(　　)。

A. 排烟　　B. 救人　　C. 灭火　　D. 供水

159. BF007　攀登 15 m 金属拉梯时以下成绩为优秀的是(　　)。

A. 33 s6　　B. 36 s　　C. 40 s　　D. 41 s

160. BF008　以下(　　)楼层适合 15 m 拉梯的工作高度。

A. 四　　B. 五　　C. 六　　D. 七

三、判断题(正确的填“√”，错误的填“×”)

(　　) 1. AA001　高层建筑火灾具有燃烧面积大、可爆炸等特点。

(　　) 2. AA002　扑救高层建筑火灾时要积极抢救人命，坚持“救人优于灭火”的原则，可以先救人后救火，也可以边救人边救火。

(　　) 3. AA003　地下建筑起火后要充分利用室外消火栓等固定设备灭火。

(　　) 4. AA004　易燃建筑区内，居民住房拥挤，人员密度大，夜间人员更为集中。

(　　) 5. AA005　楼板和楼梯分为可燃和不燃两种。

(　　) 6. AA006　口字形和环形闷顶火灾的火势呈环形蔓延，必须在火点下风方向灭火。

(　　) 7. AA007　闷顶火灾的特点之一是隐蔽燃烧，容易发现。

(　　) 8. AA008　影剧院的特点之一是建筑高、跨度小。

(　　) 9. AA009　医院火灾的特点之一是疏散病人的任务重、难度大。

(　　) 10. AA010　仓库按储存的物资分为地上仓库和综合仓库。

(　　) 11. AA011　粮食加工厂的特点之一是加工车间内和设备上积有大量粉尘。

(　　) 12. AA012　在储存面粉的库房里，火势能沿着沉积粉尘缓慢蔓延。

(　　) 13. AA013　棉花加工厂包括轧花车间、弹花车间、纺纱车间等。

(　　) 14. AA014　扑救露天棉花堆垛火灾时，应设置数道防线，及时扑救飞火。

(　　) 15. AA015　当汽车发动机着火时，不可以用干粉灭火器灭火。

(　　) 16. AA016　货物列车火灾多数发生在停止状态下。

(　　) 17. AA017　在扑救高速公路火灾时，根据火灾特点，第一出动力量应破拆车。

(　　) 18. AA018　热处理车间通常使用的盐熔炉忌水，遇水不会发生爆炸。

(　　) 19. AA019　发电机运转时电缆着火，火焰呈白色弧光。

(　　) 20. AA020　打谷场的火灾特点之一是燃烧隐蔽、不易复燃。

(　　) 21. AA021　在潮湿场所安装电灯时，应用普通灯头，灯头连接线最好用橡皮绝缘软线。

(　　) 22. AA022　炼油厂的炼油装置容量小，内部存有大量易爆物体。

(　　)23. AA023　地勤人员维修保养飞机时，若不遵守操作规程或疏忽大意会造成飞机火灾事故。
(　　)24. AA024　木材的自燃点较高，燃烧速度快，热值小，燃烧温度较低。
(　　)25. AA025　干粉、二氧化碳、泡沫灭火剂都是不导电的，可用于带电灭火。
(　　)26. AA026　森林化学灭火剂的大量使用，对森林生态系统中的环境因子以及动物和植物会产生一定影响。
(　　)27. AA027　扑救草原火灾要经过扑灭火线、清理余火 2 个阶段。
(　　)28. AA028　夜间发生火灾时，一般发现较早。
(　　)29. AA029　油罐火灾具有先燃烧后爆炸、爆炸后不燃烧等特点。
(　　)30. AA030　发生井喷火灾时，火焰温度可达 800 ℃。
(　　)31. AA031　钻井时会发生异常现象，如井口周围地表冒出天然气，遇火会导致小面积燃烧。
(　　)32. AA032　对于尚未起火的井喷，消防队要做好冲洗井场、保护井口、掩护封井及压井等工作。
(　　)33. AA033　砖木结构建筑基本上是以砖和木材为主体建造的。
(　　)34. AA034　仓库有防火墙的要在防火墙起火一侧设置水枪阵地堵截。
(　　)35. AA035　百货仓库跨度较小，起火后建筑不易倒塌。
(　　)36. AA036　火场通信的方法可归纳为有线通信和移动通信 2 种。
(　　)37. AA037　火场警戒是为保证灭火战斗顺利进行的一种强制性手段。
(　　)38. AA038　划分火场警戒区的目的是为了减少人员和物质损失。
(　　)39. AA039　在破拆某些构件和清理火场时，为保护起火点应尽可能做到拆散已烧毁的结构、构件和其他残留物。
(　　)40. AA040　两座建筑物相邻较低的一面外墙为防火墙，则这两座建筑物间的防火间距不限。
(　　)41. AB001　训练塔是消防队伍进行灭火、抢险等战斗任务的重要武器。
(　　)42. AB002　消防中队应将消防器材装备管理作为中队执勤备战和行政管理中的一项重要工作。
(　　)43. AB003　灭火剂的数量及供给条件是制约灭火战斗成败的客观因素。
(　　)44. AB004　当火场发生紧急情况时，班长必须先向上级报告，而后采取相应措施。
(　　)45. AB005　灭火战斗评定成败可划分为成功、失败。
(　　)46. AB006　在灭火战斗中，消防战斗员应明确自己和本班的战斗任务。
(　　)47. AB007　积极进攻、适时防御是灭火战术的重要方针。
(　　)48. AB008　灭火战斗中，中队通信员应做好火场与调度室的联络工作。
(　　)49. BA001　后蹬跑练习主要是增强脚部力量。
(　　)50. BA002　加速跑是培养跑的正确姿势和发展力量的主要方法。
(　　)51. BA003　肌肉以等长收缩的形式使人体保持某一特定位置，或对抗固定不动的阻力练习形式称为静力性练习。
(　　)52. BA004　爬绳和爬杆练习，能够增强上肢、腹背肌群的力量和耐力。
(　　)53. BA005　越野跑需要通过独木桥或类似障碍物时，应使脚内扣成八字，平稳通过。
(　　)54. BA006　正踢腿、外摆腿和里合腿三种练习方式的预备姿势相同。
(　　)55. BA007　立定跳远起跳时，两脚先后离地，落地后不得再移动脚位。

（　）56. BA008　高抬腿跑是增强腿部力量，提高大腿抬高幅度和跑的频率的练习。
（　）57. BB001　蛇眼探测仪利用摄像头通过光缆将现场实况反馈到显示器上。
（　）58. BB002　蛇眼探测仪长时间储存时不用取出电池。
（　）59. BB003　电子气象仪的海拔高度测量范围为－500～10 000 m。
（　）60. BB004　电子气象仪测温时，仪器在手中时间过长不会影响测量精度。
（　）61. BB005　红外测温仪的储存温度范围为－25～70 ℃。
（　）62. BB006　方位灯的平均使用寿命≥1 300 h。
（　）63. BB007　方位灯使用后，应锁住开关。
（　）64. BB008　方位灯携带或运输时，不用锁定开关。
（　）65. BB009　GX-A 型防水灯具放电时，连续白光时间大于 2 h。
（　）66. BB010　气动升降照明灯应定期用潮湿的抹布擦拭灯杆外部。
（　）67. BB011　红外线火源探测仪易检索到最低热点，该处便是复燃隐患。
（　）68. BB012　红外线火源探索仪发出声响即代表更新模式。
（　）69. BB013　照明机组灯头功率为 6×500 W。
（　）70. BB014　照明机组在有市电的场所，也可接通 220 V 市电实现长时间照明。
（　）71. BB015　照明机组的抗风等级为 10 级。
（　）72. BB016　常用的包扎方法有 3 种。
（　）73. BC001　消防水枪喷嘴直径以厘米计算。
（　）74. BC002　消防撞击式喷雾水枪的工作压力为 0.5～0.7 MPa。
（　）75. BC003　消防水枪的功能是把水带内的水流转化成水枪低速射流。
（　）76. BC004　QDZ19 型多用水枪的进口直径为 65 mm。
（　）77. BC005　直流水枪喷嘴直径分别为 13 mm、14 mm、15 mm、16 mm 等。
（　）78. BC006　水枪的反作用力大小与射流喷出的作用力相等。
（　）79. BC007　直流水枪是一种喷射空心柱状水流的水枪。
（　）80. BC008　煤粉、面粉等聚集处的火灾，不能用直流水扑救。
（　）81. BC009　直流水枪可扑救钠金属火灾。
（　）82. BC010　熔化的铁水、钢水引起的火灾，可以用水扑救。
（　）83. BC011　开花直流水枪可以单独或同时喷射密集柱状射流和伞形开花射流。
（　）84. BC012　多功能水枪不可喷射水幕。
（　）85. BC013　水炮在使用时应急骤升压。
（　）86. BC014　当使用消防炮喷射水流时，水炮阵地通常选择在火势蔓延方向的前方和两侧。
（　）87. BC015　射水靶的靶架规格为金属管 32 mm×20 mm。
（　）88. BC016　消防员手持水枪的射水姿势有 3 种。
（　）89. BC017　水喷雾灭火系统由水雾喷头、管网、雨淋阀组、给水设备、消防水源以及火灾自动探测控制设备等组成。
（　）90. BC018　雨淋阀组是水雾灭火系统的主要组件。
（　）91. BC019　水喷雾灭火系统的响应时间是指由火灾报警设备发出信号至系统中最有利点水雾喷头喷出水雾的时间。
（　）92. BC020　水喷雾灭火系统管道内的水流速度不宜超过 10 m/s。
（　）93. BC021　喷雾射水的反作用力小、冲击力小。

(　　) 94. BC022　喷雾水枪喷出的雾滴能吸收大量的热，可形成水幕保护消防人员。
(　　) 95. BC023　ϕ50 mm 喷雾水枪的射程为 10 m。
(　　) 96. BC024　直流喷雾水枪是一种单用途水枪。
(　　) 97. BC025　形成喷雾水流的水枪喷头结构主要有 2 种。
(　　) 98. BC026　带架水枪有 2 个进水口。
(　　) 99. BC027　选择水枪阵地既要便于射水和观察，又要便于行动。
(　　) 100. BC028　Ⅲ级细水雾对 B 类火灾有效。
(　　) 101. BC029　细水雾灭火系统不可用于保护海洋钻井平台。
(　　) 102. BC030　细水雾灭火系统规定：工作压力大于 3.45 MPa 的为高压细水雾灭火系统。
(　　) 103. BC031　水泵-雨淋阀系统控制盘不具有自动、手动切换功能。
(　　) 104. BC032　固定式蒸汽灭火系统常用于生产厂房、油泵房、油船舱室、甲苯泵房等场所。
(　　) 105. BC033　蒸汽灭火系统最显著的特点是安装方便、使用灵活，且维修容易。
(　　) 106. BC034　对于半固定式蒸汽灭火系统，在确定管径时，蒸汽干管、支管的直径应小于相应短管的直径。
(　　) 107. BC035　蒸汽灭火系统不应时刻处于战备状态。
(　　) 108. BC036　气体爆炸浓度下限越低以及上下限之间的幅度越大，其爆炸的危险性就越大。
(　　) 109. BC037　影响火灾危险性扩大的主要性能有热值、燃烧速度、可燃气体比重、沸点、水溶性、流动扩散性等。
(　　) 110. BC038　消防队在返回驻地的途中，可以快速行驶。
(　　) 111. BC039　灭火战斗行动是指消防指战员在灭火战斗中的各项行动。
(　　) 112. BC040　灭火战斗行动的原则是统一指挥、协同配合、准确迅速、机智勇敢、疏散物资。
(　　) 113. BC041　公安消防队在灭火战斗中的任务是迅速扑救火灾、积极保护人命、保护和疏散物资。
(　　) 114. BC042　火情侦察的程序一般分为外部侦察和内部侦察两个阶段。
(　　) 115. BC043　架设消防梯时应携带水带挂钩。
(　　) 116. BC044　火场摄像应做到内容完整、全面具体。
(　　) 117. BC045　灭火战斗过程中，摄录人员要及时完成编辑录像片、印放照片的任务。
(　　) 118. BC046　布利斯水炮是一款简单、轻巧、操作简易的移动水炮。
(　　) 119. BC047　克鲁斯水炮的分离机构无法被水压锁定。
(　　) 120. BC048　消防软管可以在小于规定的最小弯曲半径下使用。
(　　) 121. BD001　攀登挂钩梯救人、自救操作中使用的器材有挂钩梯、安全绳。
(　　) 122. BD002　地铁发生爆炸、毒气事件时，往往会造成大量人员烧伤。
(　　) 123. BD003　地铁一旦发生事故，必须停用强电。
(　　) 124. BD004　地震发生后，救援人员应先救助建筑内部的幸存者。
(　　) 125. BD005　发生化学灾害后，应当现场清洗消毒，消除危害后果。
(　　) 126. BD006　到场进行抢险救援的车辆应停靠在泄漏现场的下风或侧风方向。
(　　) 127. BD007　现场清洗消毒属于灭火现场处置的一般程序。
(　　) 128. BD008　在抢救中毒人员的同时使用利尿药，可促进毒物从尿中排出，这是常用的排泄方法。

(　　)129. BD009　疏散出来的物资，一般应放在下风方向。

(　　)130. BD010　煤气中主要的有毒有害成分是二氧化碳、甲烷和氢气。

(　　)131. BD011　有机过氧化物的危害性是特别容易伤害眼睛。

(　　)132. BD012　氰化氢中的氰离子可经呼吸道、消化道，甚至完整的皮肤吸收进入人体。

(　　)133. BD013　汽油低浓度吸入可出现中毒性脑病。

(　　)134. BD014　柴油若遇高热，容器内压增大，有开裂和爆炸的危险。

(　　)135. BD015　氧气化学性质惰性，能与多种元素化合发出光和热，也即燃烧。

(　　)136. BD016　双绳椅子扣操作为单人科目。

(　　)137. BE001　沿楼梯铺设水带不需扎消防安全带。

(　　)138. BE002　沿楼梯铺设水带到二楼时水带应留有机动长度。

(　　)139. BE003　二类居住建筑的消防水箱不应小于 6 m^3。

(　　)140. BE004　高层民用建筑高度在 100 m 以上时，消火栓系统的充实水柱不得小于 13 m。

(　　)141. BE005　室内固定泵供水系统可根据水枪距离或压力，确定水枪的实际流量。

(　　)142. BE006　墙式消火栓出一枪一带呼吸器佩戴前应按要求进行检查。

(　　)143. BE007　高层建筑消火栓给水系统用水量只包括室外消防用水量。

(　　)144. BE008　登高使用的水带长度，根据水带铺设方式不同有所差异。

(　　)145. BE009　低层建筑室内消火栓用水量，应根据同时使用的水枪数量、每支水枪的充实水柱长度及相应的流量，由计算确定。

(　　)146. BE010　露天生产装置区的消防用水量应为固定高压水枪、移动高压带架水枪、喷淋冷却设备、水幕系统以及水、泡沫两用枪等的用水量之和。

(　　)147. BE011　建筑物的耐火等级越高，抗燃性能越低。

(　　)148. BE012　从火灾危险性类别上看，丁、戊类火灾危险性生产厂房和库房需要的用水量最大。

(　　)149. BE013　火场消防用水量统计资料说明，当建筑物层数增多时，需要的消防用水量也增多。

(　　)150. BE014　纸张的单位发热量为 1 922.5 kJ/N。

(　　)151. BE015　消防接口使用时，应确保接口之间的连接是可靠的。

(　　)152. BE016　使用室外消火栓时，应顺时针转动消火栓钥匙。

(　　)153. BF001　9 m 拉梯的材质一般分为 5 种。

(　　)154. BF002　9 m 拉梯在救援现场一般不用作抬送伤员。

(　　)155. BF003　攀登 9 m 拉梯时，头盔脱落后可以继续操作。

(　　)156. BF004　利用挂钩梯转移窗口时，操作者不必穿训练胶鞋。

(　　)157. BF005　利用挂钩梯转移窗口时，非操作者可靠近窗口。

(　　)158. BF006　TE90 型两节拉梯宽度 440 mm。

(　　)159. BF007　15 m 金属拉梯受高温和火焰烘烤时，不必用水流冷却保护。

(　　)160. BF008　15 m 金属拉梯主要用于登高作业。

四、简答题

1. AA001　高层建筑火灾有哪些特点？

2. AA001　高层建筑有哪些基本特点？
3. AA002　高层建筑火灾扑救的原则是什么？
4. AA002　高层建筑火灾扑救的战术、技术方法是什么？
5. AA003　地下建筑人员为何无法逃避高温浓烟的危害？
6. AA003　地下建筑火灾扑救的注意事项有哪些？
7. AA004　易燃建筑区火灾的特点是什么？
8. AA004　扑救易燃建筑密集区火灾的战斗措施有哪些？
9. AA005　楼层火灾的特点是什么？
10. AA005　扑救楼层火灾的战斗措施有哪些？
11. AA006　闷顶火灾的特点是什么？
12. AA006　闷顶火灾的注意事项有哪些？
13. AA008　影剧院火灾的特点是什么？
14. AA008　扑救影剧院火灾的注意事项有哪些？
15. AA009　医院火灾的特点是什么？
16. AA009　扑救医院火灾的战斗措施有哪些？
17. AA010　仓库火灾的特点是什么？
18. AA010　仓库火灾的扑救要求和注意事项有哪些？
19. AA011　粮食加工厂的火灾有哪些特点？
20. AA011　扑救粮食加工厂火灾应注意哪些问题？
21. AA015　汽车库火灾有哪些特点？
22. AA015　扑救汽车和汽车库火灾应注意哪些问题？
23. AA022　炼油厂火灾的特点有哪些？
24. AA022　扑救炼油厂火灾时应注意哪些事项？
25. AA030　井喷火灾的特点有哪些？
26. AA030　井喷火灾的扑救对策是什么？
27. BC017　水喷雾灭火系统的适用范围有哪些？
28. BC017　水喷雾灭火系统设置场所不能有哪些物质和设备？
29. BC018　水雾喷头按其结构和用途如何分类？简述其主要作用。
30. BC018　根据保护对象的不同，水雾喷头应如何选择？
31. BC030　细水雾灭火系统分别有哪几种类型？
32. BC030　细水雾灭火系统有哪些优点？
33. BC035　蒸汽灭火系统的维护保养应注意哪些问题？
34. BC035　蒸汽灭火系统如何使用？
35. BD007　化学灾害事故现场处置程序有哪些？
36. BD007　可采取哪些具体技术措施控制险情发展？
37. BD008　现场危险区域群众的安全疏散程序有哪些？
38. BD008　对急性中毒的处理原则有哪些？
39. BD005　化学灾害事故具有哪些特点？
40. BD005　化学灾害事故处置的基本任务有哪些？

高级理论知识试题答案

一、单选题

1. A　2. D　3. A　4. D　5. B　6. A　7. A　8. D　9. A　10. A
11. A　12. D　13. D　14. C　15. A　16. A　17. D　18. B　19. C　20. B
21. B　22. B　23. D　24. D　25. A　26. C　27. A　28. A　29. A　30. B
31. A　32. D　33. B　34. C　35. D　36. A　37. D　38. D　39. D　40. A
41. A　42. A　43. B　44. A　45. D　46. B　47. B　48. D　49. B　50. A
51. C　52. D　53. C　54. D　55. A　56. C　57. B　58. C　59. D　60. A
61. D　62. A　63. A　64. B　65. C　66. B　67. D　68. B　69. D　70. D
71. D　72. A　73. B　74. B　75. C　76. C　77. D　78. A　79. B　80. B
81. A　82. A　83. A　84. D　85. C　86. A　87. A　88. C　89. B　90. C
91. D　92. D　93. B　94. D　95. D　96. C　97. B　98. D　99. C　100. B
101. A　102. B　103. A　104. C　105. A　106. C　107. C　108. B　109. C　110. C
111. B　112. D　113. C　114. B　115. A　116. D　117. C　118. C　119. B　120. C
121. C　122. B　123. C　124. C　125. C　126. A　127. B　128. C　129. D　130. C
131. B　132. A　133. B　134. B　135. A　136. D　137. A　138. D　139. C　140. A
141. D　142. A　143. B　144. D　145. C　146. A　147. C　148. B　149. B　150. D
151. D　152. A　153. A　154. A　155. A　156. D　157. C　158. C　159. D　160. C
161. D　162. B　163. C　164. B　165. B　166. C　167. A　168. D　169. D　170. A
171. C　172. D　173. B　174. C　175. C　176. A　177. D　178. B　179. A　180. B
181. A　182. A　183. B　184. B　185. C　186. D　187. D　188. A　189. C　190. C
191. B　192. D　193. B　194. A　195. B　196. C　197. D　198. D　199. C　200. B
201. B　202. C　203. B　204. B　205. A　206. D　207. B　208. A　209. A　210. B
211. A　212. D　213. B　214. A　215. B　216. A　217. B　218. B　219. C　220. C
221. C　222. D　223. A　224. C　225. A　226. C　227. B　228. C　229. A　230. C
231. D　232. D　233. B　234. D　235. B　236. B　237. D　238. B　239. B　240. D
241. B　242. C　243. B　244. C　245. C　246. D　247. D　248. D　249. D　250. B
251. D　252. D　253. B　254. A　255. C　256. A　257. C　258. D　259. D　260. C
261. D　262. D　263. C　264. A　265. A　266. A　267. A　268. C　269. D　270. D
271. C　272. A　273. B　274. A　275. A　276. A　277. A　278. B　279. B　280. B
281. C　282. A　283. C　284. A　285. C　286. D　287. A　288. D　289. D　290. D
291. B　292. C　293. D　294. C　295. A　296. C　297. A　298. D　299. D　300. A

301. C　302. B　303. D　304. A　305. B　306. C　307. B　308. A　309. A　310. B
311. A　312. A　313. A　314. A　315. A　316. D　317. A　318. C　319. A　320. A

二、多选题

1. ABCD　2. ABC　3. BC　4. ACD　5. ABD
6. ABD　7. AD　8. ABC　9. AC　10. ABCD
11. ABC　12. ABCD　13. ABD　14. BC　15. ABCD
16. BC　17. ABC　18. ABC　19. CD　20. ABCD
21. ABC　22. BCD　23. ACD　24. BCD　25. BC
26. ACD　27. AC　28. CD　29. BC　30. ABCD
31. ABC　32. ABCD　33. AC　34. ABCD　35. ABCD
36. ABCD　37. AD　38. ABCD　39. ABC　40. BCD
41. ABCD　42. ABCD　43. BC　44. BC　45. ABCD
46. AB　47. AC　48. ABD　49. ABCD　50. CD
51. AB　52. ABC　53. AC　54. ABCD　55. BC
56. BCD　57. BC　58. ABCD　59. ABC　60. ABC
61. BC　62. BC　63. AB　64. ABC　65. ABD
66. ABCD　67. BC　68. AC　69. ABC　70. ABCD
71. ABCD　72. AD　73. ABCD　74. ABC　75. ABCD
76. BCD　77. ABCD　78. ABC　79. BD　80. AB
81. AC　82. ABD　83. AB　84. BC　85. ABC
86. AD　87. ABD　88. BC　89. ACD　90. ABD
91. AC　92. ACD　93. ABD　94. AC　95. AD
96. CD　97. CD　98. ABC　99. CD　100. ABCD
101. ABC　102. ABCD　103. ABCD　104. AC　105. ABCD
106. ABCD　107. ABC　108. CD　109. AB　110. AB
111. BCD　112. ABCD　113. ABCD　114. CD　115. BD
116. BCD　117. AB　118. ABCD　119. BC　120. AB
121. AD　122. ACD　123. ABCD　124. ABCD　125. ACD
126. ABCD　127. AC　128. ABCD　129. ABD　130. ABCD
131. BC　132. ABC　133. ABC　134. BC　135. ABD
136. AB　137. ACD　138. ABC　139. ABCD　140. ABD
141. BD　142. ABCD　143. AB　144. ABCD　145. ABCD
146. ABCD　147. CD　148. BD　149. ABD　150. CD
151. ABCD　152. AB　153. ACD　154. CD　155. ACD
156. CD　157. BCD　158. BC　159. AB　160. AB

三、判断题

1. ×　2. √　3. ×　4. √　5. √　6. ×　7. ×　8. ×　9. √　10. ×
11. √　12. ×　13. √　14. √　15. ×　16. ×　17. √　18. ×　19. ×　20. ×
21. ×　22. ×　23. √　24. ×　25. ×　26. √　27. ×　28. ×　29. √　30. ×

31. × 32. √ 33. √ 34. × 35. × 36. × 37. √ 38. √ 39. × 40. ×
41. × 42. √ 43. √ 44. × 45. × 46. √ 47. × 48. √ 49. × 50. ×
51. √ 52. × 53. × 54. √ 55. × 56. √ 57. √ 58. × 59. × 60. ×
61. √ 62. × 63. √ 64. × 65. √ 66. × 67. × 68. × 69. × 70. √
71. × 72. × 73. × 74. √ 75. × 76. √ 77. × 78. × 79. × 80. √
81. × 82. × 83. √ 84. × 85. × 86. √ 87. × 88. × 89. √ 90. √
91. × 92. × 93. √ 94. √ 95. × 96. × 97. × 98. √ 99. √ 100. ×
101. × 102. √ 103. × 104. √ 105. √ 106. × 107. × 108. √ 109. √ 110. ×
111. √ 112. × 113. √ 114. × 115. √ 116. √ 117. × 118. √ 119. × 120. ×
121. √ 122. × 123. √ 124. × 125. √ 126. × 127. × 128. √ 129. × 130. ×
131. √ 132. √ 133. × 134. √ 135. × 136. √ 137. × 138. √ 139. × 140. √
141. × 142. √ 143. × 144. √ 145. √ 146. √ 147. × 148. × 149. √ 150. ×
151. √ 152. × 153. × 154. √ 155. × 156. × 157. × 158. √ 159. × 160. √

1. 正确：高层建筑火灾具有火势猛烈、蔓延速度快、烟气扩散迅速、登高与灭火难度大等特点。
3. 正确：地下建筑起火后要充分利用室内消火栓等固定消防设备灭火。
6. 正确：口字形和环形闷顶火灾的火势呈环形蔓延，必须在火点两侧堵截灭火。
7. 正确：闷顶火灾的特点之一是隐蔽燃烧，不易被发现。
8. 正确：影剧院的特点之一是建筑高、跨度大。
10. 正确：仓库按储存的物资分为专用仓库和综合仓库。
12. 正确：在储存面粉的库房里，火势能沿着沉积粉尘迅速蔓延。
15. 正确：当汽车发动机着火时，可以用干粉灭火器灭火。
16. 正确：货物列车火灾多数发生在运动状态下。
18. 正确：热处理车间通常使用的盐熔炉忌水，遇水即会发生爆炸。
19. 正确：发电机运转时电缆着火，火焰呈蓝色弧光。
20. 正确：打谷场的火灾特点之一是燃烧隐蔽、容易复燃。
21. 正确：在潮湿场所安装电灯时，应用防水灯头，灯头连接线最好用橡皮绝缘软线。
22. 正确：炼油厂的炼油装置容量大，内部存有大量可燃和易爆液体或气体。
24. 正确：木材的自燃点较低，燃烧速度快，热值大，燃烧温度较高。
25. 正确：干粉、二氧化碳灭火剂都是不导电的，可用于带电灭火。
27. 正确：扑救草原火灾要经过扑灭火线、清理余火、看守火场 3 个阶段。
28. 正确：夜间发生火灾时，一般发现较晚。
30. 正确：发生井喷火灾时，火焰温度可达 2 000 ℃。
31. 正确：钻井时会发生异常现象，如井口周围地表冒出天然气，遇火会导致大面积燃烧。
34. 正确：仓库有防火墙的要在防火墙未起火一侧设置水枪阵地堵截。
35. 正确：百货仓库跨度较大，起火后建筑易倒塌。
36. 正确：火场通信的方法可归纳为有线通信和无线通信 2 种。
39. 正确：在破拆某些构件和清理火场时，为保护起火点应尽可能做到不拆散已烧毁的结构、构件和其他残留物。

40. 正确：两座建筑物相邻较高的一面外墙为防火墙，则这两座建筑物间的防火间距不限。
41. 正确：器材、装备是消防队伍进行灭火、抢险等战斗任务的重要武器。
44. 正确：当火场发生紧急情况时，班长可以先采取相应措施，然后再向上级报告。
45. 正确：灭火战斗评定成败可划分为成功、基本成功、失败。
47. 正确：积极进攻、适时防御是灭火战术的重要原则。
49. 正确：后蹬跑练习主要是增强腿部力量。
50. 正确：加速跑是培养跑的正确姿势和发展速度的主要方法。
52. 正确：爬绳和爬杆练习，能够增强上肢、肩带肌群的力量和耐力。
53. 正确：越野跑需要通过独木桥或类似障碍物时，应使脚外转成八字，平稳通过。
55. 正确：立定跳远起跳时，两脚必须同时离地，落地后不得再移动脚位。
58. 正确：蛇眼探测仪长时间储存时，应取出电池。
59. 正确：电子气象仪的海拔高度测量范围为－500～8 000 m。
60. 正确：电子气象仪测温时，仪器在手中时间过长会影响测量精度。
62. 正确：方位灯的平均使用寿命≥1 200 h。
64. 正确：方位灯携带或运输时，必须将开关锁定。
66. 正确：气动升降照明灯应定期用柔软的干布擦拭灯杆外部。
67. 正确：红外线火源探测仪易检索到最高热点，该处便是复燃隐患。
68. 正确：红外线火源探索仪发出声响即代表探索模式。
69. 正确：照明机组灯头功率为 4×500 W。
71. 正确：照明机组的抗风等级为 8 级。
72. 正确：常用的包扎方法有 2 种。
73. 正确：消防水枪喷嘴直径以毫米计算。
75. 正确：消防水枪的功能是把水带内的水流转化成水枪高速射流。
77. 正确：直流水枪喷嘴直径分别为 13 mm、16 mm、19 mm、22 mm 等。
79. 正确：直流水枪是一种喷射充实柱状水流的水枪。
81. 正确：直流水枪不可扑救钠金属火灾。
82. 正确：熔化的铁水、钢水引起的火灾，不能用水扑救。
84. 正确：多功能水枪可以喷射水幕。
85. 正确：水炮在使用时应缓慢升压，不要急骤升压。
87. 正确：射水靶的靶架规格为金属管 32 mm×25 mm。
88. 正确：消防员手持水枪的射水姿势有 4 种。
91. 正确：水喷雾灭火系统的响应时间是指由火灾报警设备发出信号至系统中最不利点水雾喷头喷出水雾的时间。
92. 正确：水喷雾灭火系统管道内的水流速度不宜超过 5 m/s。
95. 正确：ϕ50 mm 喷雾水枪的射程为 18 m。
96. 正确：直流喷雾水枪是一种多用途水枪。
97. 正确：形成喷雾水流的水枪喷头结构主要有 4 种。
100. 正确：Ⅲ级细水雾对 A 类火灾有效。
101. 正确：细水雾灭火系统可以用于保护海洋钻井平台。
103. 正确：水泵-雨淋阀系统控制盘具有自动、手动切换功能。

106. 正确：对于半固定式蒸汽灭火系统，在确定管径时，蒸汽干管、支管的直径不应小于相应短管的直径。

107. 正确：蒸汽灭火系统应时刻处于战备状态。

110. 正确：消防队在返回驻地的途中，车速不可过快。

112. 正确：灭火战斗行动的原则是统一指挥、协同配合、准确迅速、机智勇敢、注意安全。

114. 正确：火情侦察的程序一般分为初步侦察和反复侦察两个阶段。

117. 正确：灭火战斗结束后，摄录人员要及时完成编辑录像片、印放照片的任务。

119. 正确：克鲁斯水炮的分离机构能够被水压锁定。

120. 正确：消防软管不得在小于规定的最小弯曲半径下使用。

122. 正确：地铁发生爆炸、毒气事件时，往往会造成大量人员中毒或伤亡。

124. 正确：地震发生后，救援人员应先救助建筑边沿的幸存者。

126. 正确：到场进行抢险救援的车辆应停靠在泄漏现场的上风或侧风方向。

127. 正确：现场清洗消毒属于化学灾害现场处置的一般程序。

129. 正确：疏散出来的物资，一般应放在上风方向。

130. 正确：煤气中主要的有毒有害成分是一氧化碳、甲烷和氢气。

133. 正确：汽油高浓度吸入可出现中毒性脑病。

135. 正确：氧气化学性质活泼，能与多种元素化合发出光和热，也即燃烧。

137. 正确：沿楼梯铺设水带必须扎消防安全带。

141. 正确：室内固定泵供水系统可根据水枪的有效射程或压力，确定水枪的实际流量。

143. 正确：高层建筑消火栓给水系统用水量包括室外消防用水量和室内消防用水量两部分。

147. 正确：建筑物的耐火等级越高，抗燃性能越好。

148. 正确：从火灾危险性类别上看，丁、戊类火灾危险性生产厂房和库房需要的用水量最小。

150. 正确：纸张的单位发热量为 1 708.9 kJ/N。

152. 正确：使用室外消火栓时，应逆时针转动消火栓钥匙。

153. 正确：9 m 拉梯的材质一般分为 3 种。

155. 正确：攀登 9 m 拉梯时，头盔脱落后应重新佩戴好再操作。

156. 正确：利用挂钩梯转移窗口时，操作者应穿训练胶鞋。

157. 正确：利用挂钩梯转移窗口时，严禁非操作者靠近窗口。

159. 正确：15 m 金属拉梯受高温和火焰烘烤时，必须用水流冷却保护。

四、简答题

1. 答：① 火势猛烈，蔓延速度快。② 烟气扩散迅速，极易造成人员伤亡。③ 登高与灭火难度大。

评分标准：答对①③各占 30%；答对②占 40%。

2. 答：① 主体建筑高，层数多。② 建筑形式多样。③ 竖井、管道多。④ 用电设备多。⑤ 功能复杂，人员密集。⑥ 可燃物质多。

评分标准：答对①②③⑤各占 20%；答对④⑥各占 10%。

3. 答：① 充分发挥“自救原则”，扑灭初期火灾。② 坚持救人第一，且救人与灭火兼顾。

③ 集中优势兵力，加强第一出动。④ 坚持统一指挥，打好协同战斗。⑤ 坚持内攻为主，外攻为辅，并应做到灵活运用。

评分标准：答对①～⑤各占20%。

4. 答：① 依靠高层建筑内部力量扑灭初起火灾。② 火情侦察。③ 进攻路线选择。④ 内攻为主，外攻为辅。⑤ 疏散与营救。⑥ 高层建筑防排烟措施。⑦ 火场供水。⑧ 防止水渍损失。

评分标准：答对①②各占20%；答对③～⑧各占10%。

5. 答：① 地下建筑火灾的烟往往是从出入口排出，初起火灾烟的扩散方向与人员疏散方向一致。② 地下建筑出入口少，疏散距离长，步行速度慢，烟的扩散速度比人群疏散速度快。③ 因此地下人员疏散过程中难以避开烟的危害。

评分标准：答对①②各占40%；答对③占20%。

6. 答：① 疏散、扑救初起火灾、火场排烟应同时进行，只有这样才能确保疏散成功。② 疏散过程中应注意搜索检查，防止有人未撤出。③ 火灾初起阶段，烟雾毒气一般浮在通道上部，疏散人员应尽量降低自身高度外撤。④ 参加营救的人员必须佩戴好各种安全防护装具、照明、通信工具。

评分标准：答对①②各占30%；答对③④各占20%。

7. 答：① 燃烧猛烈，蔓延迅速，容易造成"火烧连营"。② 容易出现飞火，引起新的火点。③ 容易造成人员伤亡。

评分标准：答对①占40%；答对②③各占30%。

8. 答：① 调派足够的第一出动力量。② 迅速疏散和抢救人员。③ 控制火势发展，防止形成大面积燃烧。④ 加强指挥协同作战。⑤ 紧急情况下采取的措施：牺牲局部，确保重点；借助屏障阻止火势蔓延；进行破拆；开辟阻火隔离带。

评分标准：答对①③各占20%；答对②④各占10%；答对⑤占40%。

9. 答：① 蔓延渠道多。② 烟雾大，易中毒。

评分标准：答对①占40%；答对②占60%。

10. 答：① 抢救被困人员。② 内攻为主，辅以外攻。③ 上截下防，分层灭火。

评分标准：答对①占40%；答对②③各占30%。

11. 答：① 隐蔽燃烧，不易发现。② 燃烧猛烈，容易塌落。

评分标准：答对①②各占50%。

12. 答：① 如果顶棚下层有受火势威胁的人员和贵重物品，应尽快疏散。② 在闷顶内近战强攻的灭火人员，必须注意防毒保护，并应保持与外部的通信联络。③ 通过房盖进入闷顶灭火的人员，在攀梯登房时，要注意防止滑落和坠落，必要时采取绳索保护。④ 进入敷设电线的闷顶内灭火时，要先切断电源防止触电。

评分标准：答对①②④各占20%；答对③占40%。

13. 答：① 燃烧猛，蔓延快，房屋易倒塌。② 一处着火，多处串通。③ 容易造成人员伤亡。④ 扑救条件差。

评分标准：答对①占40%；答对②～④各占20%。

14. 答：① 进入影剧院内部灭火的人员，要时刻注意房盖、吊顶有无塌落的征兆，发现异常迹象要及时撤出。② 水枪阵地的设置，应尽量避开观众厅或舞台中央部位，以利于及时调整阵地和保障安全。③ 对登高灭火的人员要加强安全防护，夜间扑救火灾时要注意火场照明。

评分标准：答对①占 50％；答对②占 30％；答对③占 20％。

15. 答：① 疏散病人的任务重、难度大。② 烟雾多，火势蔓延快。③ 有些部位不宜用水扑救。

评分标准：答对①占 40％；答对②③各占 30％。

16. 答：① 积极稳妥地疏散病人。② 注意及时排除烟雾及有毒性、刺激性的气体，防止扩散到病房、手术室、急诊室等部位和疏散人员的通道。③ 在条件允许的情况下，救人、灭火、疏散贵重仪器设备要同时进行。④ 对精密医疗设备、药品和不易用水扑救的部位可以用二氧化碳或卤代烷灭火剂灭火，如有条件，也可先行遮盖，而后用水灭火。

评分标准：答对①③各占 20％；答对②④各占 30％。

17. 答：① 燃烧猛烈，蔓延迅速。② 火焰可向纵深发展。③ 存有化工、农药、医药的仓库发生火灾，会产生大量有毒气体。④ 爆炸物品的仓库和一些化工仓库起火后，可能发生爆炸，威胁人员和建筑安全。

评分标准：答对①②各占 10％；答对③④各占 40％。

18. 答：① 要查清物资的性质，正确使用灭火剂，避免或减少水渍损失。② 要搞好参战人员的防护工作。③ 疏散物资要有组织地进行，注意安全，防止建筑和堆垛倒塌伤人。④ 火灾扑灭后，要仔细检查火场，彻底消灭物资堆垛内部的残火。

评分标准：答对①②各占 10％；答对③④各占 40％。

19. 答：① 火势猛烈，蔓延迅速。② 易发生粉尘爆炸。③ 易造成建筑倒塌。

评分标准：答对①③各占 30％；答对②占 40％。

20. 答：① 灭火中，尽量防止和减少由于水渍和烟熏而造成的粮食损失。② 灭火后，对沉积的粉尘要检查处理，防止阴燃。③ 夜间或在浓烟中进入车间灭火时，消防人员要试探前进，防止从楼板孔洞坠落，同时要注意建筑构件等塌落伤人。

评分标准：答对①②各占 30％；答对③占 40％。

21. 答：① 火势蔓延快，容易发生爆炸。② 停放的汽车失去机动能力，难以疏散。③ 易造成严重损失，如有人员在车内，易造成人员伤亡。

评分标准：答对①②各占 30％；答对③占 40％。

22. 答：① 汽车猛烈燃烧时，轮胎容易发生爆裂，人体不要靠得很近，以免被击伤。② 疏散汽车应由懂驾驶技术的人员操作，防止发生事故。

评分标准：答对①占 60％；答对②占 40％。

23. 答：① 先爆炸后燃烧。② 先燃烧后爆炸。③ 爆炸与燃烧交替进行。④ 立体燃烧。⑤ 复燃、复爆。

评分标准：答对①～⑤各占 20％。

24. 答：① 注意灭火剂的选择：对乙烯冷凝设备、管道火，不宜用水冷却或扑救，可用 1211、氮气、二氧化碳、干粉等灭火剂扑救。② 注意冷却：应部署水枪阵地，冷却受火势威胁的设备、管道、邻近装备，做好工艺灭火准备。③ 注重“重点突破”灭火战术的运用。④ 防止复燃。

评分标准：答对①②各占 30％；答对③④各占 20％。

25. 答：① 井喷火焰于气柱之上燃烧。② 热辐射强、火焰温度高。③ 井喷压力大，火焰喷射方向多变，灭火困难。④ 容易引起大面积燃烧。⑤ 响声大，噪音强，水源少，用水量大，扑救时间长。

评分标准：答对①～⑤各占 20%。

26. 答：① 火情侦察。② 根据情况采取相应的措施。③ 清理井场，有效利用水枪灭火。④ 使用卤代烷灭火剂灭火。⑤ 工艺灭火。

评分标准：答对①～⑤各占 20%。

27. 答：① 固体火灾。② 闪点高于 60 ℃的液体火灾。③ 电气火灾。

评分标准：答对①③各占 30%；答对②占 40%。

28. 答：① 遇水后能发生化学反应造成燃烧、爆炸的物质。② 没有溢流设备和没有排水设施的无盖容器。③ 装有操作温度在 120 ℃以上可燃液体的无盖容器。④ 高温物质及易蒸发物质。⑤ 表面温度在 260 ℃以上的设备。

评分标准：答对①～⑤各占 20%。

29. 答：① 水雾喷头分为中速水雾喷头和高速水雾喷头 2 种类型。② 中速水雾喷头主要用于对需要保护的设备提供整体冷却保护，以及对火灾区附近的建筑物、构筑物连续喷水进行冷却。③ 高速水雾喷头主要用于扑救电气设备火灾和闪点在 60 ℃以上的可燃液体火灾，以及对可燃液体储罐进行冷却保护。

评分标准：答对①占 20%；答对②③各占 40%。

30. 答：① 保护对象为固体可燃物时，可选用中速水雾喷头。② 保护对象为可燃液体和电气设备时，应选用高速水雾喷头。③ 当防护目的为冷却保护时，对喷头类型无严格限制。④ 外形规则的保护对象，应尽量选用大流量、大雾化喷头。⑤ 外形复杂的保护对象，则宜选用多种口径的喷头搭配使用。

评分标准：答对①～⑤各占 20%。

31. 答：① 低压细水雾灭火系统。② 高压细水雾灭火系统。③ 局部应用细水雾灭火系统。④ 全淹没细水雾灭火系统。⑤ 预制细水雾灭火系统。⑥ 单流体细水雾灭火系统。⑦ 双流体系统。

评分标准：答对①～③各占 20%；答对④～⑦各占 10%。

32. 答：① 环保。② 廉价。③ 对人和环境没有危害。

评分标准：答对①②各占 30%；答对③占 40%。

33. 答：① 蒸汽灭火系统的输气管道应保持良好，且应经常充满蒸汽。② 排除冷凝水设备工作正常时管道内不积存冷凝水。③ 保温设施、补偿设施、支座等应保持良好、无损坏。④ 管线上的阀门应灵活好用、不漏气。⑤ 短管上的橡胶管连接可靠，筛孔管畅通。

评分标准：答对①～⑤各占 20%。

34. 答：① 设有固定灭火系统的房间，火灾时应开启蒸汽灭火管线使整个房间充满蒸汽。② 室内或露天生产装置内的设备泄漏可燃气体或易燃液体时，应打开接口短管开关，对着火源喷射蒸汽。③ 可燃液体储罐区内的储罐发生火灾时，应立即在短管上接上橡胶输气管，将橡胶管的另一端绑扎在蒸汽挂钩上，打开接口短管阀门，向油罐液面释放蒸汽。

评分标准：答对①②各占 30%；答对③占 40%。

35. 答：① 调集救援和处置力量。② 了解和掌握现场主要情况。③ 控制险情发展和抢救疏散人员。④ 消除危险源。⑤ 现场清洗消毒及归队。

评分标准:答对①～⑤各占20%。

36. 答:① 划定警戒区,设置警戒线。② 控制火源,防止爆炸。③ 稀释浓度,减弱危害。④ 冷却罐体,降低蒸发。⑤ 设置水幕,防止扩散。

评分标准:答对①～⑤各占20%。

37. 答:① 做好防护再撤离。② 就近朝上风或侧风方向撤离。③ 重点对危重伤员和老、弱、幼、妇群体实施抢救式撤离。④ 对被污染的撤出群众应及时进行消毒。

评分标准:答对①占10%;答对②～④各占30%。

38. 答:① 尽快中止毒物的继续侵害。② 对症治疗,尤其是迅速建立并加强生命支持治疗。③ 促进毒物排泄,选用有效的解毒药物。

评分标准:答对①占20%;答对②③各占40%。

39. 答:① 发生突然。② 扩散迅速。③ 危害途径多。④ 作用范围广。⑤ 处置困难。

评分标准:答对①～⑤各占20%。

40. 答:① 控制危险源。② 抢救受害人员。③ 指导防护,组织撤离。④ 现场清洗消毒,消除危害后果。⑤ 事故调查,查明原因。

评分标准:答对①～⑤各占20%。

第二部分

技师操作技能及相关知识

模块一　消防灭火救援

项目一　操作绝缘剪

一、相关知识

（一）火场破拆的概念

JBA001 火场破拆的概念

火场破拆是指灭火人员为了完成火情侦察、救人、疏散物资等战斗任务，对建筑构件或其他物体进行破拆，以及对建（构）筑物进行局部或全部拆除的战斗行动。

搞好破拆工作，对于实施灾情侦察、开辟救人和疏散通道、阻截与控制灾害事故蔓延等具有十分重要的作用。但是，如果破拆不当，也会造成不必要的损失。因此，破拆工作必须目的明确，在必要的范围或部位，采取正确的方法进行。破拆方法很多，可根据现场情况选择正确的破拆方法来实施破拆。如使用机动链锯、剪切钳等功效较高的破拆工具破拆高强度合金等硬度较大的材料；使用气动起重气垫、各式扩张器具及支撑器具等破拆已经倒塌的建（构）筑物，或在狭窄空间范围进行人员救助，或用支撑器具顶住、撑开建筑构件或坍塌的作业面，开辟救人和进攻通道等。破拆金属结构时，如果现场有大量易燃物或存在易燃气体泄漏、可燃粉尘积聚等爆炸危险，为防止破拆过程中产生火花引起爆燃，应使用密集的喷雾射流对破拆处予以覆盖保护。灭火中遇到紧急情况时，灭火人员可对建筑物进行局部拆除。在灭火中，必须进行拆除才能避免重大损失时，火场总指挥员有权拆除毗邻火场的建筑物。

（二）火场破拆的目的

JBA002 火场破拆的目的

灭火战斗中，消防队进行破拆工作时必须目的明确，不能盲目破拆。火场破拆的目的是查明火情、疏散物资、开辟隔离带。灭火人员到达火场后为了迅速查明火情，可以进行必要的破拆；灭火人员在火场上需要抢救人命和疏散物资时，可通过破拆消除障碍，开辟通道；对阻碍灭火人员和消防车的行为、妨碍喷射灭火剂的建筑构件和障碍物进行破拆；火场上火势燃烧迅猛，如果不进行破拆就难以控制火势时，可组织人员对火势蔓延的前方及两侧建（构）筑物进行破拆；必要时拆除房屋，开辟隔离带；为了延缓火势蔓延速度，改变火势蔓延和烟雾流动方向，可选择适当的部位进行破拆；需要排除烟雾和有毒气体时，也要选择时机和部位进行破拆；为了消除倒塌的威胁，对可能发生倒塌的建（构）筑物进行破拆或拆除。

在火势蔓延的前方及两侧建筑物上进行破拆，不是为了有效发挥灭火剂的效能、消除建筑物倒塌的危险、疏散物资，而是为了阻止火势蔓延。

（三）火场破拆的方法

在火场上能否迅速有效地进行破拆工作，直接关系到救人、灭火、疏散物资等战斗行动的成效，有时还关系到灭火人员和消防车辆装备的安全。火场破拆的方法主要有以下几种：

JBA003 火场破拆的方法

1. 撬砸法

撬砸法即使用铁铤、腰斧、消防斧等简易破拆工具和扩张器进行撬、砸、劈、扩张等破拆行动，主要用来打开锁住的门、窗，撬(砸)开地板、屋盖、夹壁墙等。

2. 拉拽法

拉拽法即利用安全绳、消防钩等简易器材工具通过拉拽进行破拆。当需要拉倒建(构)筑物时，可用安全绳系住建(构)筑物的承重构件，用人力或汽车、拖拉机等机械设备拉拽，需要破拆顶棚时，可用消防钩拉拽。

3. 锯切法

锯切法即使用手锯和机动链锯、切割器、金属切割机等破拆机械器材进行切割的破拆行动。锯切法使用的器具有油锯、手提砂轮机、气体切割机、手动切割机。当需要破拆船舶玻璃、飞机外壳、高层建筑的高强度玻璃、钢门(窗)等硬度较大的部位时，使用这些功效较高的破拆机械可以迅速完成破拆任务。

4. 冲撞法

冲撞法主要是使用推土机、铲车等机械对建(构)筑物或墙壁等建筑构件进行撞击，使之倒塌或被拆除，以开辟通道或隔离带。

5. 爆破法

爆破法即利用炸药和爆破器材进行破拆。对一些建(构)筑物等，可在有条件时采用定点、定向爆破法进行快速破拆。

(四) 火场破拆的注意事项

JBA004 火场破拆的注意事项

限定破拆的具体目的和范围，在力争减少损失的情况下进行局部破拆或全部拆除。在破拆建(构)筑物内部构件时，灭火人员应注意保护自身安全，必要时，在破拆前做好出水灭火准备。破拆时应注意防止因误拆承重构件而造成倒塌伤人。夏季在建筑物内破拆时不得损坏管道、防止造成煤气泄漏或影响通信、供电、供气等。必要时，在破拆地点周围设置警戒线，禁止无关人员进入或靠近作业区。在高处破拆时，要做好个人防护，并事先在下面设置安全警戒区、安全警戒岗哨，防止人员砸伤。

(五) 绝缘剪的使用方法

JBA006 绝缘剪的使用方法

1. 绝缘剪

消防用的绝缘剪是消防车的附件，供消防员在扑救火灾时剪断电线、切断电源用。绝缘剪有大型、小型两种。大型绝缘剪由剪体和剪柄组成。剪体部分由刃片、压板和紧固螺钉组成；剪柄部分由连臂、直把管柄、绝缘护套和调节螺钉、螺母组成，剪刃为单面刃口。剪柄上的护套起绝缘和防滑作用，可耐压 3 000 V。小型绝缘剪的构造与大型绝缘剪基本相同。绝缘剪的主要规格见表 2-1-1。

表 2-1-1　绝缘剪的主要规格

品　名	长度/mm	质量/kg
大型绝缘剪	900	5
小型绝缘剪	450	3.2

绝缘剪每次使用后，要擦拭干净，并严格检查橡胶护套是否有破损或缺口，一经发现要立即更换。连接部位如有松动要紧固，刃口有错位要调整好；刃口磨损变钝后，要拆下在专用磨削机上修磨或送制造厂修理。绝缘剪不能放在潮湿的地方，如在潮湿情况下使用时要擦干。

2.电绝缘手套

(1) 用途：适用于高电压场所。

(2) 性能及组成：由经特殊处理的天然橡胶制成，最高测试电压 5 000 V，最高使用电压 1 000 V；具有耐油、耐酸、耐臭氧、耐低温、抗机械强度的性能。

(3) 维护：保存时不要挤压或折叠，不要存放在蒸汽管道、暖气等热源附近，避免直接暴露于日光、人工光源或臭氧源环境中；使用前，应进行膨胀气密性检查。

二、技能要求

(一) 准备工作

1.设备

220 V 架空电线杆 1 架，标出输入线和进户线方向；两节拉梯 1 架。

2.材料、工具

绝缘剪 1 把、绝缘手套 1 副、消防头盔 1 顶(考生自备)、消防安全带 1 条。

3.人员

1 人操作，个人防护用品穿戴齐全。

(二) 操作规程

序　号	工　序	操作步骤
1	检查工具	正确检查所用工具
2	携绝缘剪登至适当位置	携带绝缘剪沿 6 m 拉梯上至能够到电线的位置，用安全钩将操作人员固定好
3	剪断进户线	依次剪断进户线始端，然后喊“好”
4	收　操	按正确方法收起器材、放回原处

(三) 注意事项

(1) 进户线始端应留有不少于 20 cm 的长度。

(2) 断电时操作人员应位于断电线的侧下方。

(3) 6 m 拉梯放置牢固、合理。

项目二　操作机动链锯

一、相关知识

(一) 机动链锯的特性

JBE020 机动链锯的特性

机动链锯是切割非金属材料的链锯，供消防人员在火场上破拆竹、木结构建筑构件，开辟消防通道时使用。目前有 HC_3 型和 YJ_4 型两种。

1.构造

链锯的动力部分采用单缸二冲程风冷高速汽油发动机。前后把手采用三点浮动的减震结构，抬运操作方便。链锯切割机构由导板、导轮、锯链等组成。

2. 工作过程

机动链锯的工作过程：发动机发出的动力，通过离合器传给锯切机构，带动锯链，由锯切齿切割非金属材料。

3. 主要性能

机动链锯的主要性能见表 2-1-2。

表 2-1-2　HC_3 和 YJ_4 型机动链锯的主要性能

项目 / 类型	燃油	汽油与机油混合比	启动方式	最大切割直径 /mm	整机质量 /kg
HC_3 型链锯	70 号机油	20∶1	自动围绕拉绳启动	600	6
YJ_4 型链锯				1 000	9

(二) 机动链锯的使用方法

JBE021 机动链锯的使用方法

(1) 使用前的准备工作。新机启封后，要擦拭各部件，检查各种紧固件是否有松动或脱落。旋下火花塞，将停火开关拨至停火位置，从火花塞孔注入少量汽油于气缸中，转动曲轴几圈。将气缸内的封油排除，清洗气缸，再注入少量清洁润滑油，转动曲轴几圈，同时注意轴转动时是否有卡、碰现象。将燃油和机油按 20∶1的比例混合后，加满燃油箱，再加润滑油。机动链锯使用前应安装锯链和导板，调整锯链的松紧度和方向。检查火花塞跳火情况后，旋上火花塞。

(2) 启运转动。调整阻风门开度，将停火开关拨至工作位置，锁住扳机，用脚踩住后把手，快速拉启动绳即可启动。启动后，立即扣扳机，让自锁装置跳出，扳机怠速 3～5 min，逐步加大油门，链锯开始转动。新机必须经过 20～30 h 的中、小负荷运转后，才能全负荷运转来锯切非金属材料。机动链锯工作时，需要使用汽油、发动机油、链锯链条润滑油才能确保机器正常运行。

(3) 停机时，先怠速运转 2～3 min，再关停火开关。

(4) 日常保养。清除全部灰尘、木屑和油污；拆除空气滤清器；清除导板槽及油孔中的木屑；导板头部导轮、离合器滚针轴承要加润滑油；检查各部位紧固件是否松动，及时排除不正常现象。

(5) 操作程序：考生装备齐全，戴好手套，听到“开始”的口令后，跑至操作线，卸下机动链锯保险盒，打开停机开关，右脚踩后端手柄孔，左手握前端手柄，右手拉启动绳，将机器发动，然后拉下盔帽面罩，左手扳动锯链转动开关，之后左手握住前端手柄，右手握住后端手柄，两脚前后站立，上体正直，右手掌按下油门开关，食指控制油门，使锯链加速转动后喊“好”，听到“收操”的口令，考生收起器材，放回原处，成立正姿势站好。

(三) 机动链锯常见故障的处理方法

JBE022 机动链锯常见故障的处理方法

(1) 机动链锯冷机启动困难的原因有 4 种：火花塞松动；化油器堵塞；高速油针和低速油针不圆滑。可根据不同原因进行处理。

(2) 机动链锯加速迟缓、锯割无力的原因有 4 种：曲轴油封漏气；缸垫漏气；喉管漏气；拉缸。可根据不同原因进行处理。

(3) 机动链锯怠速运转不稳定的原因有 4 种：怠速过高；怠速熄火；空气滤清器堵塞；化

油器堵塞。可根据不同原因进行处理。

(4) 机动链锯在使用过程中出现导板过热的原因是缺少锯链油，导致锯链、油锯导板因为摩擦而产生热量。

(5) 机动链锯在使用一段时间后，锯齿就会变得不锋利，在进行休整时，油锯链条、锉刀的角度最好保持30°左右为佳。

(6) 机动链锯使用时，打不着火应检查油箱中有无汽油，检查电路、油路行程开关弹簧是否脱落等。

(7) 机动链锯故障检查完毕，关闭电源开关、油路开关。

二、技能要求

(一) 准备工作

1. 材料、工具

机动链锯1台、消防头盔1顶、手套1副、消防安全带1条。

2. 人员

1人操作，个人防护用品穿戴齐全。

(二) 操作规程

序号	工序	操作步骤
1	准备器材	在平地上标出起点线，起点线前5 m处标出操作线。操作线上放置机动链锯1台(锯链向前，后端手柄与操作线平齐)
2	操作机器	考生装备齐全，戴好手套，听到“开始”口令后，跑至操作线，卸下机动链锯保险盒，打开停机开关，右脚踩后端手柄孔，左手握前端手柄，右手拉启动绳，将机器发动，然后拉下盔帽面罩，左手扳动锯链转动开关，之后左手握住前端手柄，右手握住后端手柄，两脚前后站立，上体正直，右手掌按下油门开关，食指控制油门，使锯链加速转动后喊“好”
3	收操	听到“收操”的口令，考生收起器材，放回原处，成立正姿势站好

(三) 注意事项

(1) 操作时必须戴好手套，将盔帽面罩拉下。

(2) 发动机器时，不要用力过猛，机器发动后，不得触地。

(3) 火场应用时，机动链锯应垂直切割物体，接近破拆对象时，速度不宜过快，待确定位置后再加速。

(4) 在易燃易爆场所，严禁使用机动链锯；在无荷载情况下，发动机不得长时间高速运转。

(5) 使用后须保养、登记，并恢复到备用状态。

项目三　操作金属切割机

一、相关知识

(一) 金属切割机的功能

金属切割机是一种磨削破拆工具，它通过机械带动砂轮片高速运转，利用磨削来切割金属。金属切割机主要由风扇，启动器，控制手柄，离心式离合器，风冷单缸二冲程汽油发动机，固定法兰、圆砂轮片的破拆总成，以及防护、托持装置等组成。金属切割机的主要技术参数见表 2-1-3。

JBE001 金属切割机的功能

表 2-1-3　金属切割机的主要技术参数

燃油箱容积/L	使用延续时间/h	砂轮片线速度(新)/($m \cdot s^{-1}$)	砂轮转速/($r \cdot min^{-1}$)	砂轮直径/mm
1	1	80～100	4 300～4 700	305

(二) 金属切割机使用的注意事项

每次使用前，要认真检查安全技术状态。工作时，必须戴上防护眼镜、手套、头盔并穿消防靴或防滑靴。砂轮片防护罩要正确固定好，使之能挡住火花。在无荷载时，发动机不要高速运转，要先以较慢的旋转速度接近破拆对象，待确定切割位置后再加速旋转。必须沿着砂轮片的旋转方向运动，不得倾斜，以防侧向受力，引起砂轮片碎裂。操作时，砂轮片前尽量不要有无关人员停留。

(三) 操作金属切割机

考生装备齐全，戴好手套，听到“开始”的口令后，跑至操作线处，开启开关，卸下砂轮片防护罩，右脚踩后端手柄孔，左手握前端手柄，右手拉启动绳将机器发动，然后拉下盔帽面罩，右手握住后端手柄孔，两脚前后站立，上体微向前倾，双手持器械，右手掌按下油门开关，食指控制油门，使切割片加速运转，举手示意喊“好”。听到“收操”的口令，考生关闭开关，停机熄火，收起器材，放回原处，成立正姿势站好。

二、技能要求

(一) 准备工作

1. 材料、工具

金属切割机 1 台、消防头盔 1 顶、手套 1 副、消防安全带 1 条。

2. 人员

1 人操作，个人防护用品穿戴齐全。

(二) 操作规程

序号	工序	操作步骤
1	准备器材	在平地上标出起点线，起点线前 5 m 处标出操作线。操作线上放置金属切割机 1 台(切割片向前，后端手柄与操作线平齐)
2	操作机器	考生装备齐全，戴好手套，听到“开始”的口令后，跑至操作线处，开启开关，卸下切割片防护罩，右脚踩后端手柄孔，左手握前端手柄，右手拉启动绳将机器发动，然后拉下盔帽面罩，右手握住后端手柄孔，两脚前后站立，上体微向前倾，双手持器械，右手掌按下油门开关，食指控制油门，使切割片加速运转，举手示意喊“好”
3	收操	听到“收操”的口令，考生关闭开关，停机熄火，收起器材，放回原处，成立正姿势站好

(三) 注意事项

(1) 发动机器时，不要用力过猛，机器发动后，不得触地。

(2) 火场应用时，切割机的轮片要以较小的旋转速度接近破拆对象，待确定切割点后再加快切割速度；切割物体时，必须沿着砂轮旋转的方向运转，不能歪斜。

（3）在易燃易爆场所，严禁使用金属切割机；在无负载的情况下，发动机不得长时间高速运转。

（4）使用后须保养、登记，并恢复到备用状态。

项目四　操作无齿锯

一、相关知识

JBE005 无齿锯的使用方法

无齿锯是铁艺加工中常用的一种电动工具，用于切断铁质线材、管材、型材，可轻松切割各种混合材料，包括钢材、铜材、铝型材、木材、竹质材料等。其两张锯片反向旋转切割使整个切割过程无反冲力，用于抢险救援中切割木头、塑料、铁皮等物。无齿锯就是没有齿却可以实现"锯"的功能的设备，是一种简单的机械，主体是一台电动机和一个砂轮片，可以通过皮带连接或直接在电动机轴上固定。切削过程是通过砂轮片的高速旋转，利用砂轮微粒的尖角切削物体，同时磨损的微粒掉下去，新的锋利的微粒露出来，利用砂轮自身的磨损进行切削，可见它实际上是有无数个齿。无齿锯在有专人操作、操作人员防护装备齐全及其完整好用时方可操作使用。

1. 切割头安装

取下螺栓和螺母，取下切割臂盖，将皮带套在离合鼓带轮上；放回切割臂盖并拧紧螺栓和螺钉；将传动皮带另一端套入锯片驱动带轮；固定切割头及皮带罩，轻轻拧紧螺栓后退回1/2圈；放入皮带张紧螺栓，确保方螺母与皮带罩槽箭头方向一致；摇动切割头使弹簧张紧皮带；用组合扳手调整螺栓至皮带罩标记后张紧达到正常，拧紧固定螺栓。

2. 检查驱动轴及法兰

检查驱动轴端螺纹无损伤；检查与锯片接触的法兰端面是否平整及有无其他异物。禁止使用已扭曲的法兰片，应使用与孔径相配的无损伤变形法兰片。

3. 切割锯片安装

胡斯华纳专用锯片是经批准使用的通用性锯片。侧面纸标可均匀分布安装法兰的固定夹紧力，以免锯片滑动。锯片固定在法兰盘 A 和 B 之间，转动法兰盘 B 并用件号为5016917-02 的随机组合扳手拧紧。固定锯片时可以用改锥或细销固定法兰盘。顺时针旋转拧紧锯片固定法兰。锯片固定螺栓的推荐扭矩为 15～25 N · m。

4. 锯片护罩

无论何时都应安装锯片护罩。调整护罩角度，使其后端接近工件，这样可以收集切割碎屑及火花向远离操作人的方向喷出，利用调节手柄可以松开护罩并调整至适当角度。

5. 燃油混合

汽油：使用优质的无铅或含铅汽油，辛烷值不得低于 90。

二冲程发动机油：胡斯华纳专用两冲程发动机油具有最佳的使用效果，混合比为 1∶50。如无胡斯华纳专用二冲程发动机油，可用其他优质二冲程风冷汽油发动机油代替。严禁使用水冷发动机油和四冲程发动机油。

混合：在专用的清洁容器中混合燃油。先加入所需一半用量的汽油，再加入所需全部用量的机油，摇动混合均匀后加入其余汽油，加注至燃油箱前均匀摇动油桶。提前混合不超过一个月的用量，如长期不使用动力锯，应排空燃油箱并彻底清洗燃油箱。

6. 加注燃油

清洁手柄，使其无残留汽油或机油油污。清理燃油箱盖周围，并定期清理燃油箱，燃油滤芯每年至少更换一次。燃油箱内的沉积物会影响发动机正常工作，加注燃油前应摇匀混合燃油。加注燃油应注意安全，启动时应至少远离加油地点 3 m。最后确认燃油箱盖拧紧。

7. 操作无齿锯

听到"开始"口令后，考生拉启动绳将机器发动，切割片不得触地。操作中，无齿锯的轮片要以较小的旋转速度接近破拆钢管，确定切割方向后使之加速运转，切割物体时切割片不得损坏，钢管切口光滑，不得切斜。在无荷载的情况下，发动机不得长时间高速运转。听到"收器材"口令后，考生关闭开关，停机熄火，将器材收起放回原位，立正站好 。

二、技能要求

(一) 准备工作

1. 材料、工具

无齿锯 1 台、消防头盔 1 顶、手套 1 副、钢管 5 根(2 in，每根长 1 m)。

2. 人员

1 人操作，个人防护用品穿戴齐全。

(二) 操作规程

序　号	工　序	操 作 步 骤
1	准　备	做好准备工作
2	发动机器	打开油路开关，拉动启动绳发动机器
3	切割钢管	钢管与齿轮垂直，缓慢压下压把
4	收器材	关闭开关，按正确的方法收起器材，放回原处

(三) 注意事项

(1) 保持机体清洁，使用时，切割机的砂轮片要以较小的转速接近破拆对象，待确定切割方向后再加速。

(2) 切割物体时，必须沿着砂轮片的旋转方向切入，不能歪斜，严防砂轮片破裂飞出伤人。

(3) 无荷载情况下，发动机不得长时间高速转动。

(4) 机器空转时，切割片不得触地。

项目五　操作液压扩张器

一、相关知识

(一) KZQ 型液压扩张器的使用方法

JBA005 KZQ 型液压扩张器的使用方法

1. KZQ 型液压扩张器的技术性能

KZQ 型液压扩张器的技术性能见表 2-1-4。

表 2-1-4 KZQ 型液压扩张器的技术性能

型号 参数	KZQ120/45A 型	KZQ200/60C 型
最大扩张距离/mm	≥630	≥700
额定工作压力/MPa	63	63
额定扩张力/kN	≥45	≥60
最大扩张力/kN	≥120	≥200
质量/kg	≤16.5	≤28
空载张开时间/s	<40	<40
空载闭合时间/s	<30	<30

2. 使用方法

(1) 取出扩张器，用带快速接口的软管将其与油泵连接好(快速接口防尘帽对扣在一起防尘)。

(2) 将机动泵或手动泵手控开关阀顺时针轻轻拧紧，油泵即向扩张器提供液压油。当扩张器换向手轮处于中位位置时，扩张器不动作；逆时针旋转手轮时，扩张臂将张开，反之扩张臂并拢。

(3) 根据工作需要，转动换向手轮，使扩张器的扩张臂闭合或张开，实现扩张或夹持即可进行所需的作业。

(4) 工作完毕，使扩张臂并拢，并呈微张状态。

(5) 在事故发生时，液压扩张器用于撬开、支起重物，分离金属，分离非金属以解救受困者。

3. 注意事项

(1) 液压锁体上的 3 个安全阀是扩张器安全工作的保证，不允许用户任意调整。

(2) 扩张器液压部分的维修与调整应在指定的维修部门由专业维修人员进行，其他人员不得擅自进行。

(3) 扩张头与工作对象应接触可靠，尽可能用扩张头上的大圆弧进行扩张，以免滑脱发生危险。

(4) 扩张器在做扩张或抽拉作业时，应注意工作对象的重心位置，以免在作业时工作对象倾覆造成意外伤害。

(5) 扩张器只做扩张或夹持之用，一般不应做长期支撑用，当扩张器负载工作至所需位置时，应采取适当措施固定，以防工作对象复位发生危险。

(6) 应经常检查扩张器各部位是否有松动、损坏等异常现象，在确认各部位正常时方可进行工作。

4. 操作过程

听到“开始”的口令后，考生手提扩张器把柄，将器械放置在操作线上，拔下防尘帽，连接高压软管一端，将高压软管另一端与机动液压泵连接好，辅助人员启动液压泵，关闭放气开关，调整油门，考生旋转扩张器手柄上的开关，使扩张器张至最大角度后喊“好”。考生反转开关，使扩张器合拢到最小位置，辅助人员打开放气开关，拔下液压管插头，收好器材并放回原位。

(二) 北京天元液压扩张器的技术性能

JBE002 北京天元液压扩张器的技术性能

北京天元液压扩张器采用超高强度钢、高强度轻合金材料制造，主要用于工程抢险和各种自然灾害中扩张分离和挤压、牵拉金属和非金属结构及障碍物。

1.技术性能

北京天元液压扩张器的技术性能见表 2-1-5。

表 2-1-5 北京天元液压扩张器的技术性能

液压最大工作压力/MPa	额定工作压力/MPa	扩张力/tf	扩张行程/mm	顶端扩张力/kgf	牵引力/tf	牵引行程/mm	质量/kg	工作温度范围/℃
56～72	63	4.0～9.0	630	8 000～9 075	3.9	512	17	−35～55 或 −20～70

2.使用方法

(1) 将扩张器与油泵用胶管连接起来。

(2) 工作时由一人操作扩张器，另一人操作油泵，向扩张器提供动力源。

(3) 使扩张器工作油缸内充满液压油，扩张器才能负载工作。

(4) 将扩张器放在使用环境中，由操作者转动换向手轮，另一操作者操作油泵供油，扩张器即可工作。

(5) 工作完毕，泄掉扩张器工作油缸中的高压。

3.注意事项

(1) 扩张器上各铅封处万万不可松动，以免发生危险。

(2) 液压锁体上的两个安全阀是扩张器安全工作的保证，不允许用户随意调整。

(3) 扩张器液压部分的维修与调整应在指定维修部门由专业维修人员进行，其他人员不得擅自进行。

(4) 扩张头及扩张臂的安装应牢固可靠。

(5) 扩张器负载工作时，应使扩张头与可靠支点接触。

(6) 扩张器只做扩张或闭合之用，禁止做长期支撑用，当扩张器负载工作至所需位置时，即应采取其他措施固定，以防工作对象复位发生危险。

(7) 扩张臂严禁承受较大的冲击荷载。

(8) 软管的最小弯曲半径为 60 mm。

(9) 扩张器在保养状态下，应使工作油缸处于充分充油状态，以备紧急救护时使用。

(三) 液压切割(扩张)器的工作原理

JBE003 液压切割（扩张）器的工作原理

液压切割器属于便携式液压切割工具。液压扩张器的工作原理与液压切割器相同。液压切割器主要由液压泵、软管、手柄、连接器、液压系统和标准切割头等组成，扩张头上有两个扩张臂，通过其合并、分开来完成扩张作业。液压切割器工作时，其割头由液压泵输入液体，通过高压软管的液压系统变成刃口压力，完成切割。液压切割器能切割的物件直径范围是 10～20 mm。

组合式液压破拆工具具有切割、扩张两种功能，其液压泵是共用的，通过更换器头来完成切割和扩张作业。液压扩张器的主要技术参数见表 2-1-6。

表 2-1-6 液压扩张器的主要技术参数

顶端扩张力/kgf	最大扩展距/mm	最大工作液压/MPa
8 000～9 075	325～813	56～72

二、技能要求

（一）准备工作

1. 材料、工具

液压扩张器 1 台、液压机动泵 1 台、高压软管 1 套。

2. 人员

1 人操作，个人防护用品穿戴齐全。

（二）操作规程

序号	工序	操作步骤
1	准备	将高压软管取出，做好准备工作
2	连接扩张器机动液压泵与高压软管的两端	拔下防尘帽，连接高压软管一端，将高压软管的另一端与机动液压泵连接好，调整油门
3	旋转扩张器手柄上的开关	旋转扩张器手柄上的开关，使扩张器张至最大角度
4	收好器材	反转开关，使扩张器合拢到最小位置，拔下液压管插头，收好器材并放回原位

（三）注意事项

（1）液压管的接头连接要牢固，接线颜色相同的互相连接，并上好保险。

（2）消防战斗员操作时要戴好手套，跑动时器械不得触地，要轻拿轻放。

（3）操作完毕，须用纱布将液压管接头擦净，并盖上防尘帽；每次使用完毕必须进行保养、登记，恢复到备用状态。

项目六 火场侦查

一、相关知识

（一）救生照明线性能参数

JBA011 救生照明线性能参数

救生照明用于浓烟、黑暗场所，其绳长 30～100 m，使用交流电压 220 V；在温度超过 250 ℃时，5 min 内可以保持完整性。全方位 360°发光，抗拉强度 175 kgf/cm²。如某处有破损，20 s 后该处自动断电，不影响整条线路的使用。防止碰触刀、剪等带刃的铁器。使用后，应冷却照明线，并用湿布擦洗或在含洗涤剂的温水中浸泡清洗（有连接器的除外）。

(二) 多功能救援支架参数、用途

JBA012 多功能救援支架参数、用途

多功能救援支架适用于矿井、坑道的紧急救援。工作装载极限 500 kg，钢架最长延长 2.14 m，最短可收缩 1.34 m，质量 16.5 kg。它是火灾或地震时消防员营救高层楼宇内被困人员的一种救生器械。

多功能救援支架使用工作高度 10～120 m；使用载荷质量 8～100 kg；每次乘载 1 人；降落用绳索强度 6 380 N；安全带最大负荷 6 380 N；安全钩强度 12 000 N；缓降器主机质量≤2.0 kg；允许工作温度－30～160 ℃。

(三) 火情侦察的概念及步骤

JBB001 火情侦察的概念
JBB002 火情侦察的步骤

火情侦察是指消防队到达火场后为全面了解火灾情况所进行的一项重要工作。各级火场指挥员只有及时、全面、细致地进行火情侦察，才能做出正确的判断和决策，实施正确的部署，采取正确的战术措施，避免或减少经济损失和人员伤亡，夺取灭火战斗的胜利。在登高侦察时，侦察人员应利用安全绳、安全钩、安全带等进行自身防护。

用硬物敲击建筑物的墙体，属于火情侦察中"敲"的方法。通常情况下，火情侦察有外部侦察、询问知情人、内部侦察、仪器检测等方法。火情侦察的好与坏，以及确定战斗主攻方向、力量部署、调派增援力量、受威胁人员的数量直接关系到灭火救援行动成功与否。

初步侦察是指侦察人员通过火场外部侦察、向起火单位等有关人员询问情况和深入内部的侦察方法。火场上的初步侦察主要是了解燃烧部位、火势蔓延方向、有无被困人员、有无贵重物品，从而为灭火战斗提供重要依据。

(四) 火情侦察任务

JBB003 火情侦察任务

消防队到达火场后，应迅速查明火灾的燃烧部位，要组织侦察人员迅速准确地查明火灾情况，主要是：

(1) 燃烧部位及范围，燃烧物质的性质，火势蔓延途径及其主要发展方向。

(2) 是否有人被围困在火场内，是否有人受到火势威胁，人员所在部位及疏散抢救的通路和方法。

(3) 有无爆炸、毒害、腐蚀、放射性、遇水燃烧等物质，这些物质的数量、存放情况、危险程度和应采取的对策等。

(4) 查明火场内外是否有带电设备，以及切断电源和预防触电的措施。

(5) 有无需要疏散和保护的贵重物资、档案资料、仪器设备及其数量、放置部位、受火势威胁的程度、禁忌使用的灭火剂等。

(6) 已燃烧的建(构)筑物的结构特点、构造形式和耐火等级，有无倒塌的危险，是否威胁到毗邻的建(构)筑物，是否需要进行破拆等。

(五) 火情侦察的组织

JBB004 火情侦察的组织

及时搞好火情侦察是一项艰巨、复杂的任务，必须有组织、有领导地进行。火情侦察的组织，应根据到达火场的火火力量、火势情况和侦察任务来确定，通常采用以下几种形式：

(1) 一个战斗班单独进行灭火战斗时，由战斗班长和一名战斗员组成侦察小组。

(2) 一个消防中队投入灭火战斗时，由中队火场指挥员、战斗班长和火场通信员 3 人组成侦察小组。

（3）火场较大、参战中队较多、成立灭火指挥部时，由指挥部组织一个或若干个侦察小组进行火情侦察工作。

（4）火情侦察的组织应根据到达火场的灭火力量、火势情况、侦察任务来组成相应的小组。

（六）火情侦察的程序

JBB005 火情侦察的程序

从消防队到达火场开始，直到灭火战斗结束，火情侦察要贯穿整个扑救过程。一般可分为初步侦察和反复侦察两个阶段。

（1）初步侦察。侦察人员通过火场外部侦察、向起火单位等有关人员询问情况和深入火场内部进行侦察等方法，迅速、概略地掌握火场上的一些情况，为火场指挥员确定火场的主攻方向，正确部署灭火力量和及时要求调派增援力量等提供依据。

（2）反复侦察。继初步侦察之后，在整个灭火战斗过程中，还要不断地进行具体、细致的火情侦察，对某些重要情况要反复进行侦察。反复侦察的目的在于进一步了解火场上的全面情况，及时掌握火场情况变化，以便火场指挥员及时调整战斗力量部署，采取相应的战术措施，掌握灭火战斗的主动权。

（七）火情侦察的方法

JBB006 火情侦察的方法

对各类不同火灾，有不同的火情侦察方法。在通常情况下，可以采用外部侦察、询问知情人、内部侦察和仪器检测等方法。

（1）外部侦察。指挥员和侦察人员在火场上仔细观察，通过感觉器官对外部火焰的高度、方向、温度，烟雾的颜色、气味、流动方向和周围情况等进行侦察，以判断火源位置、燃烧范围、燃烧物品的性质，火势蔓延方向，对毗邻建筑物的威胁程度、受到火势威胁人员的位置，以及飞火对周围可燃物的影响等。

（2）询问知情人。指挥员和侦察人员直接向起火单位的负责人、安全保卫干部、工程技术人员、值班人员和其他职工、邻近单位有关人员及周围群众和目击者等询问火场的有关情况，力求弄清有关问题。必要时，由1～2名熟悉火场情况的人员做向导，引导侦察人员深入火场进行内部侦察。

（3）内部侦察。参加火情侦察的人员进行内部侦察时，要接近或进入燃烧区，观察火势燃烧情况、蔓延方向和途径，人员、贵重物资和仪器设备等受火势威胁的程度，进攻路线和疏散通道，建(构)筑物有无倒塌征兆，是否需要破拆，弄清火场内对灭火战斗有利和不利的因素。在设有消防控制中心的建筑物发生火灾时，侦察人员应首先进入消防控制中心查询火灾情况；如果该中心装有电视监控系统，还可通过荧光屏观察火势燃烧和电梯、通道等情况。

（4）仪器检测。在有可燃气体、放射性物质、浓烟、空心墙、闷顶等特殊情况的火灾现场，侦察人员应使用可燃气体测试仪、辐射侦察仪、红外线火源探测器等现代化专用检测仪器进行侦察，以便及时找到火源和查明有关情况。

（5）其他方法。火情侦察人员在进行外部与内部侦察、核对知情人提供的情况和补充了解仪器检测显示结果的过程中，都要采用一些其他的方法调查了解火场情况，主要包括：

① 看。查看火焰燃烧情况，烟雾特征、火势蔓延途径和方向。建(构)筑物结构和受火势影响的情况；在能见度很低时，借助手电筒和其他照明灯具查看火场上的有关情况。

② 听。倾听火场内被围困人员发出的呼救声；爆炸前可能发出的异常声响；某些油罐

在沸溢和喷溅前发出的"轰隆"声和罐壁颠动声；建筑构件坍塌前的断裂声等。

③ 喊。进入建筑物和室内寻找被困人员时，要主动大声呼喊"有人没有，人在哪里"，同时仔细搜寻床下、衣柜、浴室以及其他可能有人的部位，以便迅速找到并救出被困人员。

④ 嗅。通过嗅觉辨别燃烧物质的种类和性质或尚未燃烧的物质的种类和性质。但在扑救某些化工单位、医药、农药等有毒物质火灾时，不能采用鼻嗅的办法，以防中毒。

⑤ 摸、敲。用消防腰斧或其他工具、硬物敲击建筑物的墙体，可以证实是不燃的实心墙还是难燃的空心墙、隔音墙。通过用手触摸的温度感，也可以判断隐蔽火源的位置。

⑥ 射水。在不会造成水渍损失的前提下，可用水枪直流射流进行侦察。

(八) 火情侦察的注意事项

JBB007 火情侦察的注意事项

侦察小组的每个成员都要配备个人防护装备和侦察器材。侦察人员必须胆大心细、机智灵活、目的明确。每个侦察小组都应指定组长，明确侦察任务，提出安全注意事项，规定通信联系的方法。

侦察人员必须通过高温区、浓烟区或火区进行侦察时，应当用喷雾水枪进行掩护。

进入着火房间前，侦察人员应站在门侧(双开门在上风向，单开门在门锁一侧)，用工具推开门扇，以防烟火或热气喷出伤人，并应先用直流水枪向天棚、地板进行扫射，查看天棚、地板是否有塌陷危险，然后进入着火房间，在房间内行进时，应尽量靠近承重墙，前脚虚，后脚实，稳步前进，注意掩护身体。

在登高侦察时，侦察人员应利用安全绳、安全钩、安全带和缓降器等器材进行自身防护。在有陡坡的屋顶活动时，要踩在屋脊等承重构件上，弯腰借助腰斧来探路、支撑；在高处行走时，必须选择安全可靠的部位，有时可采取匍匐、骑坐的姿势前进。

火情侦察中发现有人受到火势威胁时，必须积极抢救，并应根据具体情况关闭防火门和某些阀门，以阻止烟火蔓延。

(九) 地下室侦查的方法

JBB008 地下室侦查的方法

进入地下室侦察的人员要依靠承重墙逐步侦察。进入着火的地下室进行火情侦察时应佩戴空气呼吸器和穿着隔热服等个人防护装备。地下室着火时，火情侦察中首先要询问知情人，迅速了解起火部位、被困人员、单位自救、物料性质等情况。进入地下室内部的侦察人员要查清被困人员数量、位置，确定疏散路线和方法。在火场上使用 ϕ16 mm 的水枪，长 20 m 的 ϕ65 mm 水带，要求水枪保持 15 m 有效射程时，每条水带的压力损失为 2 mH_2O。水带压力损失按水枪要求的有效射程进行估算。

(十) 寻找火场被困人员的方法

JBB009 寻找火场被困人员的方法

火场被围困的人员在烟火的威逼下，有些会在窗口、阳台等处呼救，有些则会在室内躲藏起来，从而给消防队的营救工作带来困难。灭火人员在火场上应进行仔细的搜寻工作。

1. 搜寻被困人员的方法

(1) 询问知情人。了解被困人员的基本情况(如人数、性别、年龄、所在地点等)，确定抢救被困人员的途径和方法。

(2) 主动呼喊。灭火人员未佩戴空气呼吸器时，要向建筑物内可能有被困人员的地方喊话，以引起被困人员的反应，便于迅速发现其被困地点。

(3) 查看。借助所携带的照明灯具查看被困人员可能藏身的地方。

(4) 细听。注意倾听被困人员的求救声，以及喘息、呻吟和响动声等，辨别他们所在的位置。

(5) 触摸。在查看、细听和喊话的同时，还可以手持探棒在可能有被困人员的地点、部位触摸、搜寻。在浓烟情况下寻找被困人员时，搜救人员可以采用喊、听、摸等方法寻找被困人员。

2. 寻找被困人员地点

进入燃烧区抢救被困人员时，灭火人员要仔细搜索下列地点：

(1) 建筑物内的走廊、通道、楼梯、窗口、阳台、盥洗室等。

(2) 房间内的床下、桌下、橱(柜)内，卫生间，厨房，墙角，窗下，门后等。

(3) 车间内的机器旁、工作台下、控制室等。

(4) 列车内的座席下、厕所、乘务员室等。

(5) 汽车内的座位下。

(6) 船舶内的座席下、船员舱室、通道、走廊、舷窗下、盥洗室、厕所、厨房等。

(7) 飞机内的厕所、驾驶舱，舱门和紧急出口旁等。

(8) 避难间及场所是为救生而开辟的临时性避难场所。

3. 急救

火灾中搜救出的伤员如发生呼吸骤停，且后颅负伤，不可采用口对鼻、仰卧压胸、仰卧伸臂法进行抢救，而应采用俯卧压背法进行抢救。烧伤程度是根据烧伤面积和深度确定的。

人工急救常见的方法有口对口(鼻)呼吸法、仰卧压胸法、俯卧压背法三种。

4. 逃生

火场逃生的方法可归纳为用毛巾、手帕捂鼻护嘴，遮盖护身，封闭三种方法。

二、技能要求

(一) 准备工作

1. 材料、工具

钢笔 1 支、答题纸 1 张。

2. 人员

1 人操作，个人防护用品穿戴齐全。

(二) 操作规程

序 号	工 序	操 作 步 骤
1	佩戴空气呼吸器	防护装具佩戴齐全，听到“开始”的口令后，迅速向前，检查空气呼吸器压力及面罩的气密性；检查腰带、肩带；佩戴空气呼吸器
2	火情侦察	拴牢导向绳，携带手电筒，进入地下室查看火点位置及数量，查看被困人员的位置及状态，查看爆炸物品的位置及数量
3	卸下装具	将空气呼吸器卸下，轻放在垫子上，立正喊“好”

(三) 注意事项

(1) 深入地下室，应有明确规定的联络口令和进出时间。

(2) 进入地下室，应严格按“前虚后实、左进右出或右进左出”的战术要求实施。

(3) 联络保护的安全绳松紧要适中，时刻做好口令接收和应急准备。

(4) 在地下室出水灭火时，应先上后下，向四周扫射，防止发生意外。

(5) 撤离现场时，消防战斗员将安全绳收回。

项目七　操作生命探测仪

一、相关知识

(一) 军事毒剂侦检仪的使用

JBB013 军事毒剂侦检仪的用途
JBB015 便携式毒剂侦检仪的技术性能
JBB016 便携式毒剂侦检仪的操作程序

MIRAN205B 型便携式毒剂侦检仪是一种先进的毒剂分析仪，它利用红外光谱法对采集到的气体进行定量、定性分析，从而得出测量结果，可以为决策者提供有力的依据。军事毒剂侦检仪主要由侦检器、氢气罐、电池报警器、取样器等组件构成。

1. 技术性能

采样流量：15 L/min；

工作温度：1～50 ℃；

工作湿度：0%～95%；

粒子过滤片寿命：400 h；

清零过滤片寿命：30 次或 1 年；

质量：11 kg。

2. 操作程序

(1) 开机，预热 10 min。

(2) 清除内存中的数据。从主菜单上按【5】键进入“Report/Data”菜单，按【4】键进入“Memory Clear”菜单，按【1】键清除内存，按【Enter】键确认。

(3) 地点设置。从主菜单上按【3】键进入“Site Info”菜单，按【1】键选择“New Site”，输入地点后按【Enter】键确认。

(4) 气体采样分析。从主菜单上按【2】键进入“Change Gas”菜单，按【Enter】键确认（如测量单一气体，按【1】键进入标准库，选择气体后返回主菜单；如测量未知气体，按【4】键选择光谱扫描，按【3】键后再按【2】键保存并返回主菜单）。按【1】键进入分析菜单，按【1】键选择清零，屏幕提示安装清零滤芯，安装后按【Enter】键开始清零。屏幕出现安装检测滤芯提示，安装后按【Enter】键采样。检测后自动分析，按【Enter】键保存数据。

(5) 发送数据。在主菜单上按【5】键，按【3】键后再按【3】键开始传输数据。

(6) 在计算机上接收数据，进行匹配，打印报告。

(7) 关机。

3. 注意事项

(1) 仪器使用温度条件在 1～50 ℃之间。

(2) 使用仪器时应将仪器平放。

(3) 每次测量前/后都要进行清零操作。

(4) 仪器测量所需时间比较长，需要等待，工作时不可乱按仪器上的键。

(5) 仪器需要定期保养。

(6) 军事毒剂侦检仪对GB神经性毒剂、GD神经性毒剂、VX神经性毒剂的检测灵敏度可达10 μg/m³。

4. 用途

GT-AP2C型军事毒剂检测仪主要用于侦检沙林GB、梭曼GD、维埃克斯VX、芥子气HD。

奥德姆MX21型侦检仪可检测甲烷、硫化氢、氧气、煤气等气体。

（二）侦检器材的使用与维护

1. 核放射探测仪

JBB014 侦检器材的使用与维护

(1) 用途：能够快速准确地寻找并确定γ或β射线污染源的位置。

(2) 性能：GM型专用探头持续工作时间70 h，3挡测量区，即1 ℃/s、10 ℃/s、100 ℃/s。音频报警的改变随辐射剂量的变化成比例变化，可以探测α、弱β、β、γ射线。

(3) 维护：轻拿轻放，防潮存放，使用温度范围为－10～45 ℃。

2. 电子气象仪

(1) 用途：检测风向、温度、湿度、气压、风速等参数。

(2) 性能：全液晶显示，温度的探测范围为－20～60 ℃（室内）或－40～60 ℃（室外）；1 h内，气压异动超过0.5～1.5 mmHg时，自动报警。

(3) 维护：保持清洁，置于干净阴凉的地方。

3. 漏电检测仪

(1) 用途：确定泄漏电源的具体位置。

(2) 性能：频率低于100 Hz，可将接收到的信号转换成声光报警信号。探测时无须接触电源，探测仪对直流电不起作用。工作温度－30～50 ℃，储存温度－40～70 ℃；开关具有三种形式（高、低、目标前置）。

(3) 维护：随时保持仪器清洁和干燥。非工作时，放回保护套内。电池电压低于4.8 V时，应更换，严禁使用充电电池。

（三）便携式毒剂侦检仪使用的注意事项

JBB017 便携式毒剂侦检仪使用的注意事项

(1) 军事毒剂侦检仪的用途：侦检空气中、地面、装备上的气态及液态GB、GD、HD、VX等化学战剂。

(2) 军事毒剂侦检仪的性能及组成：采用焰色反应原理。

① 防水铝制外壳。

② 储存温度：－42～75 ℃。

③ 操作温度：－32～50 ℃。

④ 灵敏度：蒸气形态毒剂，如GA、GB、GD、VX神经性战剂，10 μg/m³；HD糜烂性战剂，420 μg/m³；液体形态毒剂，如对VX神经性战剂取样浓度而言，最初侦检质量浓度可达20 μg/m³。

(3) 军事毒剂侦检仪使用的注意事项：GT-AP2C型军事毒剂侦检仪不能在可燃气体、可爆气体环境中使用。GT-AP2C型军事毒剂侦检仪谨防在高温、潮湿环境中存放，应保持电源、氢气备量充足。

（四）可燃气体探测仪参数及使用

当可燃气体探测仪吸入一氧化碳时，颜色变化依次为黄—绿—蓝色。可燃气体检测仪中的试纸适用于检测空气中的砷化氢、硫化氢、氯化氢、氯气等。可燃气体探测仪用于灾害事故现场探测易燃易爆气体，其工作原理是被检测气体通过吸气杆被吸入仪器内，当空气中的可燃气体浓度达到或超过报警设定值时，报警仪能发出声光报警信号。工作温度－10～50 ℃；测量范围 0％～100％LEL；一级报警 25％LEL，二级报警 50％LEL。连续工作时间超过 6 h。注意防潮及防阳光直射，避免在高温情况下工作，适时给电池充电。

JBB018 可燃气体探测仪的参数及使用

（五）有毒气体探测仪参数及使用

1. 概述

有毒气体探测仪是一种便携式智能型检测仪，用于事故现场探测空气中的氧气、可燃气、一氧化碳、硫化氢等多种有毒有害气体的浓度。LED 大屏幕同时显示四种气体检测的浓度。

JBB019 有毒气体探测仪的参数及使用

气体量程：H_2S 0～100 ppm；CO 0～500 ppm；O_2 0％～30％。注意：不要摔打、碰撞，不能检测除此以外的其他气体。应轻拿轻放，避免潮湿、高温环境，保持清洁。

2. 原理及功能特点

有毒气体探测仪一般采用预标定的电化学传感器或催化燃烧传感器，两者都能自动辨识且可以提供精确可靠的测量结果。所有传感器都能够快速精确地测量气体浓度值的变化。

3. 技术性能参数

以我国消防队伍配备的某型有毒气体探测仪为例，其技术性能参数如下：

(1) 能同时对 4 类气体进行检测，并在达到危险值时报警。

(2) 安装气泵和注气盖后，能测量难以接近区域的气体。

(3) 无报警时，每 30 s 可以听见蜂鸣声并且报警指示灯闪烁，表示仪器运行正常。

(4) 具有防爆、防水喷溅功能。

(5) 液晶显示，带背景光照明。

(6) 测量可燃气体时能从“0％～100％LEL”(爆炸下限)的范围测量自动转换到“0％～100％气体”(体积分数)的范围测量。

(7) 测量可燃气和毒气各有一个即时报警点，测量氧气有两个报警点(氧含量低于 17％或高于 23.5％)。

(8) 质量约 1 kg。

(9) 尺寸为 194 mm×119 mm×58 mm。

(10) 有毒气体探测仪的电池使用时间是 10 h。

4. 适用范围

有毒气体探测仪主要用于火灾、化学事故等现场对有毒气体、可燃气体、氧气和有机挥发性气体等的浓度探测。

5. 使用方法

(1) 将敏感元件面向外部(这样在操作中能看到气体含量的变化和显示的读数)，启动按钮，使其进入工作状态。

(2) 开机时同时按下 ON/OFF 键、LED 键，然后当显示“选择参考气体”时，每次按下菜单选择键就显示一种气体。当环境气体浓度达到危险值时，有毒气体探测仪就会自动报警。

(3) 在无法确定气体种类的情况下，按照内设程序自动探测。

(4) 当发生报警时，操作人员由上风方向向下风方向对指定区域进行连续测试(以便确定危险区的边界）。

6.维护保养及注意事项

(1) 有毒气体探测仪应轻拿轻放，避免潮湿、高温环境，保持清洁。

(2) 氧气探头每两年更换一次，其余探头每年更换一次。

(3) 防止仪器与水接触，操作中要防止摔、碰；实战中，消防战斗员应做好个人防护，不得使用非防爆的通信器材。

(4) 长期不用时，应将电池取出，以免电池泄漏。

(六) 生命探测仪的技术性能

JBB010 生命探测仪的技术性能

在地震、爆炸、滑坡、矿场灾害等引起的建筑物倒塌、人员被困或埋在地下时，生命探测仪可以探测并确定幸存者的位置。它的重量轻、探测范围广，同时还有过滤背景噪音、与幸存者对讲的特点。生命探测仪采用不同的电子探头，可识别呼喊、敲击、喘息、呻吟等视听信号。其技术性能如下：

探测频率范围：1～3 000 Hz；

高通滤波：100 Hz；

陷波滤波：50 Hz 和 60 Hz；

低通滤波：800 Hz；

工作温度：－30～60 ℃；

总质量：≤2 kg。

(七) 生命探测仪的使用

JBB011 生命探测仪的使用

(1) 连接传感器，连接侦听耳机，连接对讲探头，接通电源。

(2) 检查传感器连接状态、滤波功能、侦听耳机、对讲探头。

(3) 根据现场情况及传感器数量，合理分布各个传感器。

(4) 能确定幸存者的位置，但不能确定幸存者的数量、方向、心率。

(八) 生命探测仪的使用注意事项

JBB012 生命探测仪的使用注意事项

(1) 仪器应存储在干燥通风的空间。

(2) 仪器应每 2 个月通电预热一次，一次通电 30 min。

(3) 电池长期不用时应从电池盒内取出。

(4) 清洁仪器时，只允许用干布或潮湿的布清洁。

(5) 储存温度为－40～70 ℃。

(6) 生命探测仪充电电池的工作时间小于 6 h。

(九) 音(视)频生命探测仪参数

1.音频生命探测仪参数

JBB020 音（视）频生命探测仪参数

音频生命探测仪用于建筑物倒塌等灾害事故现场搜寻被困人员。探测频率 50～15 000 Hz，充电电池可工作 5 h，工作温度－10～60 ℃，质量 7 kg。注意防潮、防阳光直射，避免在高温条件下工作，适时给电池充电。

2.视频生命探测仪参数

利用摄像镜头通过光缆将现场实况反馈到显示器上，适用于有限空间及常规方法救援人员难以接近的救援工作。显示器为 5 in 彩屏，防水深度 45 m，可视角度 46°，最大传输距离 90 m。探测仪长时间储存时，要取出电池；一次用完后，要清理干净外表，放回存放；传输线禁止弯折，要圆形盘绕。注意保护显示器屏幕和探头玻璃清洁。

二、技能要求

(一) 准备工作

1. 材料、工具

生命探测仪 1 台。

2. 人员

1 人操作，个人防护用品穿戴齐全。

(二) 操作规程

序号	工序	操作步骤
1	准备仪器	将生命探测仪等器材拿出
2	操作	连接传感器、侦听耳机、对讲探头，接通电源，检查传感器连接状态、滤波功能，侦听耳机，对讲探头，根据现场情况及传感器数量，合理分布各个传感器
3	收好器材	关闭开关，将器材收回

(三) 注意事项

(1) 仪器应存储在干燥通风的空间。

(2) 仪器应每两个月通电预热一次，一次通电 30 min。

(3) 电池长期不用时应从电池盒内拿出。

(4) 清洁仪器时，只允许用干布或潮湿的布清洁。

(5) 储存温度为 −40～70 ℃。

(6) 生命探测仪充电电池的工作时间小于 6 h。

模块二　消防带梯训练

项目一　垂直更换水带

一、相关知识

JBC001 垂直更换水带的方法

（1）垂直更换水带操作的目的：使消防员学会垂直更换水带的方法。

（2）垂直更换水带操作中，在四楼至地面预先垂直铺设两带一枪。

（3）垂直更换水带操作中，预先铺设的水带应在三楼窗口用挂钩固定。

（4）垂直更换水带操作中，需要的器材有水带、水枪、分水器。

（5）垂直更换水带操作中，操作人员要佩戴头盔、安全带、作训服、胶鞋等个人防护装备。

（6）垂直更换水带过程中，接口不得脱扣。

（7）垂直更换水带过程中，水带接口不得直接接触硬质地面。

（8）垂直更换水带的方法：

① 拆下爆破水带；② 上二楼，甩水带；③ 取下挂钩，拉入爆破水带；④ 传递水带，固定水带；⑤ 连接水带，连接分水器。

（9）垂直更换水带的注意事项。

① 操作人员个人防护装备齐全；② 必备的工具、用具准备齐全；③ 按操作规程操作；④ 注意安全；⑤ 有恐高症及其他疾病不适合该项目者不应参加。

二、技能要求

（一）准备工作

1.材料、工具

分水器1只、ϕ65 mm水带3盘、水带挂钩1个、水枪1支。

2.人员

1人操作，个人防护用品穿戴齐全。

（二）操作规程

序　号	工　序	操 作 步 骤
1	拆下爆破水带	关闭分水器，拆下爆破水带
2	上二楼	携带水带沿楼梯至二楼

续表

序号	工　序	操 作 步 骤
3	甩水带	甩开水带，同时将预先铺设的水带接口拆开
4	取下挂钩	取下水带挂钩，将水带接口拉进窗内踩于脚下
5	拉入爆破水带	将爆破水带全部拉入窗内
6	传递水带	将更换的水带一端接口接上，另一端接口用双手交替向下传递
7	固定水带	用水带挂钩将水带固定
8	连接水带	从二楼返回地面，将两盘水带相互连接
9	连接分水器	将水带接口与分水器连接后，开启分水器，示意喊“好”

(三) 注意事项

(1) 水带接口不得直接接触硬质地面，接口落地处应有软垫保护。

(2) 水带连接处不得脱扣。

(3) 必须用挂钩将水带固定。

项目二　垂直铺设水带

一、相关知识

JBC002 垂直铺设水带的方法

垂直铺设水带的操作方法：考生穿戴好个人防护装备在起点线站好。听到“开始”口令后，携带一盘水带、挂钩及水枪沿楼梯上至二楼，在窗口处将水带一端利用双臂交替顺至地面，将水枪与另一端水带接口连接，将水带用挂钩固定后返回地面，将分水器与水带连接，打开分水器，示意喊“好”。

操作要求：在垂直铺设水带操作过程中，应蹬至二楼窗口处操作水带，水带不得直接抛到窗外，水带挂钩必须固定在窗口处。

二、技能要求

(一) 准备工作

1. 材料、工具

分水器 1 只、ϕ65 mm 水带 1 盘、水带挂钩 1 个、水枪 1 支。

2. 人员

1 人操作，个人防护用品穿戴齐全。

(二) 操作规程

序　号	工　序	操 作 步 骤
1	上二楼	携一盘水带、挂钩、水枪沿楼梯上至二楼
2	甩水带	在窗口处将水带一端利用双臂交替顺至地面
3	接　枪	将水枪与另一端水带接口连接

续表

序号	工序	操作步骤
4	固定水带返回地面	将水带用挂钩固定后返回地面
5	连接分水器	将分水器与水带连接
6	开启分水器	将分水器开关打开

(三) 注意事项

(1) 水带不得直接甩抛到窗外。

(2) 向下传递水带必须双手交替，并有安全保护。

(3) 水带挂钩必须固定在窗口处。

项目三 横过铁路铺设水带

一、相关知识

(一) 消防斧的结构特点

JBA007 消防斧的结构特点

消防斧用于破拆砖木建筑、开启门窗、开辟消防通道，以便消防人员迅速进入火区灭火或抢救人员、物资。消防斧有尖斧和平斧 2 种。消防尖斧由斧头和斧柄以及紧固夹板等组成。斧头用合金钢锻造，斧头的刃口和斧尖工作部位经过热处理。斧柄用无栉、无裂缝的优质柞木制成。在斧头和斧柄连接的榫孔内，上下各有一块紧固夹板。消防平斧由斧头和斧柄组成。斧头和斧柄的制造材料和制造要求与尖斧相同。

1. 消防斧的分类

消防斧分为消防尖斧、消防平斧、消防腰斧。

2. 消防斧的适用范围

(1) 消防尖斧用于破拆砖木结构房屋及其他构件，也可破墙凿洞。

(2) 消防平斧用于破拆砖木结构房屋及其他构件。

(3) 消防腰斧是个人携带装备，主要用于破拆建筑、个别构件和作登高行动支撑物。

(二) 消防腰斧的用途

JBA008 消防腰斧的用途

消防腰斧是消防员随身佩戴的火场破拆工具，属于消防员常规个人装备。它具有平砍、尖劈、撬门窗和木楼板、弯折窗门金属栅条等功能，用于破拆、开启门窗、开辟通道、自救等。消防员在攀登爬高时可借助腰斧的尖刃防止滑跌。消防腰斧可供消防员在火场破拆时使用，但不能用来破拆带电电线或带电设备。

目前消防队伍普遍使用的 GF-285 型消防腰斧由斧头、斧柄和橡胶柄套构成。该腰斧短小轻巧，美观大方，手握着力，携带方便，破拆性良好。在使用前如发现腰斧变形，有裂缝或橡胶柄套损坏时，应停止使用。

(三) 铁铤的结构特点

JBA009 铁铤的结构特点

消防铁铤是火场破拆工具之一，供消防人员在扑救火灾中撬拆木板、开启门窗、开辟消防通道以及撬开地下消火栓等。铁铤主要分为大型铁铤和万能铁铤两种。大型铁铤用 $\phi25$ mm 合金钢锻造，一端弯成 120°的鸭嘴形，另一端为阔凿形。万能铁铤用

ϕ20 mm 合金钢锻造，一端弯成 120°的鸭嘴形，另一端为扁弯形。铁铤的工作部位皆经过热处理。

1. 铁铤的分类

铁铤细分为重铁铤、轻铁铤、轻便铁铤、万能铁铤。

2. 铁铤的适用范围

铁铤主要用于破拆门窗、地板、吊顶、隔墙及开启消火栓，寒冷地区也可用其破冰取水。

（四）消防斧维护保养要求

JBA010 消防斧维护保养要求

（1）消防腰斧沾上油漆、沥青时，应先用四氯化碳擦拭，再用清水冲净。

（2）消防平斧和尖斧在每次使用后应去除锈斑，用油布擦干净。

（3）消防平斧是手动破拆器具。

（4）消防斧脏污时，不能用液态石蜡、清子油清洗。

（5）消防斧不用时，不得靠近火源、放在烈日下、与腐蚀物放一起和被重物挤压。

（6）消防平斧和尖斧平时应检查斧刃是否损伤、卷刃，如有缺陷应及时修磨。

（7）消防平斧和尖斧各连接处若发现松动，不得使用，加固修理后方可再用。

（五）横过铁路铺设水带的方法

JBC003 横过铁路铺设水带的方法

（1）场地器材：在长 40 m 的平地上，标出起点线和终点线，在起点线前 10～12 m 处标出两条铁轨线，起点和终点各放一只分水器，起点线处放置 ϕ80 mm 水带一盘，同时预先铺设好由两条水带连接而成的干线，将第一盘水带横卧在木棒上。

（2）操作要求：在横过铁路铺设水带操作过程中，需要的器材有水带、分水器、挖洞工具。需要注意个人装备齐全、个人安全及来往的火车。穿越铁轨段水带要拉直，不得弯曲。在穿越铁轨铺设水带时要求口子大小能通过水带即可。

（3）操作方法：听到“开始”的口令，考生将水带甩开，一端接口放于起点分水器处，另一端接口铺设至铁轨处，考生携丁字镐和铁锹至铁轨处，将两条铁轨下面的石子耙开一个口，考生将水带从铁轨下穿过后，再向前铺设水带，喊“关水”，辅助人员听到“关水”口令后将分水器开关关闭，考生拆下原先的水带，将穿越铁路的水带接口与第二盘水带接口连接，返回起点线拆下原水带接口，将更换水带接口与起点分水器连接，收起横卧于铁轨上的水带，打开分水器开关，向前方供水。听到“收器材”口令后，收起器材，放回原处，成立正姿势站好。

二、技能要求

（一）准备工作

1. 材料、工具

分水器 2 只、ϕ80 mm 水带 3 盘、丁字镐 1 把、铁锹 1 把、木棒（代替铁轨）2 根。

2. 人员

1 人操作，个人防护用品穿戴齐全。

（二）操作规程

序 号	工 序	操 作 步 骤
1	准备工作	准备操作工具

续表

序号	工序	操作步骤
2	甩带	将水带甩开，一端接口放于起点分水器处，另一端接口铺设至铁轨处
3	在铁轨下耙口	用丁字镐和铁锹将两条铁轨下面的石子耙开一个口
4	铁轨下铺带	将水带从铁轨下穿过，向前铺设水带
5	连接供水线路	将分水器开关关闭，拆下原水带，将穿越铁轨的水带与前盘水带连接
6	返回起点操作	返回起点拆下原水带，将穿越铁轨的水带与分水器连接，打开分水器开关，收起原水带
7	收器材	将器材收起，放回原处

（三）注意事项

（1）穿越铁轨段的水带要拉直，不得弯曲。

（2）穿越水带的口子，应选择在两枕木间同一位置，口子处不得留有尖锐物。

（3）耙石子时，人应站于铁轨两侧。

（4）口子大小要使水带能顺利通过。

项目四　横过公路铺设水带

一、相关知识

（一）横过公路铺设水带的方法

JBC004 横过公路铺设水带的方法

（1）场地、器材：在长 55 m 的平地上，标出起点线和终点线，在起点线前 10～16 m 垂直处标出一条公路，起点放分水器 1 只、水带 3 盘、水枪 1 支、水带护桥 4 个，距起点线 13 m、33 m 处标出甩带线。

（2）注意事项。

① 灭火过程中，当水带铺设要通过马路时，可将水带护桥覆盖在所铺设的水带上，防止车辆通过时轧坏水带。

② 灭火过程中，发现水带破损漏水时，可用水带包布止水。

③ 直流水枪不能直接扑救带电物质火灾。

④ 在横过公路铺设水带操作过程中，需要注意个人装备齐全、安全警戒及来往车辆。

⑤ 通过公路铺设水带救火时，要用水带护桥保护水带。

⑥ 在穿过公路铺设水带救火时，其他车辆可以通过。

（3）操作方法：防护装备齐全，听到“开始”口令，考生将水带甩开，一端接起点分水器，另一端接第二盘水带，在 13 m 处甩开第二盘水带，连接二、三盘水带接口，在 33 m 处甩开第三盘水带，第三盘水带与水枪连接，铺设横过公路的水带护桥，完成后立正喊“好”。

（二）周围环境对火场供水力量的影响

JBC005 周围环境对火场供水力量的影响

（1）木竹建筑物起火时，火灾蔓延很快，1 min 内就会形成火灾，10 min 内火焰就可能窜出屋顶。

(2) 水源距离火场的远近，决定了火场供水车的数量。

(3) 着火建筑物的室外活动场地、燃烧面积决定了供水方法。

(4) 对于缺少消火栓的灾害现场，要求对车辆采取接力供水、运输供水方法。

(5) 建筑物四周的环境对火场供水力量影响很大。

(6) 周围环境不同，同样类型的建筑物发生火灾后，需要的火场供水力量差别很大。

二、技能要求

(一) 准备工作

1. 材料、工具

分水器 1 只、ϕ65 mm 水带 3 盘、水带护桥 4 个。

2. 人员

1 人操作，个人防护用品穿戴齐全。

(二) 操作规程

序 号	工 序	操 作 步 骤
1	甩 带	将水带甩开
2	接 口	一端接起点分水器，另一端接第二盘水带
3	甩 带	在 13 m 处甩开第二盘水带
4	接 口	连接二、三盘水带接口
5	甩 带	在 33 m 处甩开第三盘水带
6	接 枪	第三盘水带与水枪连接
7	铺设水带护桥	铺设横过公路的水带护桥

(三) 注意事项

穿越公路段的水带要拉直，不得弯曲。

项目五　6 m 拉梯与挂钩梯联用

一、相关知识

(一) 6 m 拉梯与挂钩梯联用的基本方法

JBD001 6 m 拉梯与挂钩梯联用的基本方法

(1) 场地准备：长 32.25 m、23 m，宽 2 m 的跑道上标出第一、二条起点线。距塔基 0.8～1.3 m 标出架梯区。23 m 处放一架 6 m 拉梯，32.25 m 处放挂钩梯。

(2) 操作要求：个人需要准备的器材为个人防护装备、带安全钩的安全带。挂钩梯第七蹬与起点线平齐。在 6 m 拉梯与挂钩梯联用的操作中，操作人员利用挂钩梯上至三楼。

(3) 操作方法：第一名辅助人员行至拉梯脚处，考生行至拉梯末端处，第二名辅助人员行至挂钩梯处做好准备，第一名辅助人员与考生同时起梯，第一名辅助人员右臂顺势伸入梯子第二磴之间，考生将拉梯上至肩部扛梯，考生右手扶梯跑向训练塔，第一名辅助人员卸梯时两梯脚着地，双脚脚掌顶住梯脚，双手用力拉梯磴或梯梁，考生将梯子在架梯区内竖起，第一名辅助人员手扶梯梁负责保护，考生拉梯、锁梯，双手推梯梁，升梯靠窗，考生迅速攀登到拉梯上端，接过第二名辅助人员递上的挂钩梯，考生将挂钩梯挂至三楼窗台，逐级攀登，双手不得同时脱离梯蹬，进入三层，双脚着地，示意喊"好"。

(二) 6 m 拉梯与挂钩梯联用的注意事项

JBD002 6 m 拉梯与挂钩梯联用的注意事项

(1) 6 m 拉梯与挂钩梯联用操作时，挂钩梯梯钩外露 3 个钩齿。

(2) 6 m 拉梯与挂钩梯联用操作时，6 m 拉梯梯脚未竖在架梯区内。

(3) 6 m 拉梯与挂钩梯联用操作时，6 m 拉梯梯梁越出窗框。

(4) 6 m 拉梯与挂钩梯联用操作中，6 m 拉梯升梯时，梯子三磴超过窗口或梯子偏离窗口。

(5) 6 m 拉梯与挂钩梯联用操作中，挂钩梯挂梯时，钩齿有 3 齿超过窗口或钩齿未挂住。

(6) 在 6 m 拉梯与挂钩梯联用操作时，操作人员不可以穿消防靴。

(7) 在 6 m 拉梯与挂钩梯联用操作时，操作人员必须做好安全保护。

(三) 消防电梯的功能、设置范围

JBC006 消防电梯的功能、设置范围

1. 消防电梯的功能

消防电梯通常都具备完善的消防功能：它应当是双路电源，即建筑物工作电梯电源中断时，消防电梯的非常电源能自动投合，可以继续运行；它应当具有紧急控制功能，即当楼上发生火灾时，它可接受指令，及时返回首层，而不再继续接纳乘客，只可供消防人员使用；它应当在轿厢顶部预留一个紧急疏散出口，在电梯的开门机构失灵时，也可由此处疏散逃生。对于高层民用建筑的主体部分，楼层面积不超过 1 500 m^2 时，应设置一部消防电梯；超过 1 500 m^2，不足 4 500 m^2 时，应设置两部消防电梯；每层面积超过 4 500 m^2 时，应设置 3 部消防电梯。消防电梯的竖井应当单独设置，不得有其他电气管道、水管、气管或通风管道通过。消防电梯应当设前室，前室应设防火门，使其能够防火、防烟。消防电梯的载重量不宜小于 800 kg，轿厢的平面尺寸不宜小于 1 m×1.5 m，其作用在于能搬运较大型的消防器具和放置救生担架等。消防电梯内的装修材料必须是非燃建材。消防电梯的动力与控制电线应采取防水措施，消防电梯的门口应设漫坡防水措施。消防电梯轿厢内应设专用电话，在首层还应设专用的操纵按钮。如果上述这些方面功能都达标，那么建筑内发生火灾时，消防电梯就可用于消防救生。如果不具备这些条件，普通电梯不可用于消防救生，着火时搭乘电梯会有生命危险。

2. 消防电梯的设置范围

高层建筑设计中，应根据建筑物的重要性、高度、建筑面积、使用性质等情况设置消防电梯。通常建筑高度超过 32 m 且设有电梯的高层厂房和建筑高度超过 32 m 的高层库房，每个防火分区内都应设 1 部消防电梯；高度超过 24 m 的一类建筑、10 层及 10 层以上的塔式住宅建筑、12 层及 12 层以上的单元式住宅和通廊式住宅建筑以及建筑高度超过 32 m 的二类高层公共建筑等均应设置消防电梯。

二、技能要求

(一) 准备工作

1. 材料、工具

6 m 拉梯 1 架、挂钩梯 1 架、训练塔 1 座。

2.人员

1人操作，个人防护用品穿戴齐全。

(二) 操作规程

序号	工序	操作步骤
1	准备工作	第一名辅助人员行至拉梯脚处，考生行至拉梯末端处，第二名辅助人员行至挂钩梯处做好准备
2	持梯跑向训练塔	第一名辅助人员与考生同时起梯，第一名辅助人员右臂顺势伸入梯子第二磴之间，考生将拉梯上至肩部扛梯，右手扶梯跑向训练塔
3	卸梯、竖梯、升梯	第一名辅助人员卸梯时两梯脚着地，双脚脚掌顶住梯脚，双手用力拉梯磴或梯梁，考生将梯子在架梯区竖起，第一名辅助人员手扶梯梁负责保护，考生拉梯、锁梯，双手推梯梁，升梯靠窗
4	攀梯	考生迅速攀登到拉梯上端，接过第二名辅助人员递上的挂钩梯，考生将挂钩梯挂至三楼窗台，逐级攀登，双手不得同时脱离梯蹬，进入三层，双脚着地

(三) 注意事项

(1) 登高人员应有保护措施，挂钩梯向上攀登时，必须系好安全带。

(2) 每个动作都必须严格执行操作规程，严禁违章操作。

项目六　9 m拉梯与挂钩梯联用

一、相关知识

(一) 9 m拉梯与挂钩梯联用的基本方法

JBD003 9 m拉梯与挂钩梯联用的基本方法

(1) 场地准备：在训练塔前15 m处标出起点线，距塔基1～2 m处标出架梯区，起点线上放置9 m拉梯1架、挂钩梯1架。

(2) 操作要求：操作人员利用9 m拉梯、挂钩梯登至四层。9 m拉梯升梯时，梯子三磴超过窗口或梯子偏离窗口，该项目不记取成绩。登高人员利用挂钩梯登高时必须系好安全绳。梯脚向前与起点线平齐。

(3) 操作方法：考生穿戴好个人防护装备于挂钩梯处做好准备，听到"开始"口令，辅助人员同时起梯，跑向训练塔将梯子升起，考生右手持梯跑向训练塔，持挂钩梯至架梯区，将挂钩梯穿于右肩，沿拉梯攀登至三楼窗台处，攀登过程中梯子不得发生碰撞，梯子、盔帽或鞋不得脱落，将左脚伸入拉梯梯磴内，将挂钩梯挂至四楼窗台，攀登进入窗内，示意喊"好"。

(二) 9 m拉梯与挂钩梯联用的注意事项

JBD004 9 m拉梯与挂钩梯联用的注意事项

(1) 9 m拉梯与挂钩梯联用操作时，无关人员(如学生、社会人员等)不准操作。

(2) 9 m拉梯与挂钩梯联用操作时，一定要认真检查安全绳的安全性。

(3) 9 m拉梯与挂钩梯联用操作时，一定要佩戴安全钩。

(4) 9 m拉梯与挂钩梯联用操作时，操作人员应穿戴齐全(如头盔、安全带、作训服、胶鞋)、认真训练、热情高涨。操作人员应注意不得酒后操作，不得穿皮鞋操作。

(5) 9 m拉梯与挂钩梯联用时，操作人员必须遵守考场纪律。

(三) 拉梯与挂钩梯的结构原理

JBD005 拉梯与挂钩梯的结构原理

(1) 梯子必须架在原地较硬的地面，两梯脚必须处在同一平面上，防止梯身左右倾斜。

(2) 在操作挂钩梯中，要求钩齿必须不能露出三个以上。

(3) 木质挂钩梯的最大工作高度为4.1 m。

(4) 拉梯的升降装置由拉绳、滑轮、制动器组成。

(5) 木质拉梯构造具有质量轻、抗弯强度高、弹性好等优点。

(6) 挂钩梯是利用窗口登高的工具，主要有木质、竹质、铝合金三种。

(7) 攀登挂钩梯上楼，是使消防员学会使用架设拉梯攀登的技术训练。

(四) 拉梯与挂钩梯使用注意事项

JBD006 拉梯与挂钩梯使用注意事项

(1) 在操作挂钩梯时，要掌握平衡。

(2) 因抢救工作需要，将挂钩梯挂在受高温和火焰作用的窗口时，要用水流予以保护。

(3) 挂钩梯表面油漆脱落，应及时补刷油漆。

(4) 挂钩梯每次使用后，要检查梯子的螺栓、铁钩及各连接处是否松动。

(5) 挂钩梯应保持清洁，不宜日晒、雨淋、时干时湿。

(6) 为了使用安全，对挂钩梯的弹性和强度应进行检验。

(7) 挂钩梯在使用时，不可强行超越梯子自身承受的极限。

二、技能要求

(一) 准备工作

1. 材料、工具

9 m拉梯1架、挂钩梯1架、训练塔1座。

2. 人员

1人操作，个人防护用品穿戴齐全。

(二) 操作规程

序号	工序	操作步骤
1	准备工作	考生穿戴好个人防护装备于挂钩梯处做好准备
2	将9 m拉梯竖起、升起，持梯跑向训练塔	听到“开始”口令，辅助人员同时起梯，跑向训练塔将梯子升起，考生右手持梯跑向训练塔
3	持挂钩梯攀登拉梯	考生持挂钩梯至架梯区，将挂钩梯穿于右肩，沿拉梯攀登至三楼窗台处
4	攀登挂钩梯	将左脚伸入拉梯梯磴内，挂钩梯挂至四楼窗台，攀登进入窗内

(三) 注意事项

(1) 登高人员应有保护措施，挂钩梯向上攀登时，必须系好安全带。

(2) 每个动作都必须严格执行操作规程，严禁违章操作。

模块三　处理故障

项目一　排除金属切割机无法启动故障

一、相关知识

（一）火灾自动报警系统常见故障的处理方法

JBE023 火灾自动报警系统常见故障的处理方法

火灾自动报警系统的常见故障从表面看，分为四类：电源故障、线路故障（总线故障）、现场设备故障、其他故障。

1. 电源故障

（1）主电故障（若无交流电，8 h 后应关闭控制器）。

现象："故障""主电故障"指示灯点亮，同时控制器发出"救护车声"。

可能原因：无交流电；交流电开关未开；交流保险断（更换同规格保险）；AC-DC 电源或主板损坏。

（2）备电故障。

电开关未开，打开备电开关；备电连线不正确，正确连接；备电保险断，更换同规格保险；蓄电池亏电或损坏，在交流供电的情况下开机 8 h 以上，若仍不能消除故障则更换电池。（若发现蓄电池损坏时，应尽快更换同规格蓄电池，否则当无交流电时，系统将无法工作。）

2. 线路故障（总线故障）

总线线间短路、总线对地绝缘不良（如线路进水），不必关机，由原施工单位或维护人员排除线路故障，最后清除。

3. 现场设备故障

现场设备故障——某个设备故障：设备丢失，恢复安装；设备连接线（联动 4 总线，报警 2 总线）断，拆下现场设备，用数字万用表电压挡测量现场设备信号总线间（Z1、Z2）、电源总线间（D1、D2）电压，如线间电压不正常，先排除线路原因。正常电压值：Z1、Z2 间正常电压在 19～22 V 之间，D1、D2 间正常电压在 20～27 V 之间。

4. 其他故障

（1）测试探测器不报警。测试方法不对：该探测器未注册上，利用"设备检查"操作，查看该探测器是否注册，若未注册，该探测器被人为隔离（关闭），利用"取消隔离"操作先将其释放，探测器损坏则更换探测器。

（2）按手动盘键无反应：控制器处于"手动不允许"，利用"启动方式设置"操作重新设置。键值对应的模块报故障，应先进行维修。

（3）不打印：未设置打印方式，利用“打印方式设置”操作，重新设置；打印机电缆连接不良，检查并连接好；打印机被关闭。

（二）火灾自动报警系统的日常维护

JBE024 火灾自动报警系统的日常维护

1. 光电感烟探测器迷宫清除灰尘的操作规程

（1）将迷宫上盖、迷宫体从迷宫红外管座上拆下，用黑色的湿布轻擦迷宫上盖里面的底部和侧面，重点为底部，底部应完全露出黑色。

（2）用湿布轻擦或吹扫红外管座光路边缘的灰尘和纤维。

（3）将迷宫装配好，装好上盖。

2. 消防设备的定期检查

（1）系统必须设专人管理，落实设备维护部门及责任人。

（2）消防系统必须定期做全面检查，感烟探测器应定期做加烟试验。

（3）每季度对备用电源进行 1～2 次充放电试验。

3. 保存好设备连续运行记录

（1）严密监视设备运行状况，遇到报警要按规定程序迅速、准确处理，做好各种记录，遇有重大情况要及时报告。

（2）控制器的工作电压在 187～242 V 之间，备电工作不能超过 8 h。

（3）因故障而隔离（关闭）的探测器或其他设备应及时检修并排除故障，在隔离（关闭）期间应加强对相关场所的巡视检查。线路有搭地、断路、短路或线间电阻过低的情况，必须及时排除以保证系统可靠运行，如有不可解决的施工或设备故障问题，应及时通知施工单位或相关设备厂家维修。

（4）不能擅自拆装控制器的主要部件及外围线路；不能擅自改变系统的设备数量与连接方式；不能擅自对控制器进行系统设置操作；不能修改设备定义、二次编码、联动公式、机器类型等有关内容。

（5）未经公安消防部门同意不得擅自关闭火灾自动报警、自动灭火系统。

（6）每日如实填写值班记录。

（7）妥善保管系统竣工平面图、设备技术资料（如产品说明书）、年（季）检查登记表及值班记录等。

4. 控制器出现火警时通常的处理程序

（1）接到报警信号后，应立即携带对讲机、插孔电话等通信工具，迅速到达报警点所在位置进行确认。

（2）如未发生火情，应查明报警原因，采取相应的措施，并认真做好记录。

（3）如确有火灾发生，应立即用通信工具向消防控制室反馈信息，利用现场灭火器材进行扑救。

（4）消防控制室值机人员根据火灾情况启动有关消防设备，通知有关人员到场灭火，报告单位值班领导，并拨打“119”向消防队报警。

（5）情况处理完毕，恢复各种消防设备的正常运行。

（三）防火卷帘门系统故障的处理方法

JBE025 防火卷帘门系统故障的处理方法

（1）系统组成：感烟探测器、感温探测器、控制按钮、电机、限位开关、卷帘门控制柜。

（2）系统完成的主要功能：火灾发生时，感烟探测器报警，火灾信号送到卷帘门控制柜，控制柜发出启动信号，卷帘门自动降到距地 1.8 m 的位置（特殊部位的卷帘门也可一步到底），如果感温探测器再报警，卷帘门才降到底，起防火分区隔断作用。

（3）系统容易出现的问题、产生的原因及简单处理办法。

① 防火卷帘门不能上升或下降。原因：可能为电源故障、电机故障或门本身卡住。处理办法：检查主电、控制电源及电机；检查门本身。

② 防火卷帘门有上升无下降或有下降无上升。原因：下降或上升按钮问题；接触器触头及线圈问题；限位开关问题；接触器连锁常闭触点问题。处理办法：检查下降或上升按钮；检查下降或上升接触器触头开关及线圈；检查限位开关；检查下降或上升接触器连锁常闭触点。

③ 在控制中心无法联动防火卷帘门。原因：控制中心控制装置本身故障；控制模块故障；联动传输线路故障。处理办法：检查控制中心控制装置本身；检查控制模块；检查传输线路。

二、技能要求

（一）准备工作

1.材料、工具

金属切割机 1 台、手套 1 副、检修工具 1 套。

2.人员

1 人操作，个人防护用品穿戴齐全。

（二）操作规程

序号	工序	操作步骤
1	检查供油系统	检查油路开关是否打开；检查油箱是否有油；检查阻风门位置调节是否合理
2	检查供电系统	检查高压线头有无异物；检查高压线头有无松动；检查火花塞是否松动；检查火花塞是否烧蚀
3	检查进气系统	检查空气滤清器是否畅通
4	检查排气系统	检查排气管道是否畅通

（三）注意事项

每个动作都必须严格执行操作规程，严禁违章操作，避免损坏机器。

项目二　排除液压机动泵无法启动故障

一、相关知识

（一）手动泵技术性能

手动泵的技术性能见表 2-3-1。

JBE012 手动泵技术性能

表 2-3-1　手动泵技术性能

高压输出压力/MPa	低压输出压力/MPa	高压理论流量/(mL·次$^{-1}$)	低压理论流量/(mL·次$^{-1}$)	油箱容积/L	手柄力/N	油管长度/m	质量/kg
63	6～8	0.7	5	0.7	≤290	2	<4.8

手动泵动臂油缸采用标准系列 80/4。液压泵排量由 10 mL/r 提高到 14 mL/r,系统调定压力为 14 MPa,满足了动臂油缸的举升力、速度要求。

(二) 手动泵使用方法

1. 手动泵使用方法

JBE013 手动泵使用方法

(1) 解开油箱捆扎带,扳转支架,将油管分别转至泵前方,再扳正支架。

(2) 松开油箱盖:工作前,须将油箱盖拧松 1～1.5 圈。拧松过多会使油箱盖滑脱;过少时,油箱通气不好,会降低油泵功能。

(3) 初次使用手动泵前,应检查油箱内的液压油油面:拧下油箱盖,检查油尺上油面所到位置应在油尺两刻度之间。过低时,应补充油后再工作(必须补充洁净的液压油)。油面过高会造成使用过程中液压油外溢。

(4) 用快速接口的软管将手动泵与开门器或万向剪等配套工具连接。(应仔细检查系统外部各部件是否存在连接松动、器件损坏等异常现象。如有,应及时维修更换。在确认各部分正常后,方可进行操作。)

(5) 顺时针方向关闭手控开关阀。

(6) 打开锁钩后,即可压动手动泵手柄。此时手动泵向救援工具输出液压油,进行救援作业。

(7) 工作完毕,首先逆时针方向打开手控开关阀,泄掉泵及管路压力,然后将手动泵与配套工具间的快速接口脱开。

(8) 拧紧油箱盖,用锁钩将手柄锁紧。扳转支架,将油管转至油箱方向(再扳回支架),盘好油管(并捆扎)后装箱保存。

(9) 在操作过程中应注意防尘,操作结束应检查部件,擦拭后装箱保存。

2. 手动泵性能

(1) SB63B 型手动泵具有防水、防烟、防爆功能。

(2) 手动泵具有体积小、重量轻、便于携带、安全性强等优势,易被广大用户接受。

(三) 超高压液压机动泵的工作原理

JBE016 超高压液压机动泵的工作原理

JBQ-C 型机动泵是一种双输出机动泵站。它设有 2 套互相独立的泵芯及控制系统,可使 2 台救援抢险工具同时工作,也可使其中的一台单独工作。因此,使用这种机动泵将大幅度提高抢险救援效率。JBQ-C 型机动泵采用径向柱塞泵和日本本田公司汽油机作为动力,工作可靠,操作方便。

JBQ-C 型机动泵具有高、低压两级压力输出,能根据外部负载的变化自动转变高、低压输出压力。低压工作时,输出流量大,可使配套工具在空载时快速运动,节省时间。在配套工具负载工作时,自动转为高压工作。因此,它是一种理想的抢险救援工具动力源。

BJQ63/0.6 型液压机动泵用于救护被困于受限环境中的受害人或抢救处于危险环境中的受害物,可达到救护、救灾的目的。

BJQ63/0.6 型液压机动泵可对抢险救援工作中的扩张、拉伸、粉碎、挤压、剪切及抬升等战术动作进行快速救援。

(四) 超高压液压机动泵的技术性能

JBE017 超高压液压机动泵的技术性能

超高压液压机动泵的技术性能见表 2-3-2。

表 2-3-2　超高压液压机动泵的技术性能

额定工作转速/(r·min^{-1})	额定压力(高压压力)/MPa	高压输出流量/(L·min^{-1})	低压输出压力/MPa	低压输出流量/(L·min^{-1})	液压油油箱容量/L	质量(包括液压油、机油、汽油)/kg	高压软管规格	尺寸:长×宽×高/mm
3 200±150	63	2×0.6	≥10	2×2.0	10	≤44	两套 5 m×2 软管	436×360×550

二、技能要求

(一) 准备工作

1. 材料、工具

液压机动泵 1 台、检修工具 1 套。

2. 人员

1 人操作,个人防护用品穿戴齐全。

(二) 操作规程

序号	工序	操作步骤
1	检查油路系统	检查油路开关是否打开;检查油箱是否有油;检查油路管线是否漏气、漏油;检查油路行程开关弹簧是否脱落
2	检查电路系统	检查高压线头有无异物;检查高压线头有无松动;检查火花塞是否松动;检查火花塞是否烧蚀
3	检查空气系统	检查空气滤清器是否畅通
4	检查排气系统	检查排气管道是否畅通

(三) 注意事项

每个动作都必须严格执行操作规程,严禁违章操作,避免损坏机器。

项目三　排除液压机动救援顶杆故障

一、相关知识

(一) 手动泵使用注意事项

JBE014 手动泵使用注意事项

(1) 油泵中的安全阀是系统安全工作的保证,在出厂前已调整好,禁止用户随意调整。

(2) 高、低压限压阀均已在出厂前调整好，在使用过程中不得随意调整。

(3) 在手控开关阀关闭的情况下，特别是在出油管内有高压存在时，不允许调整或紧固油泵及配套工具的任何部位，调整和紧固工作应在松开手控开关阀的状态下进行，以免发生危险。

(4) 手动泵工作完毕，应泄掉管路、泵内的压力，然后将手动泵与配套工具间的快速接口脱开。

(5) 手动泵在使用过程中应注意装载机的正确使用与维护，定期添加液压油、更换液压油，保持液压油的清洁度，加强日常检查和维护。

(6) SB63B 型手动泵初次使用时拧下油箱盖，检查油面位置。

(7) SB63B 型手动泵打开锁钩后，即可压动手动泵手柄。

(二) 手动泵工作原理

JBE015 手动泵工作原理

SB63A 型手动泵为阶梯柱塞式双级液压泵。它作为液压动力源，除与破拆工具配套外，还可与其他多种工具或试验装置配套使用。低压输出压力为 6～8 MPa，泵中的高低压自动转换阀可根据外界负载变化自动转变压力。低压时，泵的输出流量大。高压时，手柄力自动成倍减小。所以，性能先进的 SB63A 型手动泵是抢险人员可随身携带的便携式超高压动力源。手动泵的工作原理是凸轮使柱塞不断升降，密封容积周期性减小、增大，泵就不断吸油和排油。

(三) 超高压液压机动泵的使用方法

1. 启动机动泵前的检查

JBE018 超高压液压机动泵的使用方法

(1) 检查汽油机润滑油：拔出油尺，检查油面高度，油面应在油尺的上下刻度之间。

(2) 检查液压油：液压油面应在油窗的中上部(必要时从液压油注油口补充)。

(3) 检查汽油：打开汽油注油口，检查汽油量(使用 90 号以上汽油)。

(4) 超高压液压机动泵启动前，要将机器远离易燃物，拧紧油箱盖，检查各部位是否松动，将溅在外部的残油擦净。

(5) JBQ-B 型超高压液压机动泵使用前应检查机动泵液压油箱的油位、汽油机曲轴箱润滑油位，及汽油油箱油量，油面高度应处于合理位置。

(6) JBQ-C 型超高压液压机动泵加注汽油时，不应加注过满，要留有一定的空隙以免工作时溢出，造成危险。

(7) 连接配套工具：用 5 m 液压软管，将机动泵与剪断器或多功能钳等工具连接(快速接口插接牢固，防尘帽相互对扣在一起防尘)。

(8) 打开汽油机油箱开关(向外旋出开关手柄)。

(9) 手控开关阀旋至泄压位置。

(10) 向右扳动油门把手到底(启动时的油门位置，同时阻风门被关闭)，热机启动时，油门把手旋至工作位置即可。

(11) 轻拉启动手柄，感到有阻力时，用力快速一拉。(注意：不要突然放开手柄，以免手柄猛烈回弹，损坏机件，应顺势放回。)

(12) 启动成功后，将油门把手回扳至“工作位置”或“怠速位置”，预热机器几分钟。

(13) 顺时针关闭手控开关阀(不应用力过大)，油门至工作位置，此时，即可操作工具进行作业。

2. 工作完毕

(1) 将手控开关阀逆时针旋转至泄压位置。

(2) 将汽油机油门把手旋至怠速位置，运转 1～2 min。

(3) 将汽油机油门把手旋至关机位置，汽油机停止运转。

(4) 关闭油箱开关(向里推)。

(5) 脱开工具及 5 m 液压软管，接口盖好防尘帽，盘好软管。待机器充分冷却后，装箱保存。

(四) 超高压液压机动泵使用注意事项

JBE019 超高压液压机动泵使用注意事项

(1) 机动泵尽可能放置或工作在水平位置，工作状态时倾斜角不应大于 15°，非工作状态时倾斜角不应大于 30°。

(2) 在对汽油机使用、调整及保养前应仔细阅读随机的发动机使用说明书。在启动前，一定要检查润滑油油面。需要时，应按发动机使用说明书规定的润滑油牌号(相当于国产 QF 或 QG 级 15W-40 黏度等级的润滑油)向发动机曲轴箱内加注润滑油。

(3) 对“破拆工具系统使用、保养及注意事项”中的各项规定均应严格遵守。未经培训的人员不得操作机动泵。

(4) 工作完毕，发动机关机后仍处于热机状态，此时不可使高压软管接触发动机，以免烫坏软管。

(5) 液压油泵中的安全阀是系统安全工作的保证，在出厂前已调试好，禁止用户随意调整。

(6) 在机动泵或与之配套的破拆工具做任何调整和紧固之前，首先必须旋松液压油泵手控开关泄压，并关闭发动机，使高压软管内的油压为零，以免发生危险。

(7) 在抢险工作，特别是训练中，当配套工具停止工作后，应旋松手控开关泄压，并关小发动机油门，使之处于怠速或停机状态。尽量避免机动泵长期满载工作，以防机动泵及配套工具过热或造成故障影响使用寿命。

(8) 开机前一定要确保液压油箱内液压油的油面满足说明书的规定要求，需要时应补充。液压油牌号为 10 号航空液压油。

(9) 机动泵在存放和使用过程中，应注意防尘。保证液压油的清洁是保证机动泵可靠工作并延长其使用寿命的必要条件。

(10) 要避免反复或长期使皮肤接触汽油或呼吸汽油蒸气，以维持身体健康。

(11) 超高压液压机动泵可在 −30～60 ℃环境温度下工作。

(12) 长期存放机动泵时，应放在无灰尘处。将汽油从油箱中放空，拆下火花塞，从火花塞孔加入一勺干净的润滑油，转动发动机几转，使润滑油均布于摩擦表面。再装回火花塞，将机动泵用防尘罩盖好。

二、技能要求

(一) 准备工作

1. 材料、工具

救援顶杆 1 台、柴油泵 1 台、检修工具 1 套。

2. 人员

1人操作,个人防护用品穿戴齐全。

(二) 操作规程

序 号	工 序	操 作 步 骤
1	选择工具	选择操作工具
2	穿戴用品	穿戴合乎安全规定的防护用具
3	外表故障处理	检查部件有无破损和异常松动零件
4	油泵检查	检查油泵是否好用
5	油门检查	检查油门工作是否顺畅
6	加油按钮检查	检查加油按钮是否好用
7	开关检查	检查启机、停机开关功能
8	振动性能检查	检查经过长期振动后,机器是否好用
9	强度检查	进行 5 min、1.3 倍额定工作压力强度试验,试验后看有无泄漏和机械损坏现象
10	高低温性能检查	在高温 55 ℃和低温 −30 ℃环境中各存放 2 min 后,是否能正常工作

(三) 注意事项

每个动作都必须严格执行操作规程,严禁违章操作,避免损坏机器。

项目四 排除无齿锯故障

一、相关知识

(一) 无齿锯的技术性能

JBE004 无齿锯的技术性能

(1) 371K/3120K 型无齿锯的技术规格见表 2-3-3。

表 2-3-3 371K/3120K 型无齿锯技术规格

项 目 \ 型 号	371K 型无齿锯	3120K 型无齿锯
气缸排量/mL	70.7	119
缸径/mm	50	60
活塞行程/mm	36	42
怠速/($r \cdot min^{-1}$)	2 500	2 500
无负荷最大转速/($r \cdot min^{-1}$)	9 800±250	9 750±250
功率/kW	3.5	5.8
火花塞	Champion RCJ-7	
火花塞电极间隙/($in \cdot mm^{-1}$)	0.5	
化油器规格	HD20	WG9
燃油箱容积/L	0.77	1.25

(2) K750/K760 型无齿锯切割深度 100 mm,气缸排量 74 mL。

(3) 通用型无齿锯的性能。刀片直径 300 mm;最大转速 5 100 r/min;动力 4.8 hp;质量 9.3 kg。

(4) 操作无齿锯时的注意事项。使用时,砂轮片要以较小的转速接近破拆对象,待确定切割方向后再加速;切割物体时,必须沿着砂轮片的旋转方向切入,不能歪斜。

(二) 无齿锯启动与停机

JBE006 无齿锯启动与停机

(1) 371K/3120K 型无齿锯冷机启动。

点火:停机开关拨至左侧开机位置。

风门:拉出启动风门。

启动减压阀:按下减压阀减小气缸内的压力,使冷启动时省力。发动机工作后减压阀会被气缸内的燃烧压力自动弹回正常位置。

(2) 371K/3120K 型无齿锯高速怠速。风门拉出至启动位置后风门怠速组合连杆自动置于高速怠速位置。

(3) 371K/3120K 型无齿锯暖机启动。与冷机启动步骤相同,但无须拉出风门。

(4) 无齿锯的关机方法为关闭电源开关,关闭油路开关。

(5) 无齿锯的开机方法为打开电源开关,打开油路开关,拉绳启动。

(三) 无齿锯操作注意事项

JBE007 无齿锯操作注意事项

(1) TS400 型无齿锯在实际操作中,轮片要以较小的旋转速度接近破拆对象。

(2) TS400 型无齿锯在无荷载情况下,发动机不得长时间高速运转。

(3) TS400 型无齿锯切割时在半径 15 m 内不得有非操作人员。

(4) TS400 型无齿锯运行期间严禁触摸轮片、消音器。

(5) 在操作无齿锯时,操作人员要佩戴好防护眼镜、手套、头盔、消防靴等个人防护装备。

(6) TS400 型无齿锯切割片安装要牢固。

(四) 电动剪切钳的使用方法

JBE008 电动剪切钳的使用方法

MCHA140 型自带电源扩张、剪切两用钳的钳臂及钳刃采用新型高强度轻质合金材料制成。该两用钳启动方便,使用 12 V/24 V 充电电池。它可在任何姿势下使用,使用前要检查制动螺母是否处于旋紧状态。制动螺母是一种安全装置,其作用是避免钳刃在扭曲状态下受到损坏。如发现钳刃空隙过大,应立即拧紧此螺母,如有必要应立即更换制动螺母。

(1) 充电器的使用。剪切钳为自控式,操作时只需将电池组充电即可,具体操作步骤如下:

① 将充电器插入 12 V 或 24 V 直流电源插座,或连通 220 V 电源插座,此时绿色提示灯闪亮。

② 将电池盒放入充电器凹槽。电池组及充电器的红色指示灯亮表示已经做好准备。

③ 几分钟以后,充电器的橙色指示灯亮,表示电池组正在放电;放电结束后,充电器的红色指示灯亮,表示电池组正在充电。

④ 当充电器的红色指示灯变成绿色并闪烁时,表示充电完毕。

⑤ 充电完毕,将电池盒放入剪切钳手柄凹槽中,调节弹簧将其锁紧。

(2) 操作。调整控制手柄至最佳位置,可旋转 8 种方位,以及一种折叠位置。旋转改变位置的步骤如下：

① 拧松滚花旋钮。

② 用力拉滚花旋钮。

③ 使手柄转动至所需位置。

④ 勿忘重新拧紧滚花旋钮。若无法拧紧，是因为指示灯没有处于凹槽中，松开滚花旋钮，重新调整即可。

⑤ 通过按位于外壳左侧的7号按钮，可旋转90°调整钳刃方位。

⑥ 按启动开关，开动剪切钳上所指明的液压控制装置，然后立即翻转该装置，避免剪切钳空转。

⑦ 如果处于高低不平的地理环境中，可将剪切钳斜挂在身上使用，只需将肩带嵌入外壳的两个钩环中即可。

⑧ 使用完毕，将剪切钳重新放入运输箱，并使手柄处于折叠位置。

(3) 剪切。剪切时，该工具（钳刃）产生巨大的、可能使钳刃扭曲的反作用力。这种反作用力会从钳刃传至手柄，推动控制手柄阻止钳刃的扭曲倾向。若需改变手柄位置，则拧松滚花旋钮，然后用力拉，使手柄转动至所需位置即可。松开滚花旋钮，当指示针复位后，重新拧紧滚花旋钮。

剪切时，始终使钳刃向右倾斜10°～15°，以对抗剪切产生的作用力。如果钳刃开始出现过分明显的扭曲，立即停止剪切，并检查制动螺母是否旋紧。

注意：钳刃最深处剪切作用最强，使用时尽可能将材料放置在钳刃最靠里处，并且尽量靠近转动轴。

开始剪切时，如果发现材料卡在钳刃间，应立即停止以免损坏钳刃。张开钳刃，重新开始剪切。如果钳刃被扭曲，应检查制动螺母并重新拧紧，然后张开钳刃，重新剪切。

为避免损坏钳刃或造成伤害，除非在万不得已的条件下，绝对禁止剪切淬火钢材，如弹簧、主动轴、方向盘柱等。

(4) 扩张。在进行扩张之前，应确保至少5个刀齿插入开口，开口过于窄小时，按照以下3个步骤操作：

① 将钳刃的一端插入开口。

② 合拢钳刃并尽量插入最深处。

③ 张开钳刃。

(5) 保养。定期检查钳刃的刀齿，若发现不够锋利则使用平板锉磨锋利。

定期检查制动螺母是否处于旋紧状态，最好在每次更换钳刃的同时更换制动螺母。定期检查电池电量，以确保工具工作时电量充足。

（五）电动剪切钳更换钳刃的要求

1. 拆卸钳刃

JBE009 电动剪切钳更换钳刃的要求

(1) 钳刃应处于合拢状态。

(2) 清除液压千斤顶的压力。

(3) 拧下制动螺母。

(4) 取下卡环及铰接接头。

(5) 取下中心轴。

(6) 取下钳刃。

(7) 检查各部件，若有磨损应及时更换。

2. 安装钳刃

(1) 将钳刃的内外层、铰孔以及各个轴用润滑油润滑。

(2) 利用中心销将中心轴定位。

(3) 将钳体垂直放置，刀尖朝下。

(4) 利用定中心销安装钳刃轴。

(5) 将卡环安置在钳刃轴上。

(6) 以同样的方式安装第二片钳刃及轴。

(7) 安装新的制动螺母并拧紧。

(8) 在更换电动剪切钳钳刃时，应由专业人员更换，非专业人员(如驾驶员、消防战斗员等)不可以更换。

(9) 更换钳刃时必须更换制动螺母。

(六) 便携式液压多功能钳的使用方法

JBE010 便携式液压多功能钳的使用方法

1. BDQ 型便携式液压多功能钳的技术性能

BDQ 型便携式液压多功能钳的技术性能见表 2-3-4。

表 2-3-4　BDQ 型便携式液压多功能钳的技术性能

额定工作压力/MPa	手柄力/N	质量(工作状态)/kg	额定工作压力下的工作能力	扩张力/kN	夹持力/kN	外形尺寸/mm
63	≤250	10.5	剪断 Q235 材料的 ϕ20 mm 圆钢；剪断 Q235 材料的 10 mm 钢板	24±2	30	740×190×165

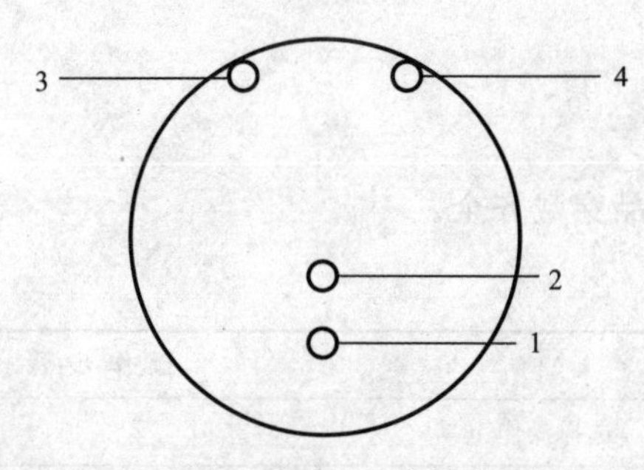

图 2-3-1　BDQ 型便携式液压多功能钳使用示意图

2. 使用方法

(1) 当实施剪切作业时，首先将换向阀手轮右旋到底，手轮上的红色标记转到图 2-3-1 中 3 的位置(明显有钢球弹入定位槽的感觉)。

(2) 压动活动手柄，两刃张开到剪切所需程度。

(3) 将被剪工件置于两刃之间，尽量靠近根部。

(4) 将换向阀手轮左旋到底，手轮上的红色标记 2 转到图 2-3-1 中 4 的位置(明显有钢球弹入定位槽的感觉）。

(5) 压动活动手柄使两刃并拢进行剪切。

(6) 当两刃并拢到一定程度时，会感到手柄力突然降低，这时低压工作自动转变为高压工作，再继续压动手柄，直至切断被剪工件。

(7) 扩张工作操作程序与此相反。

(8) 工作完成后，将两刃并拢至 5～10 mm 间距，使换向阀手轮上的红色标记 2 转到与泵缸体上的红色标记 1 对准，此时，换向阀处于中位，再压动手柄时，刃具不再运动。

(9) 将便携钳清理干净后收起待用。

(七) 便携式液压多功能钳的使用注意事项

JBE011 便携式液压多功能钳的使用注意事项

(1) 便携钳只能剪切 Q235 或 $HRC \leqslant 20$ 的材料。不允许剪切淬硬材料，否则，将造成刃具损坏。

判定方法：当剪切不明材料时，手柄打压时感到手柄力突然降低转换为高压工作后，立即停止打压，张开刃具，取出被剪工件，或移开工具，观察工件上的剪切口，如已深至 3 mm 以上，可尝试继续剪切，否则应停止工作，改用其他工具。

剪切作业时应尽可能保证被剪工件与剪刀之间垂直。不允许剪切两端都是自由端的工件。

(2) 换向阀手轮在剪切和扩张两个工作位置和中位均有定位钢球，旋转到此时会明显有钢球弹入定位槽的感觉，并听到"咯嘣"声。

(3) 便携式液压多功能钳系超高压液压工具，工作压力 63 MPa。未经专门培训的人员一律不得拆动，否则，会造成人身伤害。

(4) 该工具使用 10 号航空液压油，切不可任意加用其他液压油。

二、技能要求

(一) 准备工作

1. 材料、工具

无齿锯 1 台、检修工具 1 套。

2. 人员

1 人操作，个人防护用品穿戴齐全。

(二) 操作规程

序 号	工 序	操作步骤
1	选择工具	选择操作工具
2	穿戴用品	穿戴合乎安全规定的防护用具
3	外表故障处理	检查有无破损部件和异常松动零件
4	油泵检查	检查油泵是否好用
5	油门检查	检查油门工作是否顺畅
6	检查加油按钮	检查加油按钮是否好用
7	开关检查	检查启机、停机开关功能

续表

序 号	工 序	操 作 步 骤
8	振动性能检查	检查经过长期振动后,机器是否好用
9	强度检查	进行 5 min、1.3 倍额定工作压力强度试验,试验后看有无泄漏和机械损坏现象
10	火花塞检查	火花塞是否松动,是否有异物

(三) 注意事项

每个动作都必须严格执行操作规程,严禁违章操作,避免损坏机器。

项目五 操作 BG-DY 堵漏器

一、相关知识

(一) 堵漏的基本措施

1.堵漏的基本措施

JBF015 堵漏的基本措施

密闭体介质泄漏,归结起来是由于密闭体在密封处出现间隙,在关闭体处关闭不严,或在本体上出现裂缝、腐蚀孔洞甚至断裂造成的。由此可见,堵漏的目的就是要及时消除这些引起泄漏的间隙、裂缝、非正常开口等。应采取的基本措施有:

(1) 对于关闭不严、间隙,采取使密封体靠拢、接触的措施。

(2) 对于裂缝、孔、断裂等,采取嵌入或填入堵塞物措施,或采取黏合剂黏合措施,或采取覆盖密封、包裹、上罩措施。

2.堵漏的基本方法

(1) 调整间隙消漏法。

调整间隙消漏法常用的有关闭法、紧固法、调位法、操作条件改变法等。

① 关闭法是对于关闭体不严,管道内物料泄漏的情况,采用关阀的方法,即可堵漏。

② 紧固法是对于密封件因预紧力小而渗漏的现象,采用增加密封件预紧力的方法,如紧固法兰的螺丝,进一步压紧垫片、填料或阀门的密封面等。

③ 调位法是通过调整零部件间的相对位置,如调整法兰、机械密封等的间隙和位置,达到堵漏的方法。

④ 操作条件改变法是利用降低设备或系统内的操作压力或温度来控制或减少非破坏性渗漏的方法。

(2) 机械堵漏法。

机械堵漏法是利用密封层的机械变形力强压堵漏的方法,主要有卡箍法、塞楔法、上罩法和胀紧法。

① 卡箍法是利用金属卡箍带和密封垫片堵漏的方法。

② 塞楔法是利用韧性大的金属、木质、塑料等材料挤塞入泄漏孔、裂缝、洞而止漏的方法。

③ 上罩法是用金属或非金属材料的罩子将泄漏部位整个包罩住而止漏的方法。

④ 胀紧法是用堵漏工具随流体流入管道,在内部漏口处自行胀大而堵漏的方法。

（3）气垫堵漏法。

气垫堵漏法是利用固定在泄漏口处的气垫或气袋，通过充气后的鼓胀力，将泄漏口压住而堵漏的方法，主要有气垫外堵法、气垫内堵法和楔形气垫堵漏法。

（4）胶堵密封法。

胶堵密封法是利用密封胶在泄漏口处形成的密封层进行堵漏的方法，主要有内涂法、外涂法、强力注胶法。

① 内涂法是用密封机进入设备或管道内部，在泄漏处自动喷射密封胶进行堵漏的方法。

② 外涂法是将密封胶从设备外部涂于裂缝、孔洞外进行堵漏的方法。

③ 强力注胶法是在泄漏处预先制作一个密封腔，将密封胶强力注入密封腔体内，经固化后形成密封层而堵漏的方法。该方法适用于高温高压、易燃易爆部位。

（5）焊补堵漏法。

焊补堵漏法是利用焊接的方式直接或间接将泄漏口密封的方法，主要有直焊法和间焊法。

直焊法是直接在泄漏口填焊堵漏的方法。间焊法是通过金属盖或其他密封件先将泄漏口包盖住，将这些罩盖物焊在设备上而堵漏的方法。该方法仅适用于焊接性能好、介质温度较高的设备、容器、管道或阀门，不能用于易燃易爆场合。

（6）磁压法。

磁压法是利用磁铁的强大磁力，将密封垫或密封胶压在设备的泄漏口而堵漏的方法，适用于泄漏处表面平坦、设备内压不高，因砂眼、夹渣的漏孔而泄漏处的堵漏。

（7）引流黏结堵漏法。

引流黏结堵漏法是罩盖法的改进。它是通过特制的压盖，即其上有一个引流通道，将压盖与泄漏体用胶粘连住，待胶固化后，再将压盖上的引流孔用螺丝拧上，或将引流管上的阀门关闭而堵漏的方法。

（8）冷冻法。

冷冻法是在泄漏处制造低温，或利用介质的气化制造低温，使泄漏介质在泄漏处冻结，或使泼于其上的水冻结而形成密封层堵漏的方法。

（二）注入式堵漏器的使用

JBF016 注入式堵漏器的使用

注入式堵漏器用于化工等装置管道上法兰、阀门、管壁、阀芯等部位的堵漏作业。它适用于各种油类、液化气、可燃气体、酸碱盐溶液和各种化学品等介质，工作温度－200～700 ℃，储油量 0.7 L。手动高压泵限额压力 63 MPa，由枪体、注胶筒、液压油泵组成，应定期加油润滑，防止锈蚀，工作压力不能超过 60 MPa。注入式堵漏器用于化工、化肥、炼油等行业装置管道上各种静密封点的堵漏密封。使用前必须检查所有连接部位和密封点的完好性。用后清洗、涂油保存并定期检查。

（三）粘贴式堵漏器的使用

JBF017 粘贴式堵漏器的使用

粘贴式堵漏器是一套组合工具，对法兰垫、盘根、管壁、罐体、高压阀门等的点状、线状、蜂窝状泄漏，均可在带温、带压条件下边漏边修，是无火无电操作，只要泄漏设备的温度在－70～250 ℃，泄漏压力在 2.5 MPa 范围内均可使用，修复后即可拆除工具。堵漏密封胶主要用于石油管道、阀门套管接头或管道系统连接处出现泄漏的情况。粘贴式堵漏器可封堵有油污、水垢、锈迹的管道、储罐设备上不同位置的泄漏点。使用前必须检查所有连接部位和密封点的完好性。用后清洗、涂油保存并按照要求定期检查。

（四）设备本体的堵漏方法

JBF018 设备本体的堵漏方法

设备本体泄漏是指容器、管道、阀门本体因器壁穿孔、裂缝、管道断裂而发生的泄漏。发生大量苯酚泄漏时，堵漏人员要佩戴防毒面具、穿好防护服，用沙土将苯酚处理干净，不要直接接触泄漏物。

1. 塞楔堵漏

塞楔堵漏适用于常压或低压设备本体的小孔、裂缝泄漏。塞楔的材料主要有木材、塑料、铝、铜、低碳钢、不锈钢等。

2. 卡箍堵漏

卡箍堵漏是将密封垫压在管道的泄漏口处，再套上卡箍，紧固卡箍上的螺栓，直至泄漏停止。它适用于管道小孔、裂缝泄漏，以及中低压介质的泄漏。

3. 捆扎堵漏

捆扎堵漏法适用于管道较小的泄漏孔、裂缝泄漏，采用的器材有密封垫、捆扎（钢）带或丝、捆扎工具。密封垫材料为橡胶、聚四氟乙烯、石棉、石墨等。钢带材料为碳钢、不锈钢等。捆扎工具由切断、夹持和扎紧机构组成。

4. 气垫堵漏

气垫堵漏法适用于低压设备、容器、管道本体孔洞、裂缝、管道断口的泄漏，介质为液体，温度不超过 85～95 ℃。气垫由结实的橡胶制成，内可充气，并使气垫胀起。

（1）外堵法。

外堵法是将密封垫压在泄漏处，在其上再压气垫袋，利用气垫袋上的固定带将气垫牢固地捆绑在泄漏设备上。然后，通过充气气源如气瓶或脚踏气泵给气垫充气，气垫袋鼓起后对密封垫产生压力，将泄漏堵住。

（2）内堵法。

内堵法所用气垫的形状是圆柱体，规格有多种，直径为 2.5～80 cm，充气压力可达 1 MPa。充气后气垫的圆柱直径可达原来的 2 倍。充气源可用 20～30 MPa 的压缩空气钢瓶。

（3）气楔堵漏法。

气楔有圆锥形和楔形 2 种，其上有接口与连接管连接，便于接充气气源，适用于直径小于 90 mm 孔洞、宽度小于 60 mm 裂缝的堵漏。

5. 胶堵密封法

胶堵密封法分为胶粘法和强压注胶法。

（1）胶粘法。

胶粘法是利用强力胶接剂将漏口黏合堵漏的。例如，消防用超级快速堵漏胶使用温度 −50～180 ℃，耐压达到 30 MPa，适用于油、酸、碱、化学试剂的泄漏。根据泄漏介质的压力大小，可采取先堵后补法和盖板引流法。

（2）强压注胶法。

强压注胶法是先在泄漏部位建造一个封闭的空腔，或利用泄漏部位上原有的空腔，用专门的注胶工具，把耐高温又可受压变形的固体密封剂注入空腔并使之充满，从而在泄漏部位形成密封层，将漏口堵住。当泄漏停止时，必须满足：空腔内密封层的压力大于等于介质压力。

（五）法兰的堵漏方法

JBF019 法兰的堵漏方法

法兰是管道与管道最常见的连接部件，也是最常见的泄漏部位。法兰泄漏的原因有法兰盘、密封垫圈或固定螺栓安装不正确，或密封垫圈失效。法兰泄漏时可根据介质压力、温度，法兰连接间隙等来确定堵漏方法。

法兰堵漏有多种方法，如全包式堵漏法、卡箍式堵漏法、强压注胶堵漏法、顶压式堵漏法、间隙调整堵漏法等。下面对间隙调整堵漏法和强压注胶堵漏法加以介绍。

1. 间隙调整堵漏法

因安装不正确，法兰盘之间间隙过大而泄漏，可采取此方法。常见的法兰安装不正确有法兰偏口、错口，密封垫装偏和螺栓预紧力不够。

对于法兰盘之间一侧大、一侧小的偏口泄漏，可通过拧紧间隙大的一侧螺栓来堵住泄漏。

对于法兰轴线不在一条线上的错口泄漏，可通过先微松螺栓将法兰位置校正到同一线上后，再均匀对称地轮流拧紧每个螺栓即可。密封垫装偏也采取同样的方法，待调整好垫片位置，拧紧即可。

对于螺栓上紧不够的泄漏，可按顺序逐一初步拧紧每个螺栓后，再轮流对称拧紧一遍即可。

若螺栓有损坏，需更换，则需使用G形夹紧器，先在其位置上夹紧后，再将其换掉。

2. 强压注胶堵漏法

强压注胶堵漏法的基本方法与设备本体相同，仅是所用夹具不同。常用的夹具有卡箍和铜丝，这些夹具与法兰之间形成注胶空腔。

(1) 卡箍。

法兰的强压注胶堵漏中架具卡箍用于箍住法兰盘边缘。其形式有平面、凹面、凸面和密封式。注胶时利用卡箍上均匀开设的注胶口，向法兰盘的间隙注胶，从而形成密封层。

(2) 铜丝。

当法兰盘之间间隙较小（小于 8 mm），且介质压力低于 4.2 MPa 时可以使用铜丝。

法兰的强压注胶堵漏钢丝固定可使用平口錾子（不可使用钳子、扳手、螺丝刀），将铜丝圈压入法兰盘间隙中，并通过捻打法兰盘内边缘，将铜丝固定。

法兰强压注胶堵漏时，注胶需用特制的耳子式注胶阀具。该注胶阀具的安装，需先用G形夹具将法兰盘上的一根螺栓换成长螺栓，然后套上耳子式注胶阀，才能注胶。

（六）阀门的堵漏方法

JBF020 阀门的堵漏方法

阀门泄漏主要发生在阀门本体的腐蚀砂眼和裂缝处、阀门与管道的连接法兰上、阀门内阀杆与填料的间隙处。

对于本体和法兰的前两处泄漏，可采用前面使用的方法进行堵漏。对于阀门内阀杆与填料间隙处的泄漏，则可采用阀门体钻孔注胶法。

钻孔注胶法是在阀门体上钻一小孔，以便安装一个特制的注胶阀。通过它可向阀门内部的填料函注胶而将填料与阀杆之间的泄漏间隙堵住。阀门钻孔堵漏时需使用风钻或电钻在填料的泄漏部位钻孔，这个孔仅是一个阀门体上的浅孔，并不需钻透至填料函，然后对这个浅孔攻丝，以便安装注胶阀。装好注胶阀后，再用另一细长钻头继续钻穿阀体壁，当见到有介质冒出时,即可退出细钻头,并打开注胶阀。当连接好注胶枪与注胶阀后,再打开注胶阀,就可以注胶直至堵住泄漏为止。若阀门体的壁较薄,可选择安装一个较厚的卡箍,然后在卡箍上钻孔,固定注胶阀,也能进行钻孔注胶堵漏。随着阀门开关次数的增加,相对运动的次数也随之增多,还有温度、压力、流体介质特性等的影响,阀门填料是最容易发生泄漏的部位。

二、技能要求

(一) 准备工作

1. 材料、工具

黑色碳素笔 1 支、答题纸 1 张。

2. 人员

1 人考试。

(二) 操作规程(笔答)

序　号	工　序	操 作 步 骤(笔答)
1	准备工作	检查法兰安装及内垫圈是否符合要求
2	调胶、安装钢带及加力器	听到“开始”口令,第一名消防员按规定比例放胶到调胶板,调好后放到法兰垫板上,第二名消防员按要求安装好钢带及加力器
3	送　气	第一名消防员掌握好胶的固化时间,当胶达到 F 点时,第二名消防员及时给演示器送气
4	堵　漏	法兰开始漏气时,第一名消防员一手持法兰垫板,一手护住法兰下侧的钢带,将法兰垫迅速放入并护住法兰上侧的钢带,第二名消防员一手持加力器前端并保持平稳,一手摇手把使加力器迅速收紧直至无泄漏为止,用内六角扳手将两只螺栓拧紧,经检查无泄漏后由第一名消防员回答操作完毕
5	收器材	将器具摆放整齐并归位

(三) 注意事项

字迹工整,遵守现场秩序。

项目六　操作木楔堵漏

一、相关知识

(一) 防止可燃物料泄漏

JBF021 防止可燃物料泄漏

生产中所处理的液态物料具有流动性,气态物料和粉尘具有扩散性,而在生产、储存、运输和使用过程中,因密闭不好或误操作易出现跑、冒、滴、漏现象。如工艺过程中排污或取样时的误操作,泵压盖或密封发生故障,设备腐蚀或结合处损坏,装置准备维修或维修后试运行时出现故障,机械损坏或材料缺陷等,都可能造成可燃物大量泄漏。大量可燃物泄漏对生产威胁极大，许多重大事故都是从泄漏开始的。

泄漏分为从设备向大气泄漏、设备内部泄漏和由设备外部吸入三种。防止泄漏应根据泄漏的类型、压力和时间选择适当的方法。在装置运行和维修时，应实行操作检查与预防措施；在紧急情况下，应有制止突然泄漏的应急措施。

为了防止泄漏引起火灾或爆炸事故，实际生产中应采取如下预防措施：

(1) 正确选择连接方式。设备与管道、管道与管道间的连接尽量选择焊接方式。若采用法兰连接，要保证良好的密封效果。

(2) 有设备完整的检测报警系统，并尽可能与生产调节系统和处理装置连锁，以便尽量减少损失。

(3) 火灾爆炸危险性比较大的装置区以及可能泄漏的部位应设置可燃气体检测仪，以便及时监测物料泄漏情况。

(4) 日常操作时应注意维修和保养，及时维修和更换受损的零配件，经常紧固松弛的法兰螺丝。

(二) 木质堵漏楔的使用

JBF022 木质堵漏楔的使用

用于各种容器的点、三角形、线裂纹的临时堵漏，适用的温度范围为－70～100 ℃，压力 0.1～0.8 MPa，共 28 件套。经绝缘处理，防裂，不变形，保持清洁，防止受潮。

进行木楔堵漏的人员在现场要穿好防护服，注意泄漏物料的性质、泄漏时间，不要直接接触泄漏物。

木楔堵漏的操作方法：考生听到“开始”口令，着防毒衣，检查空气呼吸器的各项性能及部位，佩戴空气呼吸器，携带管钳子和木塞箱至泄漏处，利用管钳子将钢瓶开关关闭，打开木塞箱，取出木塞和木榔头，分别对 3 个泄漏点进行堵漏，完成后将器具摆放整齐并归位。

(三) 气动吸盘式堵漏器的性能及使用

JBF023 气动吸盘式堵漏器的性能及使用

气动吸盘式堵漏器可对干净、平滑、微弧形平面的不规则裂缝进行密封。吸盘直径 50 cm，排流箱直径 20 cm，最高真空操作压力 6 bar，操作压力 1 bar，需气量 200 L/s，质量 5.2 kg。避免高温，防止破损。气动吸盘堵漏适用于油罐车、液柜车、大型容器、储油罐的堵漏。VAC 泄漏排流软垫(型号 DLD 50 VAC)的最高真空操作压力是 6 bar。

(四) 电磁式堵漏器具的性能及使用

JBF024 电磁式堵漏器具的性能及使用

电磁式堵漏器用于各种罐体和管道表面点状、线状泄漏的堵漏作业，适用于温度低于 80 ℃、压力小于 1.8 MPa 的堵漏，要定期加油润滑，防止锈蚀。用电磁式堵漏器堵漏时，操作人员应佩戴个人防护装备。电磁式堵漏工具的使用方法：拿出磁压堵漏器，安放于漏点位置，将磁压堵漏器对准泄漏点，打开磁力开关。进行电磁式堵漏的操作人员在现场要注意泄漏物料的方式、泄漏范围、泄漏时间，不要直接接触泄漏物。

二、技能要求

(一) 准备工作

1. 材料、工具

防毒衣 1 件、空气呼吸器 1 部、管钳子 1 把、木塞箱 1 个、20 kg 钢瓶 1 只(标出 3 个泄漏点)、垫子 1 张。

2. 人员

1 人操作，个人防护用品穿戴齐全。

(二) 操作规程

序 号	工 序	操 作 步 骤
1	着防毒衣	考生听到"开始"口令后着防毒衣
2	佩戴空气呼吸器	检查空气呼吸器的各项性能及部位，佩戴空气呼吸器
3	携带工具至泄漏处	携带管钳子和木塞箱至泄漏处
4	关 阀	利用管钳子将钢瓶开关关闭
5	堵 漏	打开木塞箱，取出木塞和木榔头，分别对 3 个泄漏点进行堵漏
6	收器材	将器具摆放整齐并归位

(三) 注意事项

(1) 操作适用的温度范围 −70～100 ℃、压力 0.1～0.8 MPa。

(2) 工具保持清洁，防止受潮。

(3) 进行木楔堵漏的操作人员在现场要穿好防护服，注意泄漏物料的性质、泄漏时间，不要直接接触泄漏物。

项目七　天然气管线泄漏处置

一、相关知识

(一) 中毒产生的危害性

了解一些常见可燃材料燃烧时产生的气体，将有助于人们在火灾时避难与救灾。火灾时各种可燃物质燃烧生成的有毒气体见表 2-3-5。

JBF001 中毒产生的危害性

表 2-3-5　各种可燃物质燃烧生成的有毒气体

物质名称	木材、纸张	棉花、人造纤维	羊毛	聚四氟乙烯	聚苯乙烯	聚氯乙烯	尼龙	酚醛树脂	环氧树脂
燃烧时产生的主要有毒气体	二氧化碳、一氧化碳	二氧化碳、一氧化碳	二氧化碳、一氧化碳、硫化氢、氨、氰化氢	二氧化碳、一氧化碳	苯、甲苯、二氧化碳、一氧化碳、乙醛	二氧化碳、一氧化碳、氯化氢、光气、氯气	二氧化碳、一氧化碳、氨、氰化物、乙醛	一氧化碳、氨、氰化物	二氧化碳、一氧化碳、丙醛

火灾产生的烟气都含有有毒气体，如甲醛、乙醛、丙烯醛、氰化氢等，如果人们长时间暴露于烟气中便会致死。某些情况下，即使暴露的时间很短也会导致死亡。由于个人暴露于毒气中所受影响大小在相当程度上取决于人的精神状态和体质条件，所以在论及任何一种有毒气体的最大许可浓度和危险浓度时，必须以毒性的等级次序来表示。在实际火灾中，受害者精神上处于极端紧张状态时，给受害者带来不幸的毒性浓度值很可能要低于短暂逗留时的危险浓度值和最大许可浓度值，因为一是毒性试验的标准化；二是烟气中微量毒性物质的测定。

1. 单纯窒息性中毒

一氧化碳是在燃烧不完全的情况下产生的，火灾初期阶段一氧化碳在空气中的含量接近1%，燃烧猛烈阶段一氧化碳在空气中的含量超过5%，最高可达10%左右。一氧化碳浓度与中毒程度、中毒时间的关系见表2-3-6。

表2-3-6　一氧化碳浓度与中毒程度、中毒时间的关系

中毒程度	中毒特征	中毒时间	一氧化碳浓度	
			mg/L	%（按体积计）
无症状或有轻微症状		数小时	0.2	0.016
轻微中毒	头发沉，颈发紧，头昏，耳鸣，两眼冒金星，流泪	1 h以内	0.6	0.048
严重中毒	恶心，呕吐，脉搏加快	0.5～1 h	1.6	0.128
致命中毒	先是出现痉挛，相继而来的便是丧失知觉和呼吸停顿	短时间内	5.0	0.4

一个人暴露于一氧化碳含量占1.3%的空气中，呼吸两三次便会失去知觉，3 min内就可能死亡。为了保障疏散和扑救人员的安全，必须限定一氧化碳的浓度在0.4%以下。

2. 化学性窒息中毒

二氧化碳对人的呼吸系统有刺激作用。当人体内二氧化碳增多时，能刺激人的中枢神经系统，而引起频繁呼吸，使人的需氧量增多，而空气中二氧化碳浓度过大时，又会相对地减少含氧量，使人中毒或窒息。在火灾初期阶段，空气中的二氧化碳含量为3%～4%；燃烧猛烈阶段，空气中的二氧化碳含量可达15%。二氧化碳增多对人体的影响见表2-3-7。

表2-3-7　二氧化碳增多对人体的影响

空气中的二氧化碳含量/%	1	3	5	10	10～20	20～25
人体反应	呼吸感到急促	呼吸量增加2倍，容易疲劳	感觉迟钝，耳鸣，血液循环加快	头晕，呼吸困难，发生昏迷	呼吸处于停顿状态，失去知觉	中毒致死

常用的毒害剂量等级为致死剂量、半致死剂量、失能剂量、半失能剂量。有毒火灾的特点有：易发生中毒事故；火灾易于扩大；火灾扑救困难。中毒会危害的人体部位有呼吸道、皮肤、消化道。

（二）高温产生的危害性

JBF002 高温产生的危害性

实验表明，由于建筑物内部可燃材料的种类不同，而且门窗孔洞的开口尺寸也不同，着火房间内低温可达500～600 ℃，高温可达800～1 000 ℃，甚至更高。尤其是地下建筑，因为处于封闭状态，空气流通不畅，出入口少，供气不足，这就导致发生火灾时生成大量浓烟，并很快充满整个建筑物，弥漫的烟雾使人们呼吸困难，甚至窒息，并且烟气排不出去，热量积聚。加上散热缓慢，发生火灾时产生的烟气冷却程度小，烟气温度升高较快，温度较高。这种高温浓烟流窜到哪里，就会引起哪里的可燃物燃烧。从理论上来说，高温不仅可以使人的心脏加速跳动，产生判断上的错误，还可以灼伤人的气管和肺部等，促使毛细血管破坏，使人的血液不能正常循环，最终死亡。一般来说，人正常呼吸的空气温度不能超过 149 ℃。人们对高温烟气的忍耐是有限的，在 65 ℃时，可短时忍受；在 120 ℃时，15 min 就会产生不可恢复的损伤。实际火灾统计资料表明，吸入燃烧生成的灼热气体而死亡的人数超过了其他各种原因死亡人数的总和。

通常将氧气在空气中的含量 10%、二氧化碳在空气中的含量 10%、一氧化碳在空气中的含量 0.128%、人正常呼吸的空气温度 149 ℃定为人可以生存的极限值。据测试，健康人在 100 ℃的高温中能待 1 min，在 70 ℃的高温中可待 15 min。

(三) 化学毒物的分类

根据来源，化学毒物可分为工业毒物和军事毒剂。

1. 工业毒物

JBF003 化学毒物的分类

工业毒物是指工业生产过程中使用或生产的毒物，如氯气、氨气、二氧化硫、甲醛、苯、光气、有机磷(氯)农药等。

按照毒害作用的对象和症状，工业毒物又分为呼吸系统中毒物、神经系统中毒物、血液系统中毒物、消化系统中毒物和泌尿系统中毒物 5 类。具体分类见表 2-3-8。

表 2-3-8　工业毒物的分类

类　别	症　状	常见毒物
呼吸系统中毒物	单纯性窒息	氮气、二氧化碳、烷烃等
	化学性窒息	一氧化碳、氰化物
	刺激肺部	氯气、二氧化氮、溴、氟、光气等
	刺激上呼吸道	氨、二氧化硫、甲醛、醋酸乙酯、苯乙烯
神经系统中毒物	闪电样昏倒	窒息性气体、苯、汽油
	震　颤	汞、汽油、有机磷(氯)农药等
	震颤麻醉	锰、一氧化碳、二硫化碳
	阵发性痉挛	二氧化碳、有机氯
	强直性痉挛	有机磷、氰化物、一氧化碳
	瞳孔缩小	有机磷、苯胺、乙醇
	瞳孔扩大	氰化物
	神经炎	铅、砷、二硫化碳
	中毒性脑炎	一氧化碳、汽油、四氯化碳
	中毒性神经病	四乙基铅、二硫化碳等
血液系统中毒物	溶血症	三硝基苯、砷化氢
	碳氧血红蛋白血症	一氧化碳
	高铁血红蛋白血症	苯胺、二硝基苯、三硝基苯、亚硝酸盐、氮氧化物
	造血功能障碍	苯
消化系统中毒物	腹　痛	铅、砷、磷、有机磷等
	中毒性肝炎	四氯化碳、硝基苯、有机磷、砷等
泌尿系统中毒物	中毒性肾炎	镉、溴化物、四氯化碳、有机氯等

2. 军事毒剂

军事毒剂是指被研究制造出来用于战争的毒物，如生化毒剂、化学战剂等。按照毒害作用，军事毒剂主要有神经性毒剂、糜烂性毒剂、全身中毒性毒剂、失能性毒剂、窒息性毒剂和控爆剂6类。具体分类见表2-3-9。

表2-3-9 军事毒剂的分类

军事毒剂类别	神经性毒剂	糜烂性毒剂	全身中毒性毒剂	失能性毒剂	窒息性毒剂	控爆剂
军事毒剂品种	沙林、维埃克斯、梭曼、塔崩	芥子气、路易氏气	氢氰酸、氯化氰	毕 兹	光 气	西埃斯、西阿尔、苯氯乙酮、亚当氏气

（四）泄漏类爆炸火灾

1. 泄漏类火灾与爆炸事故

JBF004 泄漏类爆炸火灾

泄漏类火灾与爆炸事故是指处理、储存或输送可燃物质的容器、机械或设备因某种原因造成破损而使可燃物泄漏到外部，或助燃物进入设备内部，遇点火源后引发的火灾与爆炸。

可发生此类事故的设施有：厂房内的设备，储存可燃气体、可燃液体的钢瓶，罐区的储罐（槽），火车、汽车的槽（罐），厂区内纵横交错的管网，输送物料的泵、压缩机等动力机械，以及塔、槽、罐、釜、反应器、换热器等。容器的焊缝、接口、孔、盖，压缩机和泵的密封环、盘根，管道的阀门、法兰等处，则是易发生泄漏的部位。

泄漏分为由器内向外泄漏和由器外向内泄漏两类。若物料由器内向外泄漏，当裂口较小或外泄物为液体时，遇引火源作用首先形成火灾事故；当裂口较大、内压较大或外泄物为气体时，遇引火源作用则极易形成爆炸事故。介质由外向器内渗入是指空气或其他助燃物进入负压设备内，使设备内的可燃物形成爆炸性混合物，遇引火源作用后极易造成爆炸事故。

此类事故是由可燃物泄漏引起的，而造成物料泄漏的原因有：

(1) 设备缺陷。设备在设计、制造、安装过程中存在缺陷，或设备运行出现故障而未及时修复形成缺陷，致使设备开裂泄漏。

(2) 设备机械性能低。由于腐蚀或磨损，使设备壁厚减薄或形成穿孔；设备材料受高温作用发生机械性能非线性下降，或受低温作用发生脆性断裂；高压下材质受氢气作用发生氢脆破裂；由于超负荷运行或经受反复不同应力作用而引起的设备疲劳破坏或变形。

(3) 设备内压增大造成破裂。密闭容器受高温作用，由于器内物料热膨胀而发生破裂；因化学反应失控使内压增高造成破坏；因物料相变引起内压急剧上升造成破裂；高压系统的物料窜入低压系统或急速开启高压气体管道上的阀门时，会因压力冲击或水锤作用造成瞬间高压而引起设备破损。

(4) 操作失误。错误操作或违反操作规程，使反应失调、超温、超压等，造成设备破损；错误操作阀门，把不该开启的阀门开启，该关闭的阀门未关闭或关闭不严从而引起泄漏；开启孔盖引起泄漏，对于内压高于常压的设备，在未减压的情况下开启孔盖，或把装有易挥发物料的容器孔盖敞开，造成物料或蒸气溢出。

2. 防火防爆措施

(1) 防止泄漏。预防泄漏类火灾与爆炸，重点是防止泄漏。通过防腐、提高设备强度、防止温度异常变化、加强设备和附件的维修与检测等措施，避免或延缓设备机械性能下降；在设计、制造、安装设备阶段要避免形成缺陷；设备、管道、容器及其附件要防止受外力撞击；防止误操作阀门，阀门的设计和配置要合理，并标明阀门开闭标志及与管线相关联的识别标志。

(2) 设置报警系统。在易发生泄漏的部位，应设置可靠的检测报警装置，以便及早发现泄漏现象，控制泄漏量进一步扩大。

(3) 严格执行操作规程。操作人员要熟悉工艺流程和工艺条件，严格按要求控制工艺参数，防止发生失控，系统内急剧升温、升压等现象。

(4) 控制点火源。泄漏类火灾与爆炸事故通常是火源型事故，所以控制火源是预防事故发生的关键。要研究点火源位置与存在泄漏可能场所之间的关系，对易发生泄漏的场所要严格控制引火源。当流体物质温度处于其自燃温度以上时，在其泄漏后与助燃气体接触的同时就会立即燃烧；泄漏喷出的气流中含有雾滴和粉尘时，会因静电火花而引燃；泄漏气体以高速喷出与空气碰撞时，会发生绝热压缩引发燃烧。这几种情况都是在泄漏的同时立即着火，而不需要其他点火源，所以防止泄漏是预防此类事故的根本方法。

(五) 氯气的危害

JBF005 氯气的危害

氯气是由电解食盐水溶液制得的，液氯常温下为黄绿色、有强烈刺激性臭味的气体；本身不燃烧，但能助燃，比空气重约 2.5 倍，在空气中不易扩散；能溶于水，但溶解度不大，并随温度的升高而减小；氯气与绝大多数有机物均能发生激烈反应；氯气有剧毒，对眼睛和呼吸系统黏膜有极强的刺激性。

氯气较容易液化，常温下的氯气经加压至 0.6～0.8 MPa 或在常压下冷却至 −35～−40 ℃ 时能变为液体。常温下液氯比水重 1.4 倍，用钢瓶盛装。液氯钢瓶内同时存在气液两相，常温常压下液氯泄漏气化时体积能扩大 450 倍或 1 kg 液氯气化能形成 315 L 氯气。

氯气被人体吸入后，主要损害上呼吸道及支气管的黏膜。低浓度时，只刺激眼睛和上呼吸道；高浓度时，伤害全呼吸道，可引起肺水肿。氯气对全身也有影响，可损害中枢神经系统，出现血压偏低、窦性心动过缓和心律不齐等。吸入高浓度氯气后，人体会因迷走神经反射性心搏骤停发生“电击样”死亡。液氯接触皮肤时，还会因灼伤而造成急性皮炎。

液氯泄漏事故的特点：扩散迅速，危害大；易造成大量人员中毒伤亡；污染环境，清洗消毒困难。

(六) 苯的危害

JBF006 苯的危害

苯为无色透明油状液体，有特殊的芳香气味，易挥发，沸点为 80.1 ℃，易溶于醇、醚、丙酮等多数有机溶剂。苯蒸气与空气能形成爆炸性混合物，爆炸极限为 1.2%～8%，遇明火、高热能引起燃烧爆炸，与氧化剂能发生强烈反应。苯不溶于水，其蒸气比空气重，泄漏时有潜在的爆炸危险。苯在沿管线流动时，流速过快，易产生和积聚静电，一旦静电不能消除，很容易引发爆炸燃烧。苯属于中等毒物，对神经系统、呼吸中枢有一定的危害。最小点燃能量为 0.55 mJ，自燃温度为 560 ℃。苯蒸气比空气重 2.77 倍，能在较低处扩散到相当远的地方。

人吸入 24 000 mg/m^3 的苯蒸气 30 min 或 64 000 mg/m^3 的苯蒸气 5～10 min 可致死。成人口服致死的最低量约 10 mL。苯可经呼吸道、消化道或皮肤吸收。急性吸入苯蒸气，人体会产生中毒反应。

苯蒸气中毒的一般症状为头晕、恶心欲吐、无力、步履蹒跚，同时可有球结膜充血等症状，严重时可见昏迷、阵发性或强直性抽搐、呼吸表浅、血压下降等表现。苯蒸气严重中毒者可因呼吸和循环衰竭而死亡。

苯泄漏事故的特点：易发生爆炸燃烧事故；易造成大量人员中毒伤亡；污染环境。

（七）液化石油气的危害

JBF007 液化石油气的危害

液化石油气是由丙烷、丙烯、丁烷、异丁烷、丁烯、异丁烯等低分子烃类组成的混合物，在常温常压下为无色气体，经加压或降低温度后才成为黄棕色油状液体。液化石油气通常储存在具有一定耐压强度的钢制容器内，其设计压力一般为 1.57 MPa。泄漏时，液化石油气能在常温常压的空气中迅速气化，同时吸收大量的热，其体积能扩大 250～300 倍。气态石油气相对空气的密度为 1.52，易在低洼处聚集，或沿地面扩散到相当远的地方。

液化石油气易燃易爆，爆炸浓度极限为 1.5%～9.5%（体积），最小点火能量为 0.2～0.3 mJ，自燃点为 426～537 ℃。液化石油气瓶受高温作用，内压会迅速增高，有破裂和爆炸的危险。

低浓度液化石油气对人体无毒害。若空气中液化石油气含量超过 10%，无防护的人在其中停留 5 min 后会引起麻醉，症状有头晕、头痛、兴奋或嗜睡、恶心、呕吐、脉缓等，严重时丧失意识。急性液化气轻度中毒主要表现为头昏头痛、咳嗽、食欲减退、乏力失眠。

（八）自燃类爆炸火灾

JBF008 自燃类爆炸火灾

自燃类火灾与爆炸是指因化学反应热积蓄引起的自然发热，从而导致可燃物温度达到其自燃点所引发的燃烧或爆炸。

自燃类火灾与爆炸发生的条件是物质在正常条件下存在自发的放热反应。当反应热产生的速度大于其扩散速度时，反应物的温度就会上升，产生自行发热现象，温度升高也为反应物提供了更多的活化能，促使反应速度加快，在单位时间内生成的反应热更多，反应体系的温度也加速上升。当反应体系的温度达到反应物的自燃点时，反应物就会自行燃烧起来。如果这种现象发生在敞开或半敞开空间，一般会导致火灾事故；如果发生在密闭空间，则由于其内压急剧上升，易导致爆炸事故发生。

能够发生自燃的物质包括：化学性质不稳定、易分解生热的硝化棉、赛璐珞、硝化甘油等硝化纤维制品及有机过氧化物；在空气中极易氧化放热的黄磷、硫化铁、煤、浸有油脂的物品等；吸收湿气而产生水合热的铁粉、镁粉、钾、钠、锂、羟基铁等；混合接触能产生反应热的物质（如强氧化性物质与还原性物质接触）；生物作用能产生发酵热的草本植物等。

1.原因分析

自燃类火灾与爆炸是由于物质自身的化学反应或物理作用而发热升温导致自燃的事故。这种自燃过程因物质开始放热到剧烈反应形成火灾的过程长短、物质性质及其积蓄热量的条件不同而有所不同。其形成火灾的原因，按生热机理不同可归纳为 7 类。

（1）分解生热。硝化棉类的脂肪族多元酸酯，化学稳定性差，除了在火源作用下能燃烧外，常温下即可发生缓慢的分解反应，产生 NO，NO 在空气中被氧化成 NO_2，NO_2 又加速了硝化棉的分解生热反应。硝化棉本身是多孔物质，具有蓄热保温作用，当温度达到 180 ℃时，就会自燃。在通风不良、温度较高的条件下，会加快这种分解反应。

（2）氧化生热。化学性质活泼的还原性物质和分子中含有双键的不饱和有机化合物（如植物油、蚕蛹油等）与空气中的氧发生的氧化反应是放热反应。这类物质如满足能与空气充分接触(如植物油浸入棉织物、棉纱头等多孔物质),且具备蓄热条件时,就会发生自燃。

(3) 遇水反应生热。碱金属、碱土金属、金属粉末及某些金属化合物吸收空气中的水分或与水接触,即发生放热的化学反应,甚至是剧烈的燃烧反应,所以在潮湿的环境中堆积这类物质,就有可能造成火灾事故。

(4) 混触反应生热。某些性质相抵触的物质(如氧化性物质与还原性物质)混合或接触,会自发地发生放热反应,特别是在强酸、强碱作用下能够发生剧烈反应生热,以致自燃。

(5) 吸附生热。多孔吸附物质在吸附气体或水蒸气时产生吸附热,加上多孔物质导热性差、散热速度慢,热量易蓄积可达到自燃温度。

(6) 发酵生热。稻草、麦秸、锯末等天然纤维在含有一定水分的条件下,会寄居微生物,微生物在呼吸、繁殖的同时产生热,使体系温度升高。纤维中的不稳定物质在一定温度下可分解生成黄色多孔炭并吸附产生的热量,导致体系温度不断升高。

(7) 聚合生热。绝大多数物质在进行聚合反应时均为放热过程,当聚合热积蓄在聚合产物中不能及时散发时,就可能蓄热自燃。

2.防火防爆措施

发生自燃类火灾与爆炸事故的必要条件是具有正常条件下能发生放热反应的物质,充分条件是生成热能够蓄积到体系温度达到其自燃点。因此,防止事故发生的措施,要从限制这些条件的形成着手。

(1) 对生产所处理的物料,要从化学性质上分析其是否具有自燃发热的特征及其类型,从物理状态及数量上分析其是否具有绝热特征。物理状态为粉状、多孔等疏松的物质,一般具有良好的绝缘特性,会严重阻碍热扩散,容易造成热蓄积,所以这类物质在生产和储存时,要采取通风、冷却、干燥、分散存放等措施。

(2) 对氧化生热的物料,在生产和存储中要注意隔绝空气。擦拭废油用的棉纱、抹布等要及时处理,防止长时间大量堆积。

(3) 对具有强氧化性的物质,要防止与还原剂、有机物混载、混装、混存;此类物质储存时,距离不可过近,避免与可燃油类、聚合物、树脂、纸张、木材等直接接触。

(4) 对吸水生热和发酵生热的物质,在生产和储存中要注意防水、防潮,置于阴凉干燥的通风场所。

(5) 对聚合产物要防止刚从生产线下来即堆积,要待温度下降后再储存。

(6) 对分解生热的物质,在生产过程中要采取降温措施。

(7) 易引起自燃生热的物质在堆垛、储存过程中,要采取温度检测装置监测温度变化,防止其温度达到自燃点。钾属于易分解生热物质,而硫化铁、硝化甘油、强酸不属于易分解生热物质。含油类物质自燃需要的条件为表面积大、油中不饱和油脂含量高。自燃类火灾与爆炸是指因化学反应热积蓄引起自然发热,从而导致可燃物温度达到其自燃点所引发的燃烧或爆炸。强酸与强碱混合发生剧烈反应并放热。自燃类物质的混触自燃机理及安全要求:某些性质相抵触的物质混合后,自发地开始缓慢的放热反应,温度上升到一定程度即发生燃烧爆炸。要求尽量避免性质相抵触的物质混合接触,必要时应及时排除热量。自燃类火灾与爆炸的预防对策:对这类物质的堆放方式、储存量及隔离方法进行严格限制,并采取通风、冷却、干燥等措施。对易引起自燃的物质,在储存过程中要连续测定并记录其温度及环境情况。尽可能将自燃物质分散储存,防止自燃物质混储混运。

（九）动火安全实施要点

1. 审证

JBF009 动火安全实施要点

禁火区内动火应办理动火证的申请、审核和批准手续，明确动火地点、时间、范围、动火方案、动火措施、现场监护人。涉及下述情况之一者不准动火：

(1) 没有动火证或动火证不全者。

(2) 动火证已经过期者。

(3) 动火证上要求采取的安全措施没有落实之前者。

(4) 动火地点或内容更改时没有重办审证手续者。

2. 联络

动火前要与被动火的生产车间或工段联系，明确动火设备、位置。由生产部门指定专人负责动火设备的置换、扫线、清洗或清扫工作，并做出书面记录。由审证的安全或保卫部门同时通知邻近车间、工段或部门，提出动火期间的要求，如动火期间关闭门窗，不要进行放料、进料、放空等操作。

3. 拆迁

凡能拆迁到固定动火区或其他安全地方进行动火的作业，不应在生产现场（禁火区）内进行，尽量减少禁火区内的动火工作量。

4. 隔离

动火设备应与其他生产系统可靠隔离，防止运行中设备、管道内的物料泄漏到动火设备中；将动火区域与其他区域采取临时隔火墙等措施隔开，防止火星飞溅引起火灾或爆炸事故。

5. 移去可燃物

将动火地点周围 10 m 范围内的一切可燃物移到安全场所，如可燃溶剂、润滑油、盛放过易燃液体而未清洗的空桶等物品。

6. 灭火措施

动火期间动火地点附近的水源要保证充足，不能中断；动火现场准备足够数量的适用灭火器具；危险大的重要地段动火，消防车和消防人员应到现场做好灭火准备。

7. 检查和监护

上述各项工作准备就绪后，根据动火制度规定，厂、车间或安全、保卫部门负责人到现场检查，对照动火方案中提出的安全措施检查，看是否已落实，并再次明确和落实现场监护人和动火现场指挥员，交代安全注意事项。

8. 动火分析

为了防止动火引发火灾或爆炸事故，动火前要对化学危险品的浓度进行检测、分析。动火前的安全分析一般不能早于动火前半小时。如果动火中断半小时以上，应重做动火分析。分析结果不合格者，必须继续清洗装置；对长期搁置不用的设备和容器进行检修时，也应清洗和采样分析。分析试样要保留到动火之后，分析数据应做记录，分析人员应在分析化验报告上签字。

石化生产动火分析合格的标准为：爆炸下限＜4％的可燃物，动火地点空气中可燃物含量＜0.2％为合格；爆炸下限＞4％的可燃物，可燃物含量＜0.5％为合格（以上均为体积分数）。罐内动火作业还应符合罐内作业的防火安全要求。

9. 动火

动火应由经安全考试合格的人员担任，压力容器的焊补工作应由经锅炉压力容器焊工考试合格的人员担任。无合格证者不得独立从事焊接工作；动火时注意火星飞溅方向，采用不燃或难燃材料做成的挡板控制火星飞溅方向，防止火星落入危险区域；如在动火中遇到生产装置紧急排空或设备、管道突然破裂，有可燃物质外泄时，监护人应立即下令停止动火，等待恢复正常，重新分析合格并经原批准部门同意后，方可重新动火；高处动火作业应戴安全帽、系安全带，遵守高处作业的安全规定；氧气瓶和移动式乙炔发生器不得泄漏，应距明火10 m以上，氧气瓶和乙炔发生器的间距不得小于5 m；五级以上大风时不宜高处动火；电焊机应放在指定的地方，火线和接地线应完整无损、牢固，禁止用铁棒等物代替接地线和固定接地点；电焊机的接地线应接在被焊设备上，接地点应靠近焊接处，不准采用远距离接地回路。

10. 善后处理

动火结束后应清理现场，熄灭余火，做到不遗漏任何火种，切断动火作业所用的电源。

（十）泄漏的分类

JBF010 泄漏的分类

泄漏的类别可按泄漏介质的状态、机理和部位进行分类。

1. 按泄漏介质的状态分类

按泄漏介质的状态分为三类：

气体泄漏，如液化石油气、煤气、氯气泄漏；

液体泄漏，如油品、酸、碱、有机溶剂等泄漏；

固体泄漏，如粉剂泄漏等。

2. 按泄漏的机理分类

按泄漏的机理分为三类：

界面泄漏，即在密封件（垫片、垫圈、填料）表面与接触件表面之间产生的一种泄漏现象，如法兰与垫片之间、填料与旋转轴之间的泄漏（封闭不严的结果）。

渗透泄漏，即介质通过密封件自身的毛细管或缺陷渗透出来，常见于垫片质量不好，或垫片被损坏、磨损。

破坏性泄漏，即密封体（如容器、罐、管道、阀门体）由于破裂、变形失效等引起的介质泄漏，常见于设备腐蚀穿孔、受外力作用破裂导致的泄漏。

3. 按泄漏部位分类

按泄漏部位分为三类：

密封体泄漏，即在容器、管道或装置上起密封作用的部件处发生的泄漏，如法兰、螺丝处的泄漏，或旋转轴与填料、动环与静环之间的泄漏。

关闭体泄漏，即关闭体（如闸阀板、阀瓣、旋塞等）之间的泄漏。关闭体是起关闭、开启作用的部件，而非起密封作用。

本体泄漏，即密封设备的主体（如容器、管道、阀门）产生的泄漏，常见原因是裂缝、腐蚀砂眼，甚至断裂等。

（十一）泄漏控制的基本措施

JBF011 泄漏控制的基本措施

1. 关阀断料

管道发生泄漏时，泄漏点处在阀门以后且阀门尚未损坏，可采取关闭输送物料管道阀门，断绝物料源的措施，制止泄漏。关闭管道阀门时，必须设开花或喷雾水枪掩护。

2. 堵漏封口

管道、阀门或容器壁发生泄漏，且泄漏点处在阀门以前或阀门损坏，不能关闭止漏时，可使用各种针对性的堵漏器具和方法封堵泄漏口。

3. 喷雾稀释

以泄漏点为中心，在储罐、容器四周设置水幕、喷雾水枪，利用其喷射的雾状水，甚至利用现场蒸汽管施放蒸汽，对泄漏扩散的气体进行围堵、稀释降毒，或驱散，但不宜使用直流水。

4. 倒罐输转

若储罐、容器发生少量泄漏，在不能制止泄漏时，可采用疏导的方法将内部液体倒入其他容器或储罐，或倒入罐车运走，以控制泄漏量和配合其他处置措施的实施。储罐、容器、管道壁撕裂，液体大量外泄来不及倒罐时，可采用筑堤导流的方法，将液体倒入围堤，并喷射泡沫覆盖加以保护。

倒罐的方法有两种：一种是靠罐内压差倒罐，即液面高、压力大的罐向空罐倒流，此方法由于很容易达到两罐压力平衡，所以倒出来的液体不会很多；另一种是外接泵或压缩机利用动力抽或压进行倒罐。

5. 注水排险

对于密度小且不与水互溶的泄漏液体如液化石油气，若泄漏点处于储罐下部，在采取其他措施的同时，可通过罐底排污阀等向罐内适量注水，抬高泄漏液体的液位，使罐内底部形成水垫层，以配合堵漏，缓解险情。

6. 主动点燃泄漏口

对具有可燃性的气体或蒸气，当其泄漏点位于罐顶部时，可采取主动点燃的措施，使泄漏口燃起火炬而控制其泄漏。这在实施前应具备安全条件和严密的防范措施，必须周全考虑，谨慎进行。

（1）点燃原则。根据现场情况，在无法有效实施堵漏，不点燃必定会带来更严重的灾难性后果，而点燃则导致稳定燃烧和危害程度降低的情况下，可实施主动点燃措施。现场气体扩散达到一定范围，很可能造成大量燃爆，产生巨大的冲击波，危及气体储罐，造成难以预料后果的，禁止采取点燃措施。

（2）点燃准备。主动点燃泄漏火炬，必须做好充分的准备工作。要求担任掩护和防护的喷雾水枪到达指定位置，泄漏周边地区经检测没有高浓度混合可燃气体，可使用安全的点火工具并按正确的战术行动操作。

（3）点燃时机。点燃泄漏火炬时，一般要把握两个时机：一是在罐顶开口泄漏，一时无法实施堵漏，而气体泄漏的范围和浓度有限，同时又有多支喷雾水枪稀释掩护以及各种防护措施准备就绪的情况下，用点火棒点燃；二是罐顶爆裂已经形成稳定的燃烧，罐体被冷却保护后罐内气压降低、火焰被风吹灭或被冷却水流打灭，但还是有气体扩散出来，如不再次点燃，仍能造成危害。此时，在继续保持冷却控制的同时，应果断点燃。

7. 引流点燃

对泄漏燃烧的储罐实施冷却控制，在保护安全的前提下，可以从排污管接出引流管，向安全区域排放点燃；另外，还可视情况架设排空管线，并点燃火炬，以加速处置工作的进程。

（十二）化学物质泄漏的处置方法

JBF012 化学物质泄漏的处置方法

化学物质泄漏是指盛装有一定状态化学物质的容器、管道或装置，在各种内外因素作用下，其密闭性受到不同程度的破坏而导致的化学物质非正常向外泄放、渗透的现象。密闭性被破坏形成泄漏通道和泄漏体内外存在压力差是产生泄漏的直接原因。

因泄漏引起化学灾害事故的常见物质有液化石油气、氯气、轻质油品、酸、碱、有机溶剂、化学试剂、军事毒剂等。引起泄漏的内外因素包括：设备材料缺陷，如固有裂缝、微孔、砂眼；加工时焊接较差，如焊接拼缝中存在气孔、夹渣或未焊透情况；阀体磨损、管道腐蚀；生产操作不当，如冲料胀裂、阀门过度关闭滑丝等；外部机械撞击、爆炸、地震、洪水、风灾等。有毒气体在无风时泄漏，其现场警戒区域的半径为 350 m。在有风时，侧风向的警戒区宽 350 mm 左右，下风向则需要视风力情况加长警戒区。错误的生产操作、阀体磨损、管道腐蚀是引起泄漏的原因之一。针对不同的化学灾害事故，泄漏处置方法有关阀断源、倒罐转移、应急堵漏、冷却防爆、注水排险、喷雾稀释、引火点燃、回收等。在对毒性较大、无法引燃的化学物质泄漏处置时，要进行输转，并进行无害化处理。

（十三）氨气泄漏的处置方法

JBF013 氨气泄漏的处置方法

氨气为无色、有刺激性恶臭的可燃气体，易溶于水、乙醇和乙醚，其水溶液呈碱性。在常温和加压至 0.7 MPa 条件下氨气能液化成液氨。液氨的运输与储存一般用钢瓶和罐车。当容器发生泄漏时，液氨因压力降低而气化，同时会吸收周围大量的热。氨气相对空气的密度为 0.6，外溢的氨气可对人体产生危害，其在空气中的最高允许浓度为 30 mg/m³。氨气在空气中的爆炸极限为 15.7%～27.4%，自燃温度为 651 ℃。低浓度氨气对人的眼睛和上呼吸道黏膜有刺激和腐蚀作用。高浓度氨气可使人的中枢神经系统兴奋性增强，引起痉挛；通过三叉神经末梢的反射作用引起明显停搏和呼吸停止；可造成组织溶解性破坏，引起皮肤及上呼吸道黏膜化学性炎症和烧伤、肺充血、肺水肿和出血。氨气的毒性和危害程度见表 2-3-10。在氨气泄漏现场，抢险人员应向知情人或单位负责人了解有无火灾、爆炸及中毒人员，氨气的泄漏时间、面积、具体泄漏位置等情况。

表 2-3-10　氨气的毒性和危害程度

染毒浓度/(mg·m⁻³)	作用时间/min	毒性和危害程度
3 500～7 000	30	立即死亡
1 750～4 500	30	可危及生命
700	30	立即咳嗽
553	30	刺激强烈
175～350	28	鼻、眼刺激，呼吸及脉搏加速
140	30	眼睛和上呼吸道不适、恶心、头疼
70	30	呼吸变慢
67.2	45	鼻咽有刺激感
9.8	45	无刺激作用
0.7	45	闻到气味

（十四）天然气管线泄漏的处置方法

JBF014 天然气管线泄漏的处置方法

（1）天然气易与空气形成爆炸性混合物，爆炸极限通常为 5%～15%。

（2）天然气由液相变为气相时，体积扩大约 400 倍。

（3）液化天然气泄漏着火后，严禁用水灭火。

(4) 天然气管线泄漏现场的抢险人员要查明泄漏扩散区域及周围有无火源；事故现场气体浓度，气体扩散范围，现场的风力、风向，搜寻遇险和被困人员，并迅速组织营救和疏散；确定进攻路线和进攻阵地。

(5) 天然气管线泄漏接警时应问清事故发生的时间、详细地址、泄漏物质的载体、是否发生燃烧爆炸、有无人员伤亡等情况。

(6) 当压缩天然气站因泄漏造成火灾时除控制火势进行抢修作业外，还应对未着火的其他设备和容器进行隔热降温处理。

(7) 加气站售气机的额定工作压力为 20 MPa。

(8) 天然气管线泄漏事故指导方法：掌握天然气的性质和泄漏规律；设置警戒区，尽量将天然气浓度控制在爆炸点浓度以内。

(9) 天然气管线泄漏的处置操作：考生听到“开始”口令后，着防毒衣，检查空气呼吸器的各项性能及部位，佩戴空气呼吸器，携带管钳和木塞箱至泄漏处，利用管钳将管道开关关闭，打开木塞箱，取出木塞和木榔头，分别对泄漏点进行堵漏，连接水带至泄漏处用喷雾水稀释，将器具摆放整齐并归位。

(10) 天然气管线泄漏处置的注意事项：关阀断料；疏散人员至安全区域；及时防止燃烧爆炸，迅速排除险情；进入泄漏区的排险人员严禁穿钉鞋和化纤服装，严禁使用金属工具。

二、技能要求

(一) 准备工作

1. 材料、工具

防毒衣 1 件、空气呼吸器 1 部、管钳 1 把、木塞箱 1 个、水带 2 盘、水枪 1 支、分水器 1 只。

2. 人员

1 人操作，个人防护用品穿戴齐全。

(二) 操作规程

序　号	工　序	操 作 步 骤
1	着防毒衣	考生听到“开始”口令后，着防毒衣
2	佩戴空气呼吸器	检查空气呼吸器的各项性能及部位，并佩戴空气呼吸器
3	携带工具至泄漏处	携带管钳和木塞箱至泄漏处
4	关　阀	利用管钳将钢瓶开关关闭
5	堵　漏	打开木塞箱，取出木塞和木榔头，分别对泄漏点进行堵漏
6	接水带出水稀释	连接水带至泄漏处用喷雾水稀释
7	收器材	将器具摆放整齐并归位

(三) 注意事项

(1) 进行排险的人员严禁穿钉鞋和化纤服装。

(2) 严禁使用金属工具操作。

技师理论知识试题

一、**单选题**(每题有4个选项,其中只有1个是正确的,将正确的选项号填入括号内)

1. AA001　轻型消防车是指(　　)能力在500～3 000 kg之间的消防车。
A. 载人　　B. 载物　　C. 底盘承载　　D. 喷水

2. AA001　按功能用途分类,照明消防车属于(　　)消防车。
A. 专勤　　B. 举高　　C. 轻型　　D. 后援

3. AA002　消防车上的水泵有单级离心泵、双级离心泵和离心旋涡泵3种类型的是(　　)消防车。
A. 泵浦　　B. 水罐　　C. 灭火　　D. 专勤

4. AA002　干粉消防车按发射干粉的动力源不同分为(　　)。
A. 储气瓶式和储压式　　B. 储气瓶式和燃气式
C. 储压式和燃气式　　D. 燃气式和液压式

5. AA003　CG35/40型水罐消防车的水罐容量为(　　)。
A. 3 500 L　　B. 4 000 L　　C. 5 500 L　　D. 7 600 L

6. AA003　CG60/50A型水罐消防车的扬程为(　　)。
A. 60 m　　B. 90 m　　C. 130 m　　D. 150 m

7. AA004　联用消防车按总重量可分为(　　)。
A. 2种　　B. 3种　　C. 4种　　D. 5种

8. AA004　CFP75/65型干粉泡沫联用消防车的干粉罐有(　　)。
A. 1个　　B. 2个　　C. 3个　　D. 4个

9. AA005　CZ15型照明消防车液压升降系统的最大仰角为(　　)。
A. 40°　　B. 50°　　C. 60°　　D. 70°

10. AA005　CZ15型照明消防车主灯的最大移动距离为(　　)。
A. 125 m　　B. 150 m　　C. 250 m　　D. 275 m

11. AA006　CZ15型照明消防车主灯的最大高度为(　　)。
A. 7 m　　B. 8 m　　C. 9 m　　D. 10 m

12. AA006　CZ15型照明消防车每只主灯的功率为(　　)。
A. 700 W　　B. 800 W　　C. 900 W　　D. 1 000 W

13. AA007　专勤消防车是指担负除灭火之外的(　　)作业的消防车。
A. 通信　　B. 抢险　　C. 排烟　　D. 某专项消防技术

14. AA007　排烟消防车是配备了(　　)的专勤消防车。

A. 机械排烟系统　　B. 高倍数发泡系统
C. 机械排烟系统和高倍数发泡系统　　D. 机械排烟系统或高倍数发泡系统

15. AA008　CG60/50A 型水罐消防车的水炮射程为（　　）。
A. 30 m　　B. 50 m　　C. 70 m　　D. 90 m

16. AA008　CG36/30 型水罐消防车的最大引水深度为（　　）。
A. 8 m　　B. 7 m　　C. 10 m　　D. 9 m

17. AA009　CBJ22 型轻便泵浦消防车的扬程为（　　）。
A. 70 m　　B. 80 m　　C. 90 m　　D. 100 m

18. AA009　CBJ22 型轻便泵浦消防车的最大引水深度为（　　）。
A. 7 m　　B. 8 m　　C. 9 m　　D. 10 m

19. AA010　CX10 型通信指挥消防车的标准载员为（　　）。
A. 7 人　　B. 8 人　　C. 9 人　　D. 10 人

20. AA010　CX10 型通信指挥消防车的扩音机功率为（　　）。
A. 50 W　　B. 70 W　　C. 100 W　　D. 150 W

21. AA011　通信指挥消防车是用于火场指挥和通信联络的（　　）消防车。
A. 专勤　　B. 灭火　　C. 后援　　D. 联用

22. AA011　CX10 型通信指挥消防车的最大通信距离为（　　）。
A. 30 km　　B. 40 km　　C. 50 km　　D. 60 km

23. AA012　下面属于后援消防车的是（　　）。
A. 供水消防车　　B. 水罐消防车　　C. 宣传消防车　　D. 云梯消防车

24. AA012　按功能用途划分，干粉消防车属于（　　）消防车。
A. 专勤　　B. 举高　　C. 轻型　　D. 灭火

25. AA013　CPP45 型载炮泡沫消防车的泡沫罐容量为（　　）。
A. 1 500 L　　B. 4 500 L　　C. 5 500 L　　D. 6 000 L

26. AA013　CPG22B 型举高喷射泡沫消防车的三节臂架为折叠伸缩复合结构，展开时最大升高（　　）。
A. 10 m　　B. 19 m　　C. 22 m　　D. 27 m

27. AA014　CF20 型干粉消防车的干粉枪射程为（　　）。
A. 7 m　　B. 9 m　　C. 12 m　　D. 15 m

28. AA014　CF22 型轻便干粉泵浦消防车的扬程可达（　　）。
A. 70 m　　B. 90 m　　C. 100 m　　D. 130 m

29. AA015　CBJ22 型轻便泵浦消防车水泵出口的最大流量为（　　）。
A. 12 L/s　　B. 22 L/s　　C. 32 L/s　　D. 42 L/s

30. AA015　CBJ22 型轻便泵浦消防车的引水时间不大于（　　）。
A. 50 s　　B. 40 s　　C. 30 s　　D. 20 s

31. AA016　CE240 型二氧化碳消防车的水罐容量为（　　）。
A. 1 000 L　　B. 1 500 L　　C. 1 700 L　　D. 2 000 L

32. AA016　CE240 型二氧化碳消防车的二氧化碳钢瓶总容量是（　　）。
A. 60 L　　B. 120 L　　C. 240 L　　D. 480 L

33. AA017　CE240 型二氧化碳消防车上装有（　　）二氧化碳罐。

A. 3 个　　B. 4 个　　C. 5 个　　D. 6 个

34. AA017　CE240 型二氧化碳消防车的吸水高度为(　　)。

A. 7 m　　B. 8 m　　C. 9 m　　D. 11 m

35. AA018　云梯消防车按举升高度可分为轻型、中型和重型 3 种，升高在(　　)的为中型云梯消防车。

A. 15～20 m　　B. 20～25 m　　C. 25～30 m　　D. 30～35 m

36. AA018　CT28-2 型云梯消防车的最大工作半径为(　　)。

A. 10 m　　B. 12 m　　C. 17 m　　D. 20 m

37. AA019　青岛生产的 QDZ5190JXFJG30 型登高消防车的最大工作高度为(　　)。

A. 17.5 m　　B. 29.5 m　　C. 31.5 m　　D. 43.5 m

38. AA019　青岛生产的 QDZ5190JXFJG30 型登高消防车的曲臂由(　　)组成。

A. 2 节　　B. 3 节　　C. 4 节　　D. 5 节

39. AA020　通常把云梯消防车、登高平台消防车和举高喷射消防车总称为(　　)消防车。

A. 救援　　B. 举高　　C. 灭火　　D. 后援

40. AA020　举高消防车的工作臂可分为(　　)形式。

A. 2 种　　B. 3 种　　C. 4 种　　D. 5 种

41. AA021　R-IIA 型抢险救援消防车是日本(　　)株式会社生产的。

A. 森田　　B. 福田　　C. 三菱　　D. 长冶

42. AA021　抢险救援消防车是担负(　　)任务的专勤消防车。

A. 灭火　　B. 抢险救援　　C. 动火　　D. 训练

43. AB001　燃烧面积计算中的目测法是指用眼睛估测距离的方法，如某火场有 3 个窗口冒出火焰，则其宽度大致为(　　)。

A. 12 m　　B. 18 m　　C. 25 m　　D. 30 m

44. AB001　燃烧面积计算中的经验法是指运用历次火场总结出的实践经验方法，如 5 000 m^3 固定顶立式油罐的燃烧面积可估算为(　　)。

A. 500 m^2　　B. 600 m^2　　C. 700 m^2　　D. 800 m^2

45. AB002　一般情况下，消防用水的设计量是理论上扑救建筑(　　)的消防用水量。

A. 初期火灾　　B. 猛烈燃烧　　C. 燃烧面积　　D. 消防车数量

46. AB002　某场所发生火灾，已知该场所建筑消防用水的设计量为 100 L/s，燃烧面积 2 000 m^2，自动灭火系统全部启动，用水总量为 40 L/s。计算火场消防水实际用水量和需要移动消防装备补充的消防水量为(　　)。

A. 50 L/s　　B. 100 L/s　　C. 160 L/s　　D. 180 L/s

47. AB003　对于甲、乙类液体火灾，固定灭火设施的空气泡沫供给强度为(　　)。

A. 0.5 L/(s·m^2)　　B. 0.6 L/(s·m^2)　　C. 0.8 L/(s·m^2)　　D. 1.2 L/(s·m^2)

48. AB003　对于丙类液体火灾，固定灭火设施的空气泡沫供给强度为(　　)。

A. 0.5 L/(s·m^2)　　B. 0.6 L/(s·m^2)　　C. 0.8 L/(s·m^2)　　D. 1.2 L/(s·m^2)

49. AB004　根据火灾场所不同，干粉灭火剂的用量计算有(　　)算法。

A. 1 种　　B. 2 种　　C. 3 种　　D. 4 种

50. AB004　干粉用量公式 $G=Aq$ 中，A 的单位为(　　)。

A. m　　B. m^2　　C. m^3　　D. kg

51. AB005　直径为 65 mm 的胶里水带的阻抗系数为(　　)。
A. 0.035　B. 0.015　C. 0.008　D. 0.003

52. AB005　当一条直径为 65 mm 的胶里水带的液体流量为 4.6 L/s 时，其压力损失为(　　)。
A. 0.740×10^4 Pa　B. 0.875×10^4 Pa　C. 0.454×10^4 Pa　D. 0.375×10^4 Pa

53. AB006　扑救一、二、三级耐火等级建筑火灾时，灭火用水供给强度一般为(　　)。
A. 0.02～0.1 L/(s・m²)　B. 0.1～0.12 L/(s・m²)
C. 0.12～0.21 L/(s・m²)　D. 0.21～0.25 L/(s・m²)

54. AB006　根据燃烧周长或需要保护的周长计算水枪数量公式 $N=L/L_{枪}$ 中，L 的单位为(　　)。
A. m　B. m^2　C. m^3　D. kg

55. BA001　为了完成火情侦察、救人等任务，对建筑构件进行拆除的行动称为(　　)。
A. 灭火行动　B. 火场破拆　C. 灭火救援　D. 火情侦察

56. BA001　火场破拆是指(　　)人员为了完成火情侦察、救人等任务，对建筑物构件或其他物体进行的破拆。
A. 防火　B. 灭火　C. 指挥　D. 通信

57. BA002　火场破拆的目的不包括(　　)。
A. 查明火情　B. 疏散物资　C. 开辟隔离带　D. 防火检查

58. BA002　为延缓火势蔓延速度，改变火势蔓延和烟雾流动方向，灭火时可选择适当部位进行(　　)。
A. 冷却　B. 防护　C. 破拆　D. 侦察

59. BA003　使用手锯、切割器等破拆机械进行破拆的方法为(　　)。
A. 撬砸法　B. 拉拽法　C. 冲撞法　D. 锯切法

60. BA003　利用推土机、铲车等机械对建筑物或墙壁等建筑构件进行撞击的破拆方法为(　　)。
A. 撬砸法　B. 拉拽法　C. 冲撞法　D. 爆破法

61. BA004　为防止无关人员进入作业区，破拆时可在破拆地点周围设置(　　)。
A. 防火区　B. 消防车辆　C. 水枪阵地　D. 警戒线

62. BA004　破拆建筑物内部构件时，灭火人员应注意自身安全，必要时做好(　　)准备。
A. 火情侦察　B. 出水灭火　C. 战斗展开　D. 火场救人

63. BA005　KZQ 型液压扩张器的换向手轮处于(　　)位置时，扩张器不动作。
A. 上位　B. 中位　C. 下位　D. 侧位

64. BA005　KZQ 型液压扩张器用带快速接口的(　　)将其与油泵连接好。
A. 接头　B. 软管　C. 管线　D. 电线

65. BA006　大型绝缘剪的长度为(　　)。
A. 450 mm　B. 600 mm　C. 900 mm　D. 1 000 mm

66. BA006　小型绝缘剪的长度为(　　)。
A. 400 mm　B. 450 mm　C. 500 mm　D. 550 mm

67. BA007　消防斧的斧头是用(　　)锻造的。
A. 铝合金　B. 合金钢　C. 生铁　D. 铸铁

68. BA007　消防尖斧由(　　)等组成。
A. 斧头、斧柄　B. 斧头、紧固夹板
C. 斧头、斧柄、紧固夹板　D. 斧柄、紧固夹板

69. BA008　消防腰斧是消防员随身佩戴的火场(　　)工具。
A. 安全　B. 破拆　C. 灭火　D. 防护

70. BA008　消防腰斧不能用来破拆(　　)。
A. 木楼板　B. 金属条　C. 带电设备　D. 门窗

71. BA009　消防铁铤主要分为(　　)两种。
A. 大型铁铤和万能铁铤　B. 大型铁铤和小型铁铤
C. 小型铁铤和万能铁铤　D. 万能铁铤和专用铁铤

72. BA009　万能铁铤用(　　)合金钢锻造。
A. ϕ20 mm　B. ϕ25 mm　C. ϕ30 mm　D. ϕ35 mm

73. BA010　消防平斧和尖斧在每次使用后应去除锈斑,用(　　)擦干净。
A. 湿布　B. 油布　C. 汽油　D. 黄油

74. BA010　消防平斧是(　　)。
A. 手动破拆器具　B. 机动破拆工具
C. 化学切割破拆工具　D. 液压破拆工具

75. BA011　救生照明线使用的交流电压为(　　)。
A. 110 V　B. 220 V　C. 380 V　D. 没要求

76. BA011　救生照明线在温度超过 250 ℃时,(　　)内可以保持其完整性。
A. 5 min　B. 10 min　C. 15 min　D. 20 min

77. BA012　多功能救援支架的工作装载极限为(　　)。
A. 200 kg　B. 300 kg　C. 400 kg　D. 500 kg

78. BA012　多功能救援支架的钢架最长可延长(　　)。
A. 2.14 m　B. 3.15 m　C. 4.18 m　D. 5.64 m

79. BB001　消防中队单独投入灭火战斗时,火情侦察小组由中队火场指挥员、(　　)3 人组成。
A. 战斗班长和通信员　B. 战斗正、副班长
C. 战斗班长和司机班长　D. 司机班长和通信员

80. BB001　消防队到达火场后为全面了解火灾情况所进行的一项重要工作是(　　)。
A. 战斗展开　B. 火场救人　C. 火情侦察　D. 火场破拆

81. BB002　(　　)是侦察人员通过外部侦察、向起火单位等有关人员询问情况和深入内部侦察的方法。
A. 战斗展开　B. 火场救人　C. 初步侦察　D. 火场破拆

82. BB002　火场指挥员只有及时全面地进行(　　),才能做出正确判断。
A. 调度力量　B. 灭火出动　C. 火情侦察　D. 疏散物资

83. BB003　消防队到达火场后,应迅速查明的火灾情况是(　　)。
A. 燃烧部位　B. 灭火力量　C. 车辆装备　D. 通信保障

84. BB003　下面不属于火情侦察任务的是(　　)。
A. 了解燃烧部位　B. 了解建筑结构　C. 了解燃烧物质　D. 了解器材、装备

85. BB004　一个(　　)进行灭火战斗时,由战斗班长和一名战斗员组成侦察小组。

A. 消防中队　　B. 消防大队　　C. 消防支队　　D. 战斗班

86. BB004　火情较大、参战中队较多时,由指挥部组织(　　)侦察组进行火情侦察工作。

A. 1 个　　B. 2 个　　C. 3 个　　D. 1 个或若干个

87. BB005　火情侦察要贯穿(　　)火灾扑救过程。

A. 初步　　B. 整个　　C. 部分　　D. 集中

88. BB005　火情侦察是从消防队到达火场开始,直到(　　)结束。

A. 灭火战斗　　B. 供水　　C. 破拆　　D. 救人

89. BB006　下面不属于火情侦察方法的是(　　)。

A. 外部侦察　　B. 内部侦察　　C. 仪器检测　　D. 反复侦察

90. BB006　进入燃烧区观察火势的侦察方法属于(　　)。

A. 外部观察　　B. 询问知情人　　C. 内部侦察　　D. 仪器检测

91. BB007　侦察人员必须通过高温区时,应用(　　)水枪进行掩护。

A. 喷雾　　B. 直流　　C. 低压　　D. 高压

92. BB007　侦察小组的每个成员都要配备个人防护装备和(　　)器材。

A. 登高　　B. 灭火　　C. 侦察　　D. 安全

93. BB008　进入地下室的侦察人员要佩戴的个人防护装备是(　　)。

A. 消防斧　　B. 手电　　C. 空气呼吸器　　D. 防化服

94. BB008　进入地下室的侦察人员要依靠(　　)来逐步侦察。

A. 对讲机　　B. 手电　　C. 承重墙　　D. 安全绳

95. BB009　火场逃生的方法可归纳为(　　)方法。

A. 1 种　　B. 2 种　　C. 3 种　　D. 4 种

96. BB009　人工呼吸常见的方法有(　　)。

A. 3 种　　B. 4 种　　C. 5 种　　D. 6 种

97. BB010　生命探测仪的探测频率范围为(　　)。

A. 1～1 000 Hz　　B. 1～2 000 Hz　　C. 1～3 000 Hz　　D. 1～4 000 Hz

98. BB010　生命探测仪的高通滤波频率为(　　)。

A. 100 Hz　　B. 200 Hz　　C. 300 Hz　　D. 400 Hz

99. BB011　生命探测仪接通电源后,应检查传感器的连接状态、(　　)功能、侦听耳机、对讲探头。

A. 高波　　B. 低波　　C. 滤波　　D. 过滤

100. BB011　生命探测仪检测时要合理分布各个(　　)。

A. 探头　　B. 耳机　　C. 传感器　　D. 人员

101. BB012　生命探测仪应每(　　)通电预热 1 次。

A. 1 个月　　B. 2 个月　　C. 3 个月　　D. 4 个月

102. BB012　生命探测仪预热一次的通电时间为(　　)。

A. 10 min　　B. 20 min　　C. 30 min　　D. 40 min

103. BB013　MIRAN205B 型便携式毒剂侦检仪的开机预热时间为(　　)。

A. 10 min　　B. 15 min　　C. 20 min　　D. 25 min

104. BB013　MIRAN205B 型便携式毒剂侦检仪清除内存中的数据时,按(　　)键进入

"Memory Clear"菜单。

A. 1　B. 2　C. 3　D. 4

105. BB014　电子气象仪测量室外温度的范围为(　　)。

A. −50～60 ℃　B. −45～60 ℃　C. −40～60 ℃　D. −35～60 ℃

106. BB014　核放射探测仪持续工作的时间为(　　)。

A. 50 h　B. 60 h　C. 70 h　D. 80 h

107. BB015　MIRAN205B 型便携式毒剂侦检仪的采样流量为(　　)。

A. 15 L/min　B. 20 L/min　C. 25 L/min　D. 30 L/min

108. BB015　MIRAN205B 型便携式毒剂侦检仪的工作温度为(　　)。

A. 1～40 ℃　B. 1～50 ℃　C. 1～60 ℃　D. 1～70 ℃

109. BB016　MIRAN205B 型便携式毒剂侦检仪测量未知气体时，按(　　)键选择光谱扫描。

A. 1　B. 2　C. 3　D. 4

110. BB016　MIRAN205B 型便携式毒剂侦检仪检测后自动分析时，按(　　)键保存数据。

A. Shift　B. Enter　C. Ctrl　D. Delete

111. BB017　军事毒剂侦检仪的存储温度范围为(　　)。

A. −42～70 ℃　B. −42～75 ℃　C. −42～80 ℃　D. −42～85 ℃

112. BB017　军事毒剂侦检仪的操作温度范围为(　　)。

A. −32～30 ℃　B. −32～40 ℃　C. −32～50 ℃　D. −32～60 ℃

113. BB018　可燃气体探测仪的工作温度上限为(　　)。

A. 30 ℃　B. 40 ℃　C. 50 ℃　D. 60 ℃

114. BB018　可燃气体探测仪的工作温度下限为(　　)。

A. −5 ℃　B. −10 ℃　C. −15 ℃　D. −20 ℃

115. BB019　有毒气体探测仪的 CO 气体量程上限为(　　)。

A. 300 ppm　B. 400 ppm　C. 500 ppm　D. 600 ppm

116. BB019　有毒气体探测仪的 O_2 气体量程上限为(　　)。

A. 20%　B. 30%　C. 40%　D. 50%

117. BB020　音频生命探测仪的探测频率下限为(　　)。

A. 30 Hz　B. 40 Hz　C. 50 Hz　D. 60 Hz

118. BB020　音频生命探测仪的充电电池可工作(　　)。

A. 30 h　B. 4 h　C. 5 h　D. 6 h

119. BC001　垂直更换水带操作的目的是使消防员学会(　　)更换水带的方法。

A. 带水　B. 输液　C. 垂直　D. 破拆

120. BC001　垂直更换水带操作中，预先铺设的水带应在(　　)楼窗口用挂钩固定。

A. 1　B. 2　C. 3　D. 4

121. BC002　垂直铺设水带操作过程中，应在距训练塔前(　　)处标出起点线。

A. 5 m　B. 10 m　C. 15 m　D. 20 m

122. BC002　垂直铺设水带操作过程中，应蹬至(　　)楼窗口处操作水带。

A. 2　B. 3　C. 4　D. 5

123. BC003　横过铁路铺设水带的场地要求长(　　)。

A. 20 m　　B. 30 m　　C. 40 m　　D. 50 m

124. BC003　横过铁路铺设水带场地的起点线上应放置 ϕ80 mm 水带（　　）。

A. 1 盘　　B. 2 盘　　C. 3 盘　　D. 4 盘

125. BC004　灭火过程中，发现水带破损漏水时，可用（　　）止水。

A. 水带护桥　　B. 分水器　　C. 集水器　　D. 水带包布

126. BC004　直流水枪不能直接扑救（　　）火灾。

A. 原油　　B. 草原　　C. 建筑　　D. 带电物质

127. BC005　木竹建筑物起火时，火势蔓延很快，（　　）内火焰就可能窜出屋顶。

A. 10 min　　B. 15 min　　C. 20 min　　D. 30 min

128. BC005　水源距离（　　）的远近，决定了火场供水车的数量。

A. 中队　　B. 管区　　C. 火场　　D. 消防车

129. BC006　消防电梯通常都具备完善的消防功能，它应当是（　　）电源。

A. 单路　　B. 双路　　C. 三路　　D. 四路

130. BC006　楼层面积不超过 1 500 m^2 时，应设置（　　）消防电梯。

A. 1 部　　B. 2 部　　C. 3 部　　D. 4 部

131. BD001　6 m 拉梯与挂钩梯联用的场地要求长（　　）。

A. 15.5 m　　B. 20.5 m　　C. 25.3 m　　D. 32.25 m

132. BD001　6 m 拉梯与挂钩梯联用的场地要求距塔基（　　）处标出架梯区。

A. 0.8～1.3 m　　B. 1～1.5 m　　C. 1.5～2 m　　D. 1～2 m

133. BD002　6 m 拉梯与挂钩梯联用操作时，挂钩梯梯钩外露（　　）钩齿，该项目不计取成绩。

A. 1 个　　B. 2 个　　C. 3 个　　D. 4 个

134. BD002　6 m 拉梯与挂钩梯联用操作时，6 m 拉梯梯脚未竖在（　　）内，该项目不计取成绩。

A. 场地　　B. 操场　　C. 架梯区　　D. 塔上

135. BD003　9 m 拉梯与挂钩梯联用的场地要求距塔基（　　）处标出架梯区。

A. 0.5～1 m　　B. 1～1.5 m　　C. 1.5～2 m　　D. 1～2 m

136. BD003　9 m 拉梯与挂钩梯联用的器材要求起点线放置挂钩梯（　　）。

A. 1 架　　B. 2 架　　C. 3 架　　D. 4 架

137. BD004　9 m 拉梯与挂钩梯联用操作时，（　　）不准操作。

A. 消防员　　B. 学生　　C. 训练队长　　D. 教官

138. BD004　9 m 拉梯与挂钩梯联用操作时，一定要认真检查安全绳的（　　）。

A. 长度　　B. 粗度　　C. 安全性　　D. 新旧

139. BD005　梯子必须架在原地较硬的地面上，两梯脚必须处在（　　），防止梯身左右倾斜。

A. 地面上　　B. 同一平面内　　C. 异面上　　D. 相交线上

140. BD005　在操作挂钩梯中，要求钩齿必须不能露出（　　）以上。

A. 1 个　　B. 2 个　　C. 3 个　　D. 4 个

141. BD006　若因抢救工作需要，将挂钩梯挂在受高温和火焰作用的窗口时，要用（　　）予以保护。

A. 绳子　B. 挂钩　C. 水流　D. 人力

142. BD006　若挂钩梯表面油漆脱落，应及时(　　)。

A. 金属电镀　B. 更换　C. 补刷油漆　D. 涂油

143. BE001　金属切割机是一种磨削(　　)工具。

A. 专用　B. 破拆　C. 切割　D. 扩张

144. BE001　金属切割机使用时应注意，在无荷载时，发动机不要(　　)运转。

A. 高速　B. 中速　C. 低速　D. 匀速

145. BE002　北京天元液压扩张器的额定工作压力为(　　)。

A. 60 MPa　B. 61 MPa　C. 62 MPa　D. 63 MPa

146. BE002　北京天元液压扩张器的扩张行程为(　　)。

A. 600 mm　B. 610 mm　C. 620 mm　D. 630 mm

147. BE003　液压切割器工作时，其割头由液压泵输入液体，通过(　　)软管的液压系统变成刃口压力，完成切割。

A. 中压　B. 高压　C. 低压　D. 超低压

148. BE003　液压扩张器的工作原理与(　　)相同。

A. 金属切割机　B. 液压切割机　C. 机动链锯　D. 千斤顶

149. BE004　371K 型无齿锯的功率为(　　)。

A. 2 kW　B. 2.5 kW　C. 3 kW　D. 3.5 kW

150. BE004　3120K 型无齿锯的功率为(　　)。

A. 5.4 kW　B. 5.6 kW　C. 5.8 kW　D. 6 kW

151. BE005　371K 型无齿锯使用时应检查与锯片接触的(　　)端面是否平整及有无其他异物。

A. 法兰　B. 螺丝　C. 皮带罩　D. 导板

152. BE005　371K 型无齿锯锯片固定螺栓的推荐扭矩为(　　)。

A. 10～25 N·m　B. 10～20 N·m　C. 15～25 N·m　D. 15～20 N·m

153. BE006　371K/3120K 型无齿锯冷机启动点火时，停机开关拨至(　　)开机位置。

A. 上侧　B. 下侧　C. 左侧　D. 右侧

154. BE006　371K/3120K 型无齿锯启动后迅速加满油门，(　　)会自动复位。

A. 风门　B. 开关　C. 弹簧　D. 拉绳

155. BE007　TS400 型无齿锯在无荷载情况下，发动机不得长时间(　　)运转。

A. 匀速　B. 低速　C. 中速　D. 高速

156. BE007　TS400 型无齿锯切割时，在半径(　　)内不得有非操作人员。

A. 10 m　B. 15 m　C. 20 m　D. 25 m

157. BE008　MCHA140 型电动剪切钳使用(　　)充电电池。

A. 12 V/36 V　B. 12 V/24 V　C. 6 V/24 V　D. 6 V/36 V

158. BE008　MCHA140 型电动剪切钳充电器的(　　)指示灯亮，表示正在为电池组放电。

A. 红色　B. 橙色　C. 蓝色　D. 绿色

159. BE009　MCHA140 型电动剪切钳更换钳刃时必须更换制动(　　)。

A. 螺丝　B. 螺母　C. 卡环　D. 接头

160. BE009　MCHA140 型电动剪切钳安装钳刃时将钳体垂直放置，刀尖朝(　　)。

A. 上　　B. 下　　C. 左　　D. 右

161. BE010　当 BDQ 型便携式液压多功能钳实施剪切作业时，首先将换向阀手轮右旋到底，手轮上的红色标记转到（　　）位置。

A. 1　　B. 2　　C. 3　　D. 4

162. BE010　BDQ 型便携式液压多功能钳的扩张工作操作程序与剪切工作操作程序（　　）。

A. 相同　　B. 相似　　C. 近似　　D. 相反

163. BE011　BDQ 型便携式液压多功能钳使用（　　）航空液压油，切不可任意加用其他液压油。

A. 10 号　　B. 20 号　　C. 30 号　　D. 40 号

164. BE011　BDQ 型便携式液压多功能钳换向阀手轮在剪切和扩张两个工作位置和中位均有定位（　　）。

A. 铁球　　B. 圆球　　C. 钢球　　D. 银球

165. BE012　SB63B 型手动泵的低压输出压力为（　　）。

A. 6～7 MPa　　B. 6～8 MPa　　C. 6～9 MPa　　D. 6～10 MPa

166. BE012　SB63B 型手动泵的高压理论流量为（　　）。

A. 0.5 mL/次　　B. 0.6 mL/次　　C. 0.7 mL/次　　D. 0.8 mL/次

167. BE013　SB63B 型手动泵工作前，须将油箱盖拧松（　　）。

A. 1～1.5 圈　　B. 1～2 圈　　C. 1～2.5 圈　　D. 1～3 圈

168. BE013　SB63B 型手动泵液压油面（　　）会造成使用过程中液压油外溢。

A. 适中　　B. 过低　　C. 过高　　D. 倾斜

169. BE014　SB63B 型手动泵在手控开关阀关闭的情况下，特别是在出油管内有（　　）存在时，不允许调整或紧固油泵及配套工具的任何部位。

A. 高压　　B. 低压　　C. 高低压　　D. 中低压

170. BE014　SB63B 型手动泵的调整和紧固工作应在松开（　　）开关阀的状态下进行，以免发生危险。

A. 电控　　B. 手控　　C. 自动　　D. 半自动

171. BE015　SB63/1.5-A 型手动泵的低压理论流量为（　　）。

A. 10.9 mL/次　　B. 11.9 mL/次　　C. 12.9 mL/次　　D. 13.9 mL/次

172. BE015　SB63/1.5-A 型手动泵的油箱容积为（　　）。

A. 1.7 L　　B. 1.8 L　　C. 1.9 L　　D. 2 L

173. BE016　JBQ-C 型超高压液压机动泵设有（　　）互相独立的泵芯及控制系统。

A. 1 套　　B. 2 套　　C. 3 套　　D. 4 套

174. BE016　JBQ-C 型超高压液压机动泵可使（　　）救援抢险工具同时工作，也可使其中的一台单独工作。

A. 2 台　　B. 3 台　　C. 4 台　　D. 多台

175. BE017　JBQ-C 型超高压液压机动泵的液压油箱容量为（　　）。

A. 5 L　　B. 10 L　　C. 15 L　　D. 20 L

176. BE017　JBQ-C 型超高压液压机动泵的额定工作转速为（　　）。

A. 3 100 r/min±150 r/min　　B. 3 200 r/min±150 r/min

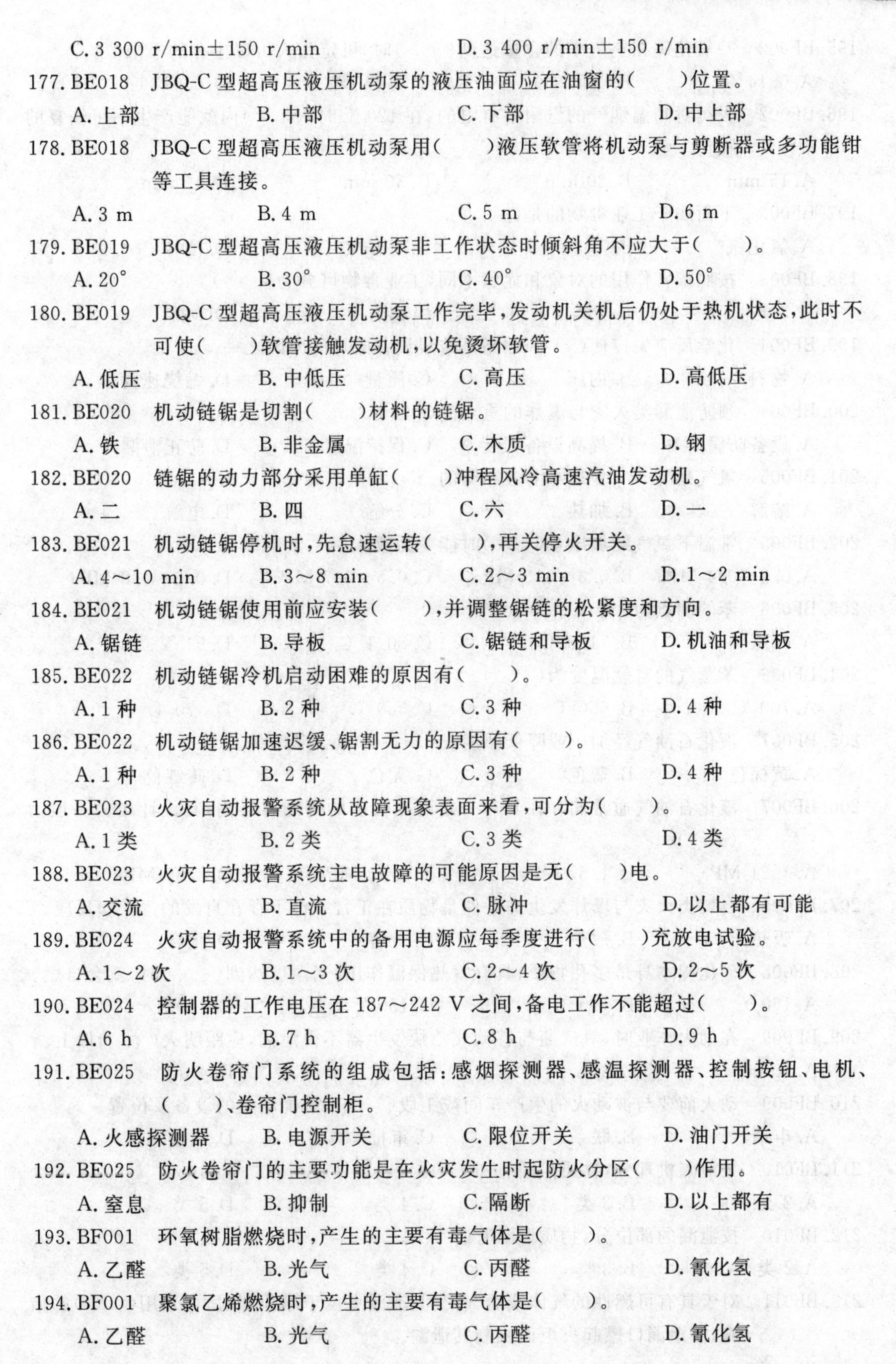

C. 3 300 r/min±150 r/min　　D. 3 400 r/min±150 r/min

177. BE018　JBQ-C 型超高压液压机动泵的液压油面应在油窗的(　　)位置。

A. 上部　　B. 中部　　C. 下部　　D. 中上部

178. BE018　JBQ-C 型超高压液压机动泵用(　　)液压软管将机动泵与剪断器或多功能钳等工具连接。

A. 3 m　　B. 4 m　　C. 5 m　　D. 6 m

179. BE019　JBQ-C 型超高压液压机动泵非工作状态时倾斜角不应大于(　　)。

A. 20°　　B. 30°　　C. 40°　　D. 50°

180. BE019　JBQ-C 型超高压液压机动泵工作完毕,发动机关机后仍处于热机状态,此时不可使(　　)软管接触发动机,以免烫坏软管。

A. 低压　　B. 中低压　　C. 高压　　D. 高低压

181. BE020　机动链锯是切割(　　)材料的链锯。

A. 铁　　B. 非金属　　C. 木质　　D. 钢

182. BE020　链锯的动力部分采用单缸(　　)冲程风冷高速汽油发动机。

A. 二　　B. 四　　C. 六　　D. 一

183. BE021　机动链锯停机时,先怠速运转(　　),再关停火开关。

A. 4～10 min　　B. 3～8 min　　C. 2～3 min　　D. 1～2 min

184. BE021　机动链锯使用前应安装(　　),并调整锯链的松紧度和方向。

A. 锯链　　B. 导板　　C. 锯链和导板　　D. 机油和导板

185. BE022　机动链锯冷机启动困难的原因有(　　)。

A. 1 种　　B. 2 种　　C. 3 种　　D. 4 种

186. BE022　机动链锯加速迟缓、锯割无力的原因有(　　)。

A. 1 种　　B. 2 种　　C. 3 种　　D. 4 种

187. BE023　火灾自动报警系统从故障现象表面来看,可分为(　　)。

A. 1 类　　B. 2 类　　C. 3 类　　D. 4 类

188. BE023　火灾自动报警系统主电故障的可能原因是无(　　)电。

A. 交流　　B. 直流　　C. 脉冲　　D. 以上都有可能

189. BE024　火灾自动报警系统中的备用电源应每季度进行(　　)充放电试验。

A. 1～2 次　　B. 1～3 次　　C. 2～4 次　　D. 2～5 次

190. BE024　控制器的工作电压在 187～242 V 之间,备电工作不能超过(　　)。

A. 6 h　　B. 7 h　　C. 8 h　　D. 9 h

191. BE025　防火卷帘门系统的组成包括:感烟探测器、感温探测器、控制按钮、电机、(　　)、卷帘门控制柜。

A. 火感探测器　　B. 电源开关　　C. 限位开关　　D. 油门开关

192. BE025　防火卷帘门的主要功能是在火灾发生时起防火分区(　　)作用。

A. 窒息　　B. 抑制　　C. 隔断　　D. 以上都有

193. BF001　环氧树脂燃烧时,产生的主要有毒气体是(　　)。

A. 乙醛　　B. 光气　　C. 丙醛　　D. 氰化氢

194. BF001　聚氯乙烯燃烧时,产生的主要有毒气体是(　　)。

A. 乙醛　　B. 光气　　C. 丙醛　　D. 氰化氢

195. BF002　一氧化碳在空气中的含量达到（　　）时，可定为人可以生存的极限值。
A. 0.14％　B. 0.128％　C. 0.245％　D. 0.013％

196. BF002　人类对高温烟气的忍耐是有限的，在 120 ℃时，（　　）内就能产生不可恢复的损伤。
A. 15 min　B. 20 min　C. 30 min　D. 45 min

197. BF003　下面属于工业毒物的是（　　）。
A. 氯化氰　B. 苯　C. 芥子气　D. 沙林

198. BF003　按照毒害作用的对象和症状不同，工业毒物可分为（　　）。
A. 3 类　B. 4 类　C. 5 类　D. 6 类

199. BF004　化学反应失控使（　　）增高是造成设备破坏的原因之一。
A. 物料　B. 内压　C. 质量　D. 燃烧速度

200. BF004　预防泄漏类火灾与爆炸的重点是（　　）。
A. 设备防腐　B. 提高设备强度　C. 保持温度　D. 防止泄漏

201. BF005　氯气是（　　）食盐水溶液制得的。
A. 溶解　B. 加热　C. 分解　D. 电解

202. BF005　常温下氯气经加压至（　　）时能变为液体。
A. 0.2～0.4 MPa　B. 0.3～0.5 MPa　C. 0.5～0.7 MPa　D. 0.6～0.8 MPa

203. BF006　苯的沸点为（　　）。
A. 65 ℃　B. 71.3 ℃　C. 80.1 ℃　D. 94 ℃

204. BF006　苯蒸气的自燃温度为（　　）。
A. 700 ℃　B. 650 ℃　C. 560 ℃　D. 470 ℃

205. BF007　液化石油气经加压或降低温度成为（　　）的油状液体。
A. 黄棕色　B. 蓝色　C. 无色　D. 砖红色

206. BF007　液化石油气通常储存在具有一定耐压强度的钢制容器内，其设计压力一般为（　　）。
A. 1.21 MPa　B. 1.57 MPa　C. 2.13 MPa　D. 3.65 MPa

207. BF008　自燃类火灾与爆炸发生的条件是物质在正常条件下存在自发的（　　）反应。
A. 吸热　B. 放热　C. 分解　D. 化合

208. BF008　硝化棉本身是多孔物质，具有蓄热保温作用，当温度达到（　　）时，就会自燃。
A. 160 ℃　B. 170 ℃　C. 180 ℃　D. 190 ℃

209. BF009　在动火作业时，氧气瓶与移动式乙炔发生器不得泄漏，应距明火（　　）以上。
A. 10 m　B. 8 m　C. 6 m　D. 4 m

210. BF009　动火前要与被动火的生产车间或工段（　　），明确动火的设备及位置。
A. 申请　B. 联系　C. 审批　D. 清洗

211. BF010　按泄漏机理分，物质泄漏有（　　）。
A. 2 类　B. 3 类　C. 4 类　D. 5 类

212. BF010　按泄漏的部位分，物质泄漏有（　　）。
A. 2 类　B. 3 类　C. 4 类　D. 5 类

213. BF011　对于具有可燃性的气体或蒸气，当其泄漏点位于罐顶部时，可采用（　　）的措施，使泄漏口燃起火炬而控制其泄漏。

A. 液封 B. 主动点燃 C. 机械扩散 D. 导流

214. BF011 对泄漏燃烧的储罐实施冷却控制时，在保证安全的前提下，可从（ ）接出引流管，向安全区域排放点燃。

A. 进料管 B. 水泵接合器 C. 泡沫管线 D. 排污管

215. BF012 因泄漏引起化学灾害事故的常见物质是（ ）。

A. 氧气 B. 氮气 C. 氯气 D. 空气

216. BF012 有毒气体在无风时泄漏，其现场警戒区域半径为（ ）。

A. 200 m B. 350 m C. 470 m D. 590 m

217. BF013 氨气在常温和加压至（ ）时，能液化成液氨。

A. 0.2 MPa B. 0.5 MPa C. 0.7 MPa D. 0.9 MPa

218. BF013 氨气的自燃温度为（ ）。

A. 300 ℃ B. 405 ℃ C. 651 ℃ D. 784 ℃

219. BF014 天然气易与空气形成爆炸性混合物，其爆炸极限通常为（ ）。

A. 5%～6% B. 5%～10% C. 5%～15% D. 5%～20%

220. BF014 天然气由液相变为气相时，体积扩大约（ ）。

A. 300 倍 B. 400 倍 C. 500 倍 D. 600 倍

221. BF015 胶堵密封法是利用密封胶在泄漏口处形成的（ ）进行堵漏的方法。

A. 隔离带 B. 密封层 C. 泡沫层 D. 气密性

222. BF015 磁压法是利用磁铁的强大磁力，将密封垫或（ ）压在设备的泄漏口而堵漏的方法。

A. 挡板 B. 泡沫 C. 压条 D. 密封胶

223. BF016 注入式堵漏器材适用于各种油类、液化气、可燃气体、（ ）和各种化学品等介质。

A. 水煤气 B. 泡沫 C. 甲烷 D. 酸、碱、盐溶液

224. BF016 注入式堵漏器材的手动高压泵限额压力为（ ）。

A. 22 MPa B. 45 MPa C. 63 MPa D. 78 MPa

225. BF017 粘贴式堵漏器材的用途：用于（ ）、盘根、管壁、罐体、高压阀等部位的点状和蜂窝状泄漏。

A. 管线 B. 设备 C. 法兰垫 D. 附件

226. BF017 堵漏密封胶主要用于石油管道、阀门套管接头或管道系统连接处出现（ ）的情况下使用。

A. 管线 B. 施工 C. 泄漏 D. 焊接

227. BF018 气楔堵漏法的适用范围为直径小于 90 mm、宽度小于（ ）的裂缝或孔洞。

A. 40 mm B. 50 mm C. 60 mm D. 70 mm

228. BF018 消防用超级快速堵漏胶的耐压能达到（ ）。

A. 20 MPa B. 30 MPa C. 40 MPa D. 50 MPa

229. BF019 法兰强压注胶堵漏的注胶需用特制的（ ）注胶阀具。

A. 耳子式 B. 槽式 C. 筒式 D. 螺旋式

230. BF019 法兰是管道与（ ）连接最常见的部件，也是最常见的泄漏部位。

A. 本体 B. 管道 C. 阀门 D. 卡箍

231. BF020　阀门的泄漏主要发生在阀门本体上的腐蚀砂眼和（　　）。
A. 裂缝　B. 管道砂眼　C. 钻孔　D. 施工

232. BF020　对于阀门内阀杆与填料间隙处的泄漏，可采用（　　）注胶法。
A. 螺旋　B. 耳子式　C. 滑式　D. 阀门体钻孔

233. BF021　温度超过（　　）的水和可燃气体的凝结液不得直接排入生产污水管道。
A. 20 ℃　B. 10 ℃　C. 40 ℃　D. 30 ℃

234. BF021　为了防止易燃气体、蒸气或可燃粉尘泄漏与（　　）形成可燃体系，其设备应密闭。
A. 氢气　B. 氮气　C. 空气　D. 二氧化碳

235. BF022　木质堵漏楔适用温度范围的下限为（　　）。
A. −40 ℃　B. −50 ℃　C. −60 ℃　D. −70 ℃

236. BF022　木质堵漏楔适用温度范围的上限为（　　）。
A. 70 ℃　B. 80 ℃　C. 90 ℃　D. 100 ℃

237. BF023　气动吸盘式堵漏器的吸盘直径为（　　）。
A. 30 cm　B. 40 cm　C. 50 cm　D. 60 cm

238. BF023　气动吸盘式堵漏器排流箱的直径为（　　）。
A. 10 cm　B. 20 cm　C. 30 cm　D. 40 cm

239. BF024　电磁式堵漏工具适用于压力小于（　　）的堵漏。
A. 1.5 MPa　B. 1.6 MPa　C. 1.7 MPa　D. 1.8 MPa

240. BF024　电磁式堵漏工具用于各种罐体和管道表面的点状、（　　）泄漏的堵漏作业。
A. 面状　B. 口状　C. 三角状　D. 线状

二、多选题（每题有4个选项，其中至少有2个是正确的，将正确的选项号填入括号内）

1. AA001　按照不同的分类，消防车有很多种，下列属于灭火消防车的是（　　）。
A. 水罐消防车　B. 泡沫消防车　C. 照明消防车　D. 干粉消防车

2. AA002　重型消防车是指底盘承载能力在8 000 kg以上的消防车，主要包括（　　）。
A. 照明消防车　B. 干粉消防车　C. 排烟消防车　D. 二氧化碳消防车

3. AA003　CG35/40型水罐消防车底盘是改装成的，改装前的底盘不包括（　　）。
A. 解放牌CA141　B. 解放牌CA212　C. 黄河牌CA141　D. 东风牌CA141

4. AA004　多剂联用涡喷消防车在灭火中可以（　　）射流形式灭火。
A. 强风-细水雾　B. 气溶胶态　C. 混合气溶胶态　D. 超细水雾-超细干粉

5. AA005　SGX5140TXFQZ-SQ5型抢险照明消防车具有（　　）特性。
A. 大功率电机组　B. 高举升
C. 全回转　D. 可俯仰的弱光照明灯

6. AA006　CZ15型照明消防车主灯的最大移动距离不符合本车标准的是（　　）。
A. 50 m　B. 100 m　C. 150 m　D. 250 m

7. AA007　专勤消防车包括（　　）消防车。
A. 通信指挥　B. 火场照明　C. 排烟　D. 二氧化碳

8. AA008　东风多利卡水罐消防车的额定装载质量不符合本车标准的是（　　）。
A. 4 000 kg　B. 5 000 kg　C. 6 000 kg　D. 7 000 kg

9. AA009　BCJ22 型轻便泵浦消防车的最大流量不符合本车标准的是(　　)。
A. 8 L/s　　B. 15 L/s　　C. 22 L/s　　D. 34 L/s
10. AA010　通信指挥消防车的最大车速不符合本车标准的是(　　)。
A. 90 km/h　　B. 100 km/h　　C. 200 km/h　　D. 22 km/h
11. AA011　通信指挥消防车担负着消防灭火救援作战现场的(　　)任务。
A. 通信保障　　B. 指挥调度　　C. 灭火　　D. 抢险
12. AA012　按功能用途划分,泡沫消防车不属于(　　)消防车。
A. 专勤　　B. 举高　　C. 轻型　　D. 灭火
13. AA013　CP10C 型泡沫消防车的出水口径不符合本车标准的是(　　)。
A. 40 mm　　B. 60 mm　　C. 80 mm　　D. 100 mm
14. AA014　CF20 型干粉消防车干粉罐的工作压力不符合本车标准的是(　　)。
A. 0.4 MPa　　B. 0.8 MPa　　C. 1.0 MPa　　D. 1.4 MPa
15. AA015　CX5030TXFBP20 型泵浦消防车满载质量不符合本车标准的是(　　)。
A. 2 235 kg　　B. 2 345 kg　　C. 2 550 kg　　D. 2 540 kg
16. AA016　CE240 型二氧化碳消防车的二氧化碳钢瓶总容量不符合本车标准的是(　　)。
A. 150 L　　B. 200 L　　C. 240 L　　D. 300 L
17. AA017　二氧化碳消防车主要用于扑救(　　)、重要文物、电气设备和小面积易燃液体火灾。
A. 贵重仪器　　B. 仪表　　C. 图书档案　　D. 设备
18. AA018　目前,单纯伸缩臂式的直臂云梯车最大额定高度不符合本车标准的是(　　)。
A. 32 m　　B. 36 m　　C. 47 m　　D. 53 m
19. AA019　CKQ20 型举高喷射消防车的额定工作压力不符合本车标准的是(　　)。
A. 0.5 MPa　　B. 0.6 MPa　　C. 0.7 MPa　　D. 1.2 MPa
20. AA020　举高消防车可以扑救(　　)火灾。
A. 地上暗沟　　B. 高层建筑　　C. 石油化工装置区　　D. 大型仓库
21. AA021　R-IIA 型抢险救援消防车可在(　　)、核电厂等火灾现场担任救人工作。
A. 高层建筑　　B. 公路　　C. 铁路　　D. 机场
22. AB001　燃烧面积的计算方法通常包括(　　)等。
A. 公式法　　B. 估算法　　C. 查询法　　D. 目测法
23. AB002　消防用水量与建筑物的耐火等级、(　　)、建筑物内可燃物数量、周围环境、气象条件等因素有关。
A. 用途　　B. 层数　　C. 容积　　D. 面积
24. AB003　常用的泡沫灭火剂有(　　)等。
A. 普通蛋白泡沫　　B. 氟蛋白泡沫　　C. 抗溶性泡沫　　D. 高倍数泡沫
25. AB004　对于扑救(　　)火灾的干粉使用量,可按面积法计算。
A. 可燃气体　　B. 易燃液体　　C. 可燃液体　　D. 可燃固体
26. AB005　同型、同径水带串联系统的压力损失,可按(　　)进行计算。
A. 压力损失叠加法　　B. 阻力系数法　　C. 干线流量法　　D. 流量平分法
27. AB006　火场常用的 ϕ19 mm 水枪,有效射程 15 m,流量 6.5 L/s。一支 ϕ19 mm 水枪的控制面积可以为(　　)。

A. 35 m^2　　B. 40 m^2　　C. 45 m^2　　D. 60 m^2

28. BA001　火场破拆能完成（　　）等战斗任务。

A. 阻截火势蔓延　　B. 疏散物资　　C. 灭火　　D. 通信保障

29. BA002　在火场上如需要排除（　　），也要选择时机和部位进行破拆。

A. 被困人员　　B. 物资　　C. 有毒气体　　D. 烟雾

30. BA003　在火场上能否迅速有效地进行破拆工作，直接关系到（　　）等战斗行动的成效。

A. 救人　　B. 灭火　　C. 疏散物资　　D. 烟雾

31. BA004　在高处破拆时，要做好个人防护，并事先在下面设置（　　），防止人员砸伤。

A. 安全警戒区　　B. 安全警戒岗哨　　C. 灭火区　　D. 救援区

32. BA005　在事故发生时，液压扩张器用于（　　），以解救受困者。

A. 撬开　　B. 支起重物　　C. 分离金属　　D. 分离非金属

33. BA006　大型绝缘剪的剪体部分由（　　）组成。

A. 连臂　　B. 刃片　　C. 压板　　D. 紧固螺钉

34. BA007　消防尖斧由（　　）组成。

A. 斧头　　B. 斧柄　　C. 紧固夹板　　D. 硬质塑料

35. BA008　下面不属于消防员随身佩戴的火场破拆工具是（　　）。

A. 消防腰斧　　B. 消防尖斧　　C. 消防爪钩　　D. 消防尖钩

36. BA009　万能铁铤由合金钢锻造，两端形状为（　　）。

A. 鸭嘴形　　B. 扁弯形　　C. 阔凿形　　D. 鸟嘴形

37. BA010　消防斧不用时，不得（　　）放置。

A. 靠近火源　　B. 在烈日下　　C. 与腐蚀物一起　　D. 被重物挤压

38. BA011　救生照明线绳长范围符合标准的是（　　）。

A. 30 m　　B. 50 m　　C. 100 m　　D. 120 m

39. BA012　多功能救援支架的使用工作高度范围符合标准的是（　　）。

A. 30 m　　B. 50 m　　C. 100 m　　D. 120 m

40. BB001　通常情况下，火情侦察有（　　）等方法。

A. 外部侦察　　B. 询问知情人　　C. 内部侦察　　D. 仪器检测

41. BB002　火场上的初步侦察主要是了解（　　），为灭火战斗提供重要依据。

A. 燃烧部位　　B. 火势蔓延方向　　C. 有无被困人员　　D. 有无贵重物品

42. BB003　对于已经燃烧的建筑，火情侦察主要从（　　）等方面考虑。

A. 建筑的结构特点　　B. 建筑的构造形式　　C. 建筑的耐火等级　　D. 有无倒塌

43. BB004　火情侦察的组织应根据（　　）组成相应的小组。

A. 到达火场的灭火力量　　B. 火势情况

C. 侦察任务　　D. 天气环境

44. BB005　火情侦察一般可分为（　　）。

A. 初步侦察　　B. 反复侦察　　C. 内部侦察　　D. 仪器检测

45. BB006　询问知情人是指指挥员和侦察人员直接向起火单位（　　）等询问火场有关情况。

A. 负责人　　B. 安全保卫干部　　C. 技术员　　D. 值班人员

46. BB007　侦察人员要进入(　　)侦察时,应当用喷雾水枪进行掩护。
A. 高温区　B. 浓烟区　C. 着火区域　D. 室内
47. BB008　进入地下室内部侦察时,侦察人员要查清被困人员的(　　),以确定疏散路线和方法。
A. 数量　B. 位置　C. 男女比例　D. 身体状况
48. BB009　在浓烟情况下寻找被困人员时,搜救人员可以采用(　　)等方法寻找被困人员。
A. 喊　B. 听　C. 摸　D. 看
49. BB010　生命探测仪采用不同的电子探头,可识别(　　)等视听信号。
A. 呼喊　B. 敲击　C. 喘息　D. 呻吟
50. BB011　生命探测仪不能够确定幸存者的(　　)。
A. 位置　B. 数量　C. 方向　D. 心率
51. BB012　下面符合生命探测仪储藏温度范围的是(　　)。
A. −50 ℃　B. −30 ℃　C. −20 ℃　D. 60 ℃
52. BB013　军事毒剂检测仪主要由(　　)等组件构成。
A. 侦检器　B. 氢气罐　C. 电池报警器　D. 取样器
53. BB014　漏电探测仪的电池电压低于(　　)时应立即更换。
A. 1.4 V　B. 2.9 V　C. 4.8 V　D. 5.6 V
54. BB015　奥德姆 MX21 型侦检仪可检测(　　)等气体。
A. 甲烷　B. 硫化氢　C. 氧气　D. 煤气
55. BB016　在 MIRAN205B 型便携式毒剂侦检仪主菜单上按 5 键,再按(　　)键数据便开始传输。
A. 3　B. 4　C. 3　D. 4
56. BB017　GT-AP2C 型军事毒剂侦检仪谨防在高温、潮湿环境中存放,应保持(　　)备量充足。
A. 电源　B. 氢气　C. 氧气　D. 可燃液体
57. BB018　可燃气体检测仪中的试纸适用于检测空气中的(　　)等。
A. 砷化氢　B. 硫化氢　C. 氯化氢　D. 氯气
58. BB019　有毒气体探测仪用于事故现场探测空气中(　　)等多种有毒有害气体的浓度。
A. 氧气　B. 可燃气　C. 一氧化碳　D. 硫化氢
59. BB020　下面符合视频生命探测仪防水深度范围的是(　　)。
A. 30 m　B. 40 m　C. 50 m　D. 60 m
60. BC001　在垂直更换水带操作中,需要的器材有(　　)。
A. 水带　B. 水枪　C. 分水器　D. 水带包布
61. BC002　在垂直铺设水带操作中,对水带的材质要求为(　　)。
A. 挂胶　B. 衬里　C. 麻质　D. 无挂胶
62. BC003　在横过铁路铺设水带操作过程中,需要注意(　　)。
A. 个人装备齐全　B. 个人安全　C. 来往的火车　D. 风向
63. BC004　在横过公路铺设水带操作中,需要的器材有(　　)。
A. 水带　B. 水枪　C. 分水器　D. 挖洞工具

64. BC005　对于缺少消火栓的灾害现场，要求对车辆采用(　　)方法。

A. 接力供水　B. 运输供水　C. 打井供水　D. 吸水供水

65. BC006　消防电梯的竖井应当单独设置，不得有其他(　　)通过。

A. 电气管道　B. 水管　C. 气管　D. 通风管道

66. BD001　6 m 拉梯与挂钩梯联用操作中，需要的器材有(　　)。

A. 6 m 拉梯　B. 挂钩梯　C. 分水器　D. 水带

67. BD002　6 m 拉梯与挂钩梯联用操作时，挂钩梯挂梯时，(　　)，该项目不计取成绩。

A. 贴近窗口　B. 钩齿有三齿超过窗口

C. 钩齿未挂住窗口　D. 包住窗口

68. BD003　9 m 拉梯与挂钩梯联用登高要求，操作人员利用(　　)登至四层。

A. 9 m 拉梯　B. 挂钩梯　C. 两节拉梯　D. 楼梯

69. BD004　9 m 拉梯与挂钩梯联用操作时，操作人员应(　　)。

A. 酒后操作　B. 穿戴齐全　C. 认真训练　D. 热情高涨

70. BD005　拉梯的升降装置由(　　)组成。

A. 拉绳　B. 滑轮　C. 制动器　D. 铁钩

71. BD006　挂钩梯应保持清洁，不宜(　　)。

A. 日晒　B. 雨淋　C. 时干　D. 时湿

72. BE001　下列选项中符合金属切割机砂轮转速范围的是(　　)。

A. 4 400 r/min　B. 4 500 r/min　C. 4 700 r/min　D. 5 000 r/min

73. BE002　下列选项中符合液压扩张器液压工作压力范围的是(　　)。

A. 57 MPa　B. 60 MPa　C. 70 MPa　D. 75 MPa

74. BE003　液压切割器能切割的物件直径是(　　)。

A. 10 mm　B. 15 mm　C. 18 mm　D. 25 mm

75. BE004　下列选项不符合 K750/K760 型无齿锯切割深度标准的是(　　)。

A. 100 mm　B. 120 mm　C. 140 mm　D. 160 mm

76. BE005　无齿锯切割的对象为(　　)。

A. 金属　B. 混凝土结构　C. 木质结构　D. 竹质结构

77. BE006　无齿锯的开机方法为(　　)。

A. 打开电源开关　B. 打开油路开关　C. 拉绳启动　D. 检查油路

78. BE007　TS400 型无齿锯运行期间严禁触摸(　　)。

A. 风门　B. 轮片　C. 消音器　D. 开关

79. BE008　操作电动剪切钳时，在万不得已的情况下，禁止剪切淬火钢材，如(　　)等。

A. 弹簧　B. 主动轴　C. 方向盘柱　D. 铝合金

80. BE009　在更换电动剪切钳钳刃时，(　　)不可以操作或更换任务。

A. 专业人员　B. 驾驶员　C. 消防战斗员　D. 文书

81. BE010　便携式液压多功能钳在实施切割作业时，首先将(　　)，使两侧刀臂适当张开。

A. 换向阀手轮右旋到底　B. 换向阀手轮左旋到底

C. 手轮上的红色标记转至扩张工作挡　D. 压动活动手柄

82. BE011　便携式液压多功能钳剪切作业时，被剪工件与剪刀之间不得(　　)。

A. 交叉　B. 平行　C. 错位　D. 垂直

83. BE012　手动泵动臂油缸采用标准系列 80/4。液压泵排量由 10 mL/r 提高为 14 mL/r，系统调定压力为 14 MPa，满足了（　　）要求。

A. 动臂油缸举升力　B. 速度　C. 参数　D. 设计

84. BE013　SB63B 型手动泵在操作过程中具有（　　）功能。

A. 防水　B. 防烟　C. 防爆　D. 防尘

85. BE014　手动泵工作完毕，应泄掉（　　）的压力，然后将手动泵与配套工具间的快速接口脱开。

A. 指示器　B. 液压油路　C. 管路　D. 泵

86. BE015　手动泵的工作原理是凸轮使柱塞不断升降，密封容积周期性地（　　），泵不断吸油和排油。

A. 减小　B. 增大　C. 不变　D. 增大、减小、不变

87. BE016　BJQ63/0.6 型液压机动泵救护被困于受限环境中的受害人或抢救处于危险环境中的受害物，以达到（　　）的目的。

A. 救护　B. 救灾　C. 消毒　D. 手术

88. BE017　超高压液压机动泵液压油箱容量不符合标准的为（　　）。

A. 8 L　B. 6 L　C. 5 L　D. 4 L

89. BE018　超高压液压机动泵启动前，要（　　）。

A. 将机器远离易燃物　B. 拧紧油箱盖

C. 检查各部位是否松动　D. 将溅在外部的残油擦净

90. BE019　超高压液压机动泵不可在（　　）环境温度下工作。

A. －40 ℃　B. －20 ℃　C. 40 ℃　D. 70 ℃

91. BE020　机动链锯主要用于破拆（　　）等障碍物。

A. 木质楼板　B. 树桩　C. 铁栅栏　D. 防盗门

92. BE021　机动链锯工作时，需要使用（　　）才能确保机器正常运行。

A. 汽油　B. 发动机油　C. 链锯链条润滑油　D. 柴油

93. BE022　机动链锯在使用一段时间后，锯齿就会变得不锋利，在进行休整时，（　　）的角度最好保证 30°左右为佳。

A. 链锯链条　B. 锉刀　C. 发动机　D. 油锯导板

94. BE023　火灾自动报警系统中探测器出现单点误报的处理方法有（　　）。

A. 改善环境　B. 变更场所

C. 清洗光电感烟探测器　D. 更换探测器

95. BE024　火灾自动报警系统中光电感烟探测器迷宫的维护方法是用湿布轻擦或吹掉红外管座光路边缘的（　　）。

A. 灰尘　B. 纤维　C. 烟头　D. 纸张

96. BE025　防火卷帘门有上升尢卜降或有下降无上升的原因为（　　）。

A. 下降或上升按钮问题　B. 接触器触头及线圈问题

C. 限位开关问题　D. 接触器连锁常闭触点问题

97. BF001　常用的毒害剂量等级为（　　）。

A. 致死剂量　B. 半致死剂量　C. 失能剂量　D. 半失能剂量

98. BF002　健康人在 100 ℃高温中能待（　　）。

A. 0.5 min　B. 1 min　C. 1.5 min　D. 2 min

99. BF003　能使泌尿系统中毒的毒物是（　　）。

A. 镉　B. 溴化物　C. 四氯化碳　D. 有机氯

100. BF004　引起泄漏的因素有（　）。

A. 设备材料缺陷　B. 加工焊接较差

C. 阀体磨损、管道腐蚀　D. 外部因素

101. BF005　氯气被人体吸入后，主要不损害（　　）及支气管黏膜。

A. 脑　B. 皮肤　C. 上呼吸道　D. 鼻

102. BF006　苯蒸气中毒的一般症状为（　）。

A. 头晕　B. 恶心欲吐　C. 无力　D. 步履蹒跚

103. BF007　若在空气中液化石油气含量超过 1%，无防护的人在其中停留（　　）后不会引起麻醉。

A. 2 min　B. 3 min　C. 4 min　D. 5 min

104. BF008　下面不属于易分解生热的物质是（　　）。

A. 硫化铁　B. 硝化甘油　C. 钾　D. 强酸

105. BF009　在动火作业时，氧气瓶与乙炔发生器的间距不得小于（　　）。

A. 3 m　B. 4 m　C. 5 m　D. 6 m

106. BF010　下面属于气体泄漏的是（　）。

A. 液化石油气泄漏　B. 煤气泄漏

C. 氯气泄漏　D. 铝粉泄漏

107. BF011　利用关阀断料的措施来关闭管道阀门时，必须用（　　）打水对抢险人员进行掩护。

A. 开花水枪　B. 喷雾水枪　C. 直流水枪　D. 消防水炮

108. BF012　针对不同化学灾害事故，泄漏的处置方法有（　　）、注水排险、喷雾稀释、引火点燃、回收等。

A. 关阀断源　B. 倒罐转移　C. 应急堵漏　D. 冷却防爆

109. BF013　在氨气泄漏现场，抢险人员应向知情人或单位负责人了解有无火灾、爆炸、（　　）等情况。

A. 中毒人员　B. 氨气泄漏时间　C. 面积　D. 具体泄漏位置

110. BF014　天然气管线泄漏接警时应问清事故发生的时间、（　　）等情况。

A. 详细地址　B. 泄漏物质载体

C. 是否发生燃烧爆炸　D. 有无人员伤亡

111. BF015　带压堵漏适用的介质：（　　）、蒸汽、各类气体、浓酸、碱、苯等强腐蚀类及各类化学品。

A. 油　B. 水　C. 燃气　D. 硫黄

112. BF016　注入式堵漏器材用于（　　）等行业装置管道上的各种静密封点堵漏密封。

A. 化工　B. 化肥　C. 炼油　D. 煤气

113. BF017　粘贴式堵漏器材的使用压力在（　　）以内。

A. 1.5 MPa　B. 2.0 MPa　C. 2.5 MPa　D. 3.0 MPa

114. BF018　发生大量苯酚泄漏时，堵漏人员要（　　）。

A. 佩戴防毒面具 B. 穿好防护服
C. 用沙土将苯酚处理干净 D. 不要直接接触泄漏物

115. BF019 法兰的强压注胶堵漏钢丝固定不可使用( )。
A. 钳子 B. 平口錾子 C. 扳手 D. 螺丝刀

116. BF020 若阀门体的壁较薄,可安装一个较厚的卡簧,然后在其上( ),也能进行钻孔注胶堵漏。
A. 钻孔 B. 固定注胶阀 C. 注胶层 D. 垫片

117. BF021 为了防止可燃物大量泄漏引起燃烧爆炸事故,必须设置完善的检测报警系统,并尽可能与( )连锁,尽量减少损失。
A. 生产调节系统 B. 处理装置 C. 安全员 D. 主要负责人

118. BF022 木质堵漏楔适用于本体的( )泄漏点堵漏。
A. 点形 B. 三角形 C. 线形 D. 大面积

119. BF023 气动吸盘堵漏适用于( )堵漏。
A. 油罐车 B. 液柜车 C. 大型容器 D. 储油罐

120. BF024 电磁式堵漏工具的使用方法是( )。
A. 拿出磁压堵漏器 B. 安放于漏点位置
C. 将磁压堵漏器对准泄漏点 D. 打开磁力开关

三、判断题(正确的填"√",错误的填"×")

( ) 1. AA001 灭火消防车是可喷射灭火剂并能独立扑救火灾的消防车。
( ) 2. AA002 泡沫消防车的主要用途是以水灭火为主,以泡沫灭火为辅。
( ) 3. AA003 CG35/40 型水罐消防车驾驶室和消防员室标准载员 8 人。
( ) 4. AA004 联用消防车可用于扑救一切可燃物质、易燃液体、可燃气体和带电设备等的火灾。
( ) 5. AA005 SGX5140TXFQZ-SQ5 型抢险照明消防车具有大功率电机组、高举升、全回转等特性。
( ) 6. AA006 照明消防车主要装备发电和照明设备及通信器材,为夜间灭火、救援工作提供照明。
( ) 7. AA007 排烟消防车只具有排烟功能。
( ) 8. AA008 CD70/60 型水罐消防车的最大流量为 60 L/s。
( ) 9. AA009 轻便泵浦消防车适于扑救水源不足而街道狭窄的地区和工厂企业的一般物质火灾。
( ) 10. AA010 CX10 型通信指挥消防车标准载员 10 人。
( ) 11. AA011 通信指挥消防车是用于火场指挥和通信联络的灭火消防车。
( ) 12. AA012 供水消防车属于后援消防车。
( ) 13. AA013 泡沫消防车主要用于扑救石油化工企业、油库和油码头等的可燃和易燃液体火灾。
( ) 14. AA014 CF22 型轻便干粉泵浦消防车的最大引水深度为 10.5 m。
( ) 15. AA015 SXF5020TXFBP8A 型泵浦消防车的最高车速为 95 km/h。
( ) 16. AA016 二氧化碳消防车是主要装备二氧化碳灭火剂罐或高压钢瓶及成套二氧

化碳喷射装置的照明消防车。

(　　) 17. AA017　CE240 型二氧化碳消防车的水罐容量为 1 000 L。

(　　) 18. AA018　CKQ20 型举高喷射消防车的最大工作高度为 40 m。

(　　) 19. AA019　登高平台消防车也称曲臂登高车。

(　　) 20. AA020　举高喷射消防车简称高喷车。

(　　) 21. AA021　抢险救援消防车装备火源探测设备。

(　　) 22. AB001　在灭火救援中，汽车驾驶员需要根据计算判断事故的危害程度，以确定使用相应的装备和器具。

(　　) 23. AB002　耐火等级为一级的办公楼发生火灾时，其供水强度规定为 0.12 L/(s·m^2)。

(　　) 24. AB003　高倍数泡沫主要用于扑救非水溶性可燃液体和一般固体火灾。

(　　) 25. AB004　当燃烧面积小于 20 m^2 时，由侧壁喷射干粉的供给强度为 3.33 kg/m^2。

(　　) 26. AB005　水带的压力损失与水带内壁的粗糙度、水带长度和直径、水带铺设方式和水带内的流量无关。

(　　) 27. AB006　掌握灭火剂喷射器具应用计算的知识，对灭火救援有着重要作用。

(　　) 28. BA001　灭火中遇到紧急情况时，灭火人员可对建筑物进行全部拆除。

(　　) 29. BA002　灭火人员到达火场后，为了迅速查明火情，可以进行必要的破拆。

(　　) 30. BA003　使用消防斧进行破拆的方法属于锯切法。

(　　) 31. BA004　破拆建筑构件时，应注意防止误拆承重构件而造成倒塌伤人。

(　　) 32. BA005　KZQ 型液压扩张器应经常检查各部位是否有松动、损坏等异常现象。

(　　) 33. BA006　绝缘剪的绝缘护套可耐压 5 000 V，并有防滑作用。

(　　) 34. BA007　消防斧可用于破拆砖木建筑和开启门窗。

(　　) 35. BA008　消防腰斧可以用来破拆带电设备。

(　　) 36. BA009　万能铁铤用 ϕ25 mm 合金钢锻造。

(　　) 37. BA010　消防平斧和尖斧平时应检查斧刃是否有损伤、卷刃。

(　　) 38. BA011　救生照明线的抗拉强度为 205 kg/cm^2。

(　　) 39. BA012　多功能救援支架适用于矿井、坑道的紧急救援。

(　　) 40. BB001　在登高侦察时，侦察人员应利用安全绳、安全钩、安全带等进行自身防护。

(　　) 41. BB002　各级火场指挥员只有及时、全面、细致地进行火情侦察，才能做出正确的判断和决策。

(　　) 42. BB003　在消防队员到达火场后，对是否有人员被困在火场内，是否有人员受到火势威胁进行的侦察，不属于火情侦察范围。

(　　) 43. BB004　火场较大、参战中队较多，成立灭火指挥部时，由指挥部组织一个或若干个侦察小组进行火情侦察工作。

(　　) 44. BB005　火情侦察从消防队到达火场开始，至灭火开始为止。

(　　) 45. BB006　火情侦察中，侦察人员在火场上通过感觉器官对外部火场进行侦察的方法为内部侦察。

(　　) 46. BB007　火情侦察过程中，救援人员在进入着火房间前，应站在门对面。

(　　) 47. BB008　水带的压力损失按水枪要求的有效射程进行估算。

(　　) 48. BB009　烧伤的程度是根据烧伤面积大小和深度确定的。
(　　) 49. BB010　生命探测仪的陷波滤波为 50 Hz 和 60 Hz。
(　　) 50. BB011　生命探测仪只具有过滤背景噪音的特点。
(　　) 51. BB012　生命探测仪电池长期不用时可放置在电池盒内。
(　　) 52. BB013　MIRAN205B 型便携式毒剂侦检仪在侦检仪上接收数据。
(　　) 53. BB014　电子气象仪气压异动超过 1.5～2 mmHg 时自动报警。
(　　) 54. BB015　MIRAN205B 型便携式毒剂侦检仪利用红外光谱法对采集到的气体进行定量、定性分析。
(　　) 55. BB016　MIRAN205B 型便携式毒剂侦检仪使用时应将仪器立放。
(　　) 56. BB017　军事毒剂检测仪使用防水钢制外壳。
(　　) 57. BB018　可燃气体探测仪的测量范围为 0～50%LEL。
(　　) 58. BB019　有毒气体探测仪应轻拿轻放，避免潮湿、高温环境，保持清洁。
(　　) 59. BB020　音频生命探测仪的质量为 10 kg。
(　　) 60. BC001　在垂直更换水带过程中，水带接口可以直接接触硬质地面。
(　　) 61. BC002　在垂直铺设水带过程中，水带挂钩必须固定在窗口处。
(　　) 62. BC003　穿越铁轨段的水带可以弯曲。
(　　) 63. BC004　通过公路铺设水带救火时，要用水带护桥保护水带。
(　　) 64. BC005　建筑物四周的环境对火场供水力量影响不大。
(　　) 65. BC006　高度超过 24 m 的一类建筑、10 层及 10 层以上的塔式住宅建筑、12 层及 12 层以上的单元式住宅和通廊式住宅建筑以及建筑高度超过 32 m 的二类高层公共建筑等均应设置消防电梯。
(　　) 66. BD001　在 6 m 拉梯与挂钩梯联用操作中，操作人员应利用挂钩梯上至三楼。
(　　) 67. BD002　在 6 m 拉梯与挂钩梯联用操作时，操作人员必须穿消防靴。
(　　) 68. BD003　登高人员利用挂钩梯登高时必须系好安全绳。
(　　) 69. BD004　9 m 拉梯与挂钩梯联用时，操作人员可以不用佩戴消防头盔。
(　　) 70. BD005　挂钩梯是利用窗口登高的工具，主要有 4 种类型。
(　　) 71. BD006　挂钩梯在使用时，不可强行超越梯子自身承受的极限能力。
(　　) 72. BE001　金属切割机在无荷载时，发动机不要高速运转。
(　　) 73. BE002　北京天元液压扩张器的牵引力为 4 tf。
(　　) 74. BE003　液压切割器主要由液压泵、软管、手柄、连接器、液压系统和标准切割头等组成。
(　　) 75. BE004　371K 型无齿锯的活塞行程为 36 mm。
(　　) 76. BE005　371K/3120K 型无齿锯不必安装锯片护罩。
(　　) 77. BE006　371K/3120K 型无齿锯冷机启动时均应按下减压阀。
(　　) 78. BE007　TS400 型无齿锯切割片安装要牢固。
(　　) 79. BE008　MCHA140 型电动剪切钳可以剪切淬火钢材。
(　　) 80. BE009　MCHA140 型电动剪切钳更换钳刃时，可以不用润滑油润滑。
(　　) 81. BE010　BDQ 型便携式液压多功能钳使用后应清理干净。
(　　) 82. BE011　BDQ 型便携式液压多功能钳允许剪切淬硬的材料。
(　　) 83. BE012　SB63B 型手动泵油箱的容积为 0.7 L。

( ) 84. BE013 SB63B 型手动泵操作前应检查部件。
( ) 85. BE014 SB63B 型手动泵初次使用时应拧下油箱盖,检查油面所到位置。
( ) 86. BE015 SB63/1.5-A 型手动泵的质量小于 20 kg。
( ) 87. BE016 JBQ-C 型超高压液压机动泵具有三级压力输出。
( ) 88. BE017 JBQ-C 型超高压液压机动泵的高压输出流量为 2×0.6 L/min。
( ) 89. BE018 JBQ-C 型超高压液压机动泵加注汽油时,不应加注过满,要留有一定的空隙以免工作时溢出,造成危险。
( ) 90. BE019 未经过培训的人员也可操作 JBQ-C 型超高压液压机动泵。
( ) 91. BE020 机动链锯的工作过程为发动机发出的动力通过离合器传给锯切机构,带动锯链,由锯切齿切割非金属材料。
( ) 92. BE021 机动链锯使用前,应将原油和机油按 20∶1 的比例混合后加入燃油箱。
( ) 93. BE022 机动链锯使用时,若打不着火应检查油箱中有无汽油,检查电路、油路行程开关弹簧是否脱落等。
( ) 94. BE023 火灾自动报警系统手动盘键无反应时,控制器处于“手动不允许”状态,可利用“选项设置”操作重新设置。
( ) 95. BE024 火灾自动报警系统因故障而隔离(关闭)的探测器或其他设备应及时检修并排除故障,在隔离(关闭)期间应加强对相关场所的巡视检查。
( ) 96. BE025 在控制中心无法联动防火卷帘门时的处理办法:检查控制中心控制装置本身;检查控制模块。
( ) 97. BF001 棉花燃烧时会产生二氧化碳、乙醛等有毒气体。
( ) 98. BF002 氧气在空气中的含量为 5%时,可定为人可以生存的极限值。
( ) 99. BF003 工业毒物是指工业生产过程中使用或生产的毒物。
( ) 100. BF004 严格执行操作规程是泄漏类火灾与爆炸事故的防火防爆措施之一。
( ) 101. BF005 吸入高浓度氯气后,会刺激眼睛和心脏。
( ) 102. BF006 苯为无色油状液体,有特殊的芳香气味,易溶于水。
( ) 103. BF007 液化石油气的自燃点为 426～537 ℃。
( ) 104. BF008 自燃类火灾与爆炸是指因化学反应热积蓄引起自然发热,从而导致可燃物温度达到其自燃点所引发的燃烧或爆炸。
( ) 105. BF009 动火地点空气中可燃物含量小于 5%为合格,可以进行动火作业。
( ) 106. BF010 渗透泄漏是指密闭设备主体产生的泄漏。
( ) 107. BF011 在控制泄漏采取关闭管道阀门时,可以不用设喷雾水枪掩护。
( ) 108. BF012 阀体磨损、管道腐蚀是引起泄漏的原因之一。
( ) 109. BF013 氨气易溶于水,其水溶性呈酸性。
( ) 110. BF014 CNG 加气站售气机的额定工作压力为 30 MPa。
( ) 111. BF015 对于密封件因预紧力小而渗漏的现象,紧固法堵漏采用增加密封件预紧力的方法。
( ) 112. BF016 注入式堵漏器使用后必须检查所有连接部位和密封点的完好性。
( ) 113. BF017 粘贴式堵漏器用后应清洗、涂油保存并按照要求定期检查。
( ) 114. BF018 捆扎堵漏法的捆扎工具由切断、夹持组成。
( ) 115. BF019 法兰泄漏的原因有法兰盘、密封垫圈或固定螺栓安装不正确,或密封垫圈失效。

(　　)116. BF020　阀门钻孔堵漏时不需使用风钻或电钻。

(　　)117. BF021　火灾危险性大的设备和系统应尽可能减少法兰连接。

(　　)118. BF022　木质堵漏楔经绝缘处理,可变形。

(　　)119. BF023　气动吸盘式堵漏器应避免低温,防止破损。

(　　)120. BF024　用电磁式堵漏器堵漏时,操作人员应佩戴个人防护装备。

四、简答题

1. AA012　消防车按底盘承载能力分为哪几类?

2. AA012　消防车按功能用途分为哪几类?

3. BA003　火场破拆的方法有哪些?

4. BA003　锯切法使用的器具有哪些?

5. BA007　消防斧分为哪几类?

6. BA007　消防斧的适用范围有哪些?

7. BA009　铁铤分为哪几类?

8. BA009　铁铤的适用范围有哪些?

9. BB006　火情侦察的方法有哪些?

10. BB006　救援人员进入室内搜救被困人员的具体方法有哪些?

11. BC001　垂直更换水带的操作步骤是什么?

12. BC001　垂直更换水带的注意事项有哪些?

13. BE004　通用型无齿锯的性能有哪些?

14. BE004　操作无齿锯时应注意哪些事项?

15. BE020　机动链锯有哪些特性?

16. BE020　操作机动链锯时应注意哪些事项?

17. BF001　有毒火灾的特点有哪些?

18. BF001　中毒会对人体哪些部位造成危害?

19. BF003　神经系统中毒物会给中毒者带来哪些症状?

20. BF003　化学毒物如何分类?

21. BF004　泄漏类火灾与爆炸事故的原因有哪些?

22. BF004　泄漏类火灾与爆炸事故的防火防爆措施有哪些?

23. BF005　液氯的特点有哪些?

24. BF005　液氯泄漏事故的特点有哪些?

25. BF006　苯的特征有哪些?

26. BF006　苯泄漏事故的特点有哪些?

27. BF007　液化石油气泄漏时有哪些特点?

28. BF007　液化石油气对人员有哪些危害?

29. BF008　自燃类物质的混触自燃机理及安全要求有哪些?

30. BF008　简述自燃类火灾与爆炸的预防对策。

31. BF009　动火安全有哪些实施要点?

32. BF009　哪些情况下不准动火？
33. BF010　按泄漏介质的状态分类，有哪些泄漏？
34. BF010　按泄漏的机理分类，物质泄漏有哪些？
35. BF014　天然气管线泄漏事故的指导方法有哪些？
36. BF014　简答天然气管线泄漏的处置方法。
37. BF015　堵漏的基本措施有哪些？
38. BF015　堵漏的基本方法有哪些？
39. BF019　法兰堵漏的方法有哪些？
40. BF019　强压注胶堵漏的常用夹具如何使用？
41. BF021　可燃物泄漏的控制措施有哪些？
42. BF021　引流点燃有哪些措施？

技师理论知识试题答案

一、单选题

1. C	2. A	3. B	4. B	5. A	6. C	7. A	8. A	9. D	10. C
11. D	12. D	13. D	14. D	15. C	16. A	17. D	18. A	19. D	20. C
21. A	22. A	23. A	24. D	25. B	26. C	27. C	28. B	29. B	30. C
31. B	32. C	33. D	34. A	35. B	36. B	37. C	38. B	39. B	40. B
41. A	42. B	43. A	44. A	45. A	46. C	47. C	48. B	49. B	50. B
51. A	52. A	53. C	54. A	55. B	56. B	57. D	58. C	59. D	60. C
61. D	62. B	63. B	64. B	65. C	66. B	67. B	68. C	69. B	70. C
71. A	72. A	73. B	74. A	75. B	76. A	77. D	78. A	79. A	80. C
81. C	82. C	83. A	84. D	85. D	86. D	87. B	88. A	89. D	90. C
91. A	92. C	93. C	94. C	95. C	96. A	97. C	98. A	99. C	100. C
101. B	102. C	103. A	104. D	105. C	106. C	107. A	108. B	109. D	110. B
111. B	112. C	113. C	114. B	115. C	116. B	117. C	118. C	119. C	120. C
121. B	122. A	123. C	124. A	125. D	126. D	127. A	128. C	129. B	130. A
131. D	132. A	133. C	134. C	135. D	136. A	137. B	138. C	139. B	140. C
141. C	142. C	143. B	144. A	145. D	146. D	147. B	148. B	149. D	150. C
151. C	152. C	153. C	154. A	155. D	156. B	157. B	158. B	159. B	160. B
161. C	162. D	163. A	164. C	165. B	166. C	167. A	168. C	169. A	170. B
171. C	172. A	173. B	174. A	175. B	176. B	177. D	178. C	179. B	180. C
181. B	182. A	183. C	184. C	185. D	186. D	187. D	188. A	189. A	190. C
191. C	192. C	193. C	194. B	195. B	196. A	197. B	198. D	199. B	200. D
201. D	202. D	203. C	204. C	205. A	206. B	207. B	208. C	209. A	210. B
211. B	212. B	213. B	214. D	215. C	216. B	217. C	218. C	219. C	220. B
221. B	222. D	223. D	224. C	225. C	226. C	227. C	228. B	229. A	230. B
231. A	232. D	233. C	234. C	235. D	236. D	237. C	238. B	239. D	240. D

二、多选题

1. ABD	2. BD	3. BCD	4. ABCD	5. ABC
6. ABC	7. ABC	8. BCD	9. ABD	10. ABD
11. AB	12. ABC	13. ABD	14. ABC	15. BCD
16. ABD	17. ABCD	18. ABC	19. ABD	20. BCD

21. ABCD	22. ABC	23. ABCD	24. ABCD	25. ABC
26. AB	27. ABC	28. ABC	29. CD	30. ABC
31. AB	32. ABCD	33. BCD	34. ABC	35. BCD
36. AB	37. ABCD	38. ABC	39. ABCD	40. ABCD
41. ABCD	42. ABCD	43. ABC	44. AB	45. ABCD
46. ABC	47. AB	48. ABC	49. ABCD	50. BCD
51. BCD	52. ABCD	53. ABC	54. ABCD	55. AC
56. AB	57. ABCD	58. ABCD	59. AB	60. ABC
61. AB	62. ABC	63. ABC	64. AB	65. ABCD
66. AB	67. BC	68. AB	69. BCD	70. ABC
71. ABCD	72. ABC	73. ABC	74. ABC	75. BCD
76. AB	77. ABC	78. BC	79. ABC	80. BCD
81. ACD	82. ABC	83. AB	84. ABC	85. CD
86. AB	87. AB	88. ABC	89. ABCD	90. AD
91. AB	92. ABC	93. AB	94. ABCD	95. AB
96. ABCD	97. ABCD	98. AB	99. ABCD	100. ABCD
101. ABD	102. ABCD	103. ABC	104. ACD	105. CD
106. ABC	107. AB	108. ABCD	109. ABCD	110. ABCD
111. ABCD	112. ABC	113. ABC	114. ABCD	115. ACD
116. AB	117. AB	118. ABC	119. ABCD	120. ABCD

三、判断题

1. √	2. ×	3. √	4. ×	5. √	6. √	7. ×	8. √	9. ×	10. √
11. ×	12. √	13. √	14. ×	15. √	16. ×	17. ×	18. ×	19. √	20. √
21. √	22. ×	23. ×	24. √	25. ×	26. ×	27. √	28. ×	29. √	30. ×
31. √	32. √	33. ×	34. √	35. ×	36. ×	37. √	38. ×	39. √	40. √
41. √	42. ×	43. √	44. ×	45. ×	46. ×	47. √	48. ×	49. √	50. ×
51. ×	52. ×	53. ×	54. √	55. ×	56. ×	57. ×	58. √	59. ×	60. ×
61. √	62. ×	63. √	64. ×	65. √	66. √	67. ×	68. √	69. ×	70. ×
71. √	72. √	73. ×	74. √	75. √	76. √	77. √	78. √	79. ×	80. ×
81. √	82. ×	83. √	84. ×	85. √	86. ×	87. ×	88. √	89. √	90. ×
91. √	92. √	93. √	94. ×	95. √	96. ×	97. ×	98. ×	99. √	100. √
101. ×	102. ×	103. √	104. √	105. ×	106. ×	107. ×	108. √	109. ×	110. ×
111. √	112. ×	113. √	114. ×	115. √	116. ×	117. √	118. ×	119. ×	120. √

2.正确：泡沫消防车的主要用途是以泡沫灭火为主，以水灭火为辅。

4.正确：联用消防车可用于扑救一般可燃物质、易燃液体、可燃气体和带电设备等的火灾。

7.正确：排烟消防车具有排烟和灭火两种功能。

9.正确：轻便泵浦消防车适于扑救水源充足而街道狭窄的地区和工厂企业的一般物质火灾。

11.正确：通信指挥消防车是用于火场指挥和通信联络的专勤消防车。

14. 正确:CF22 型轻便干粉泵浦消防车的最大引水深度为 6.5 m。
16. 正确:二氧化碳消防车是主要装备二氧化碳灭火剂罐或高压钢瓶及成套二氧化碳喷射装置的灭火消防车。
17. 正确:CE240 型二氧化碳消防车的水罐容量为 1 500 L。
18. 正确:CKQ20 型举高喷射消防车的最大工作高度为 20 m。
22. 正确:在灭火救援中,指挥员需要根据计算判断事故的危害程度,以确定使用相应的装备和器具。
23. 正确:耐火等级为一级的办公楼发生火灾时,其供水强度规定为 0.06 L/(s・m^2)。
25. 正确:当燃烧面积小于 6 m^2 时,由侧壁喷射干粉的供给强度为 3.33 kg/m^2。
26. 正确:水带的压力损失与水带内壁的粗糙度、水带长度和直径、水带铺设方式和水带内的流量有关。
28. 正确:灭火中遇到紧急情况时,灭火人员可对建筑物进行局部拆除。
30. 正确:使用消防斧进行破拆的方法属于撬砸法。
33. 正确:绝缘剪的绝缘护套可耐压 3 000 V,并有防滑作用。
35. 正确:消防腰斧不能用来破拆带电设备。
36. 正确:万能铁铤用 ϕ20 mm 合金钢锻造。
38. 正确:救生照明线的抗拉强度为 175 kg/cm^2。
42. 正确:在消防队员到达火场后,对是否有人员被困在火场内,是否有人员受到火势威胁进行的侦察,属于火情侦察范围。
44. 正确:火情侦察从消防队到达火场开始,至灭火战斗结束为止。
45. 正确:火情侦察中,侦察人员在火场上通过感觉器官对外部火场进行侦察的方法为外部侦察。
46. 正确:火情侦察过程中,救援人员在进入着火房间前,应站在门侧。
50. 正确:生命探测仪有过滤背景噪音、与幸存者对讲的特点。
51. 正确:生命探测仪电池长期不用时应从电池盒内取出。
52. 正确:MIRAN205B 型便携式毒剂侦检仪在计算机上接收数据。
53. 正确:电子气象仪气压异动超过 0.5～1.5 mmHg 时自动报警。
55. 正确:MIRAN205B 型便携式毒剂侦检仪使用时应将仪器平放。
56. 正确:军事毒剂检测仪使用防水铝制外壳。
57. 正确:可燃气体探测仪的测量范围为 0～100%LEL。
59. 正确:音频生命探测仪的质量为 7 kg。
60. 正确:在垂直更换水带过程中,水带接口不得直接接触硬质地面。
62. 正确:穿越铁轨段的水带要拉直,不得弯曲。
64. 正确:建筑物四周的环境对火场供水力量影响很大。
67. 正确:在 6 m 拉梯与挂钩梯联用操作时,操作人员不可以穿消防靴。
69. 正确:9 m 拉梯与挂钩梯联用时,操作人员要佩戴消防头盔。
70. 正确:挂钩梯是利用窗口登高的工具,主要有 3 种类型。
73. 正确:北京天元液压扩张器的牵引力为 3.9 tf。
76. 正确:371K/3120K 型无齿锯无论何时均应安装锯片护罩。
79. 正确:MCHA140 型电动剪切钳除非在万不得已的情况下,绝对禁止剪切淬火钢材。

80. 正确：MCHA140 型电动剪切钳更换钳刃时，应将钳刃的内外层、铰孔以及各个轴用润滑油润滑。
82. 正确：BDQ 型便携式液压多功能钳不允许剪切淬硬的材料。
84. 正确：SB63B 型手动泵操作结束后应检查部件。
86. 正确：SB63/1.5-A 型手动泵的质量小于 10 kg。
87. 正确：JBQ-C 型超高压液压机动泵具有两级压力输出。
90. 正确：未经过培训的人员不得操作 JBQ-C 型超高压液压机动泵。
94. 正确：火灾自动报警系统手动盘键无反应时，控制器处于"手动不允许"状态，可利用"启动方式设置"操作重新设置。
96. 正确：在控制中心无法联动防火卷帘门时的处理办法：检查控制中心控制装置本身；检查控制模块；检查传输线路。
97. 正确：棉花燃烧时会产生二氧化碳、一氧化碳等有毒气体。
98. 正确：氧气在空气中的含量为 10%时，可定为人可以生存的极限值。
101. 正确：吸入低浓度氯气后，会刺激眼睛和上呼吸道。
102. 正确：苯为无色油状液体，有特殊的芳香气味，不溶于水。
105. 正确：动火地点空气中可燃物含量小于 0.2%为合格，可以进行动火作业。
106. 正确：本体泄漏是指密闭设备主体产生的泄漏。
107. 正确：在控制泄漏采取关闭管道阀门时，必须设开花或喷雾水枪掩护。
109. 正确：氨气易溶于水，其水溶性呈碱性。
110. 正确：CNG 加气站售气机的额定工作压力为 20 MPa。
112. 正确：注入式堵漏器使用前必须检查所有连接部位和密封点的完好性。
114. 正确：捆扎堵漏法的捆扎工具由切断、夹持和扎紧机构组成。
116. 正确：阀门钻孔堵漏时需使用风钻或电钻。
118. 正确：木质堵漏楔经绝缘处理，不变形。
119. 正确：气动吸盘式堵漏器应避免高温，防止破损。

四、简答题

1. 答：① 轻型消防车；② 中型消防车；③ 重型消防车。
   评分标准：答对①～③各占 33%。
2. 答：① 灭火消防车；② 专勤消防车；③ 举高消防车；④ 机场消防车；⑤ 后援消防车。
   评分标准：答对①～⑤各占 20%。
3. 答：① 撬砸法；② 拉拽法；③ 锯切法；④ 冲撞法；⑤ 爆破法。
   评分标准：答对①～⑤各占 20%。
4. 答：① 油锯；② 手提砂轮机；③ 气体切割机；④ 手动切割机。
   评分标准：答对①～④各占 25%。
5. 答：① 消防尖斧；② 消防平斧；③ 消防腰斧。
   评分标准：答对①②各占 40%；答对③占 20%。
6. 答：① 消防尖斧用于破拆砖木结构房屋及其他构件，也可破墙凿洞；② 消防平斧用于破拆砖木结构房屋及其他构件；③ 消防腰斧是个人携带装备，主要用于破拆建筑、个别构件和登高行动支撑物。

评分标准：答对①②各占 40%；答对③占 20%。

7.答：① 重铁铤；② 轻铁铤；③ 轻便铁铤；④ 万能铁铤。

评分标准：答对①～④各占 25%。

8.答：① 用于破拆门窗、地板、吊顶、隔墙及开启消火栓；② 寒冷地区也可用其破冰取水。

评分标准：答对①②各占 50%。

9.答：① 外部侦察；② 内部侦察；③ 询问知情人；④ 仪器检测。

评分标准：答对①～④各占 25%。

10.答：① 喊；② 听；③ 摸；④ 看；⑤ 嗅。

评分标准：答对①～⑤各占 20%。

11.答：① 拆下爆破水带；② 上二楼，甩水带；③ 取下挂钩，拉入爆破水带；④ 传递水带，固定水带；⑤ 连接水带，连接分水器。

评分标准：答对①～⑤各占 20%。

12.答：① 操作人员个人防护装备齐全；② 必备的工具、用具准备齐全；③ 按操作规程操作；④ 注意安全；⑤ 有恐高症及其他疾病不适合该项目者不应参加。

评分标准：答对①～⑤各占 20%。

13.答：① 刀片直径 300 mm；② 最大转速 5 100 r/min；③ 动力 4.8 hp；④ 质量 9.3 kg。

评分标准：答对①～④各占 25%。

14.答：① 使用时，砂轮片要以较小的转速接近破拆对象，待确定切割方向后再加速；② 切割物体时，必须沿着砂轮片的旋转方向切入，不能歪斜。

评分标准：答对①②各占 50%。

15.答：① 电压 220 V；② 电流 7.1 A；③ 功率 1 400 W；④ 切割速率 470 m/min；⑤ 最大切割长度 405 mm。

评分标准：答对①～⑤各占 20%。

16.答：① 在无荷载时，严禁机器高速运转；② 使用时，如有异常震动，应立即停机查明原因。

评分标准：答对①②各占 50%。

17.答：① 易发生中毒事故；② 火灾易扩大；③ 火灾扑救困难。

评分标准：答对①②各占 30%；答对③占 40%。

18.答：① 呼吸道；② 皮肤；③ 消化道。

评分标准：答对①③各占 30%；答对②占 40%。

19.答：① 闪电样昏倒、震颤；② 震颤麻痹、阵发性痉挛；③ 强直性痉挛、神经炎；④ 瞳孔缩小，瞳孔扩大；⑤ 中毒性脑炎，中毒性神经病。

评分标准：答对①～⑤各占 20%。

20.答：① 工业毒物：按照毒物作用的对象和症状分为呼吸性中毒物、神经系统中毒物、血液系统中毒物、消化系统中毒物、泌尿系统中毒物。② 军事毒剂：按照毒害作用分为神经性毒剂、糜烂性毒剂、全身中毒性毒剂、失能性毒剂、窒息性毒剂、控爆剂。

评分标准：答对①②各占 50%。

21.答：① 设备缺陷；② 设备机械性能降低；③ 设备内压增大造成破裂；④ 操作失误。

评分标准：答对①②各占 20%；答对③④各占 30%。

22.答：① 防止泄漏；② 设置报警系统；③ 严格执行操作规程；④ 控制点火源。

评分标准：答对①②各占 20%；答对③④各占 30%。

23. 答：① 液氯常温下为黄绿色、有强烈刺激性臭味的气体；② 本身不燃烧，但能助燃，比空气重约 2.5 倍，在空气中不易扩散；③ 能溶于水，但溶解度不大，并随着温度的升高而减小；④ 氯与绝大多数有机物均能发生激烈反应；⑤ 氯气有剧毒，对眼睛和呼吸道系统的黏膜有极强的刺激性。

评分标准：答对①～⑤各占 20%。

24. 答：① 扩散迅速，危害大；② 易造成大量人员中毒；③ 污染环境，清洗消毒困难。

评分标准：答对①③各占 30%；答对②占 40%。

25. 答：① 苯为无色透明，具有强烈芳香味的易燃液体；② 爆炸极限为 1.2%～8%，遇明火、高热能引起燃烧爆炸，与氧化剂能发生强烈反应；③ 苯不溶于水，其蒸气比空气重，泄漏时有潜在的爆炸危险；④ 苯在沿管线流动时，流速过快，易产生和积聚静电，一旦静电不能消除，很容易引发爆炸燃烧；⑤ 苯属于中等毒物，对神经系统、呼吸中枢有一定的危害。

评分标准：答对①～⑤各占 20%。

26. 答：① 易发生爆炸燃烧事故；② 易造成大量人员中毒；③ 污染环境。

评分标准：答对①③各占 30%；答对②占 40%。

27. 答：① 液化石油气泄漏时，能在常温常压的空气中迅速汽化，同时吸收大量热，其体积能扩大 250～300 倍。② 气态石油气易在低洼处聚集，或沿地面扩散到相当远的地方。

评分标准：答对①②各占 50%。

28. 答：① 低浓度液化石油气对人体无毒。② 若在空气中液化石油气含量超过 10%，无防护的人在其中停留 5 min 就会产生麻痹。③ 症状有头晕、头痛、兴奋或嗜睡、恶心、呕吐、脉缓等，严重时丧失意识。

评分标准：答对①占 20%；答对②③各占 40%。

29. 答：① 某些性质相抵触的物质混合后，自发地开始缓慢的放热反应，温度上升到一定程度即发生燃烧爆炸。② 要求尽量避免性质相抵触的物质混合接触，必要时应及时排除热量。

评分标准：答对①②各占 50%。

30. 答：① 对这类物质的堆放方式、储存量及隔离方法进行严格限制，并采取通风、冷却、干燥等措施。② 对易引起自燃的物质，在储存过程中要连续测定并记录其温度及环境情况。③ 尽可能将自燃物质分散储存，防止其混储混运。

评分标准：答对①②各占 40%；答对③占 20%。

31. 答：① 审证；② 联络；③ 拆迁；④ 隔离；⑤ 移去可燃物；⑥ 灭火措施；⑦ 检查和监护；⑧ 动火分析；⑨ 动火；⑩ 善后处理。

评分标准：答对①～⑩各占 10%。

32. 答：① 没有动火证或动火证手续不全者；② 动火证已过期者；③ 动火证上要求采取的安全措施没有落实之前者；④ 动火地点或内容更改时没有重办审证手续者。

评分标准：答对①②各占 20%；答对③④各占 30%。

33. 答：① 气体泄漏；② 液体泄漏；③ 固体泄漏。

评分标准：答对①②各占 40%；答对③占 20%。

34. 答：① 界面泄漏；② 渗透泄漏；③ 破坏性泄漏。

评分标准:答对①②各占40%;答对③占20%。

35. 答:① 掌握天然气的性质和泄漏规律;② 设置警戒区,尽量将天然气浓度控制在爆炸点浓度之内。

评分标准:答对①②各占50%。

36. 答:① 关阀断料;② 疏散人员至安全区域;③ 及时防止燃烧爆炸,迅速排除险情;④ 进入泄漏区的排险人员严禁穿钉鞋和化纤服装;⑤ 严禁使用金属工具。

评分标准:答对①～⑤各占20%。

37. 答:① 对于关不严的间隙采取使密封体靠拢、接触的措施;② 对于裂缝、孔、断裂等,采取嵌入或填入堵塞物的措施,或采取黏合剂黏合措施,或采取覆盖密封、包裹、上罩措施。

评分标准:答对①占40%;答对②占60%。

38. 答:① 调整间隙消漏法;② 机械堵漏法;③ 气垫堵漏法;④ 胶堵密封法;⑤ 焊补堵漏法;⑥ 磁压法;⑦ 引流黏结堵漏法;⑧ 冷冻法。

评分标准:答对①②③⑤⑥⑧各占10%;答对④⑦各占20%。

39. 答:① 全包式堵漏法;② 卡箍式堵漏法;③ 强压注胶堵漏法;④ 顶压式堵漏法;⑤ 间隙调整堵漏法。

评分标准:答对①～⑤各占20%。

40. 答:① 卡箍用于卡住法兰盘的边缘,其形式有平面、凹面、凸面和密封式。② 铜丝:当法兰盘之间间隙较小,且介质压力低于4.2 MPa时,可使用铜丝。

评分标准:答对①②各占50%。

41. 答:① 关阀断料;② 堵漏封口;③ 喷雾稀释;④ 倒罐输转;⑤ 注水排险。

评分标准:答对①～⑤各占20%。

42. 答:① 对泄漏燃烧的储罐实施冷却控制,在保证安全的前提下,可以从排污管接出引流管,向安全区域排放点燃;② 可视情况架设排空管线,点燃火炬,以加速处置工作的进程。

评分标准:答对①②各占50%。

附　录

附录1　消防战斗员职业技能等级标准

1. 工种概况

1.1　工种名称

消防战斗员。

1.2　工种代码

3-02-03-01-05。

1.3　工种定义

从事火灾扑救、重特大灾害事故抢险和其他应急救援工作的人员。

1.4　工种等级

本工种共设四个等级，分别是初级（国家职业资格五级）、中级（国家职业资格四级）、高级（国家职业资格三级）、技师（国家职业资格二级）。

1.5　工作环境

室内外高温，高危有毒。

1.6　工种能力特征

身体健康，具有一定的理解、判断能力，动作协调灵活。

1.7　基本文化程度

高中毕业（或同等学力）。

1.8　培训要求

1.8.1　培训时间

采取集中培训的方式。根据其培养目标和教学计划确定期限。晋级培训初级不少于280标准学时，中级不少于210标准学时，高级不少于200标准学时，技师不少于180标准学时。

1.8.2　培训教师

培训初、中、高级的教师应具有本工种高级以上职业资格证书或中级以上专业技术职务任职资格；培训技师的教师应具有本工种技师职业资格证书或相应专业高级专业技术职务任职资格。

1.8.3　培训场地设备

理论培训应具有可容纳30名以上学员的教室；实际操作培训应有训练塔1座及其他相

关的消防训练器材和安全设施完善的场地。

1.9 鉴定要求

1.9.1 适用对象

(1) 新入职的操作技能人员。

(2) 在操作技能岗位工作的人员。

(3) 其他需要鉴定的人员。

1.9.2 申报条件

(1) 具备以下条件之一者可申报初级工:

① 新入职完成本职业(工种)培训内容,经考核合格的人员。

② 从事本工种工作1年及以上的人员。

(2) 具备以下条件之一者可申报中级工:

① 从事本工种工作5年以上,并取得本职业(工种)初级工职业技能等级证书的人员。

② 各类职业、高等院校大专以上毕业生从事本工种工作3年以上,并取得本职业(工种)初级工职业技能等级证书的人员。

(3) 具备以下条件之一者可申报高级工:

① 从事本工种工作14年以上,并取得本职业(工种)中级工职业技能等级证书的人员。

② 各类职业、高等院校大专以上毕业生从事本工种工作5年以上,并取得本职业(工种)中级工职业技能等级证书的人员。

(4) 取得本职业(工种)高级职业技能等级证书3年以上,工作业绩经企业考核合格的人员可申报技师。

1.9.3 鉴定方式

分理论知识考试和操作技能考核。理论知识考试采用闭卷笔试方式为主,推广无纸化考试形式;操作技能考核采用现场操作、模拟操作、实际操作笔试等方式。理论知识考试和操作技能考核均实行百分制,成绩皆达60分以上(含60分)者为合格。技师还需进行综合评审,综合评审包括技术答辩和业绩考核。综合评审成绩是技术答辩和业绩考核两部分的平均分。

1.9.4 鉴定时间

理论知识考试90分钟;操作技能考核不少于60分钟;综合评审的技术答辩时间40分钟(论文宣读20分钟,答辩20分钟)。

1.9.5 考评人员与考生配比

理论知识考试考评人员与考生配比为1∶15且不少于2名考评人员;技能操作考核考评员与考生配比为1∶5且不少于3名考评员;综合评审委员不少于5人。

1.9.6 鉴定场所设备

理论知识考试在标准教室进行;技能操作考核在有相应的设备、仪器、工具和安全设施完善的场所进行。

2. 基本要求

2.1 职业道德

(1) 热爱祖国,无私奉献。

(2) 关心集体，顽强拼搏。

(3) 热爱人民，诚实可信。

(4) 尊老爱幼，讲究品德。

(5) 文明办事，礼貌待人。

(6) 崇尚科学，尊师重教。

(7) 勤奋学习，勇于实践。

(8) 爱岗敬业，尽职见效。

(9) 团结友爱，见义勇为。

(10) 共谋发展，献身消防。

2.2 基础知识

2.2.1 消防法规常识

(1) 消防工作的性质、概念、历史、方针、任务、宗旨及原则等。

(2) 消防法律法规、应用领域、消防组织及安全责任。

2.2.2 灭火常识

(1) 火灾知识。

(2) 燃烧知识。

(3) 消防水源知识。

(4) 危险化学品知识。

(5) 火场排烟及通信知识。

(6) 各类火灾扑救知识。

(7) 各种爆炸类火灾的特点及处置方法。

(8) 灭火设备常识。

2.2.3 消防中队执勤

(1) 执勤工作任务、人员构成、器材装备及执勤训练制度。

(2) 中队执勤人员的职责。

2.2.4 消防指挥常识

(1) 燃烧面积计算。

(2) 灭火剂用量计算。

(3) 水带系统水力计算。

(4) 灭火剂喷射器具应用计算。

3. 工作要求

本标准对初级、中级、高级、技师的技能要求依次递进，高级别包含低级别的要求。

3.1 初级

职业功能	工作内容	技能要求	相关知识
一、 消防基础训练	（一） 体能训练	1. 能完成俯卧撑（男）、仰卧起坐（女）； 2. 能完成引体向上（男）、持哑铃上举（女）； 3. 能完成 1 500 m 跑（男）、800 m 跑（女）； 4. 能完成双杠臂屈伸	1. 俯卧撑动作要领； 2. 仰卧起坐测试方法； 3. 引体向上动作要领； 4. 力量训练要求； 5. 长跑技术要领
	（二） 消防准备	1. 能按规定原地着战斗服； 2. 能按规定原地着隔热服； 3. 能按规定原地着避火服	1. 隔热服的技术参数及作用； 2. 避火服的用途与使用方法； 3. 原地着战斗服的程序及方法； 4. 消防头盔的种类及适用范围； 5. 消防靴的材质及性能； 6. 安全带及附件的性能和用途
二、 消防灭火 救援训练	（一） 操作灭火设备	1. 能操作二氧化碳灭火器； 2. 能操作干粉灭火器； 3. 能操作手提式泡沫灭火器	1. 灭火器的性能及分类； 2. 灭火器的维护保养及选择； 3. 灭火器的工作原理、使用方法和适用范围； 4. 消防泵浦的工作原理、使用及维护方法； 5. 灭火战术的基本内容； 6. 灭火的概念
	（二） 救援操作	1. 能操作单绳椅子扣救人结绳法； 2. 能操作双绳椅子扣救人结绳法； 3. 能操作蝴蝶扣结绳法	1. 绳扣的操作方法及火场适用范围； 2. 安全绳的规格、性质特点及操作要领； 3. 危险化学品的毒害性； 4. 消防洗消原则及方法； 5. 灾害现场救人方法
三、 消防带梯训练	（一） 操作水带	1. 能操作一人一盘 ϕ65 mm 内扣水带连接； 2. 能操作水枪前延长水带； 3. 能操作两盘水带回收； 4. 能在分水器前延长水带	1. 水带的结构特点； 2. 水带附件的作用； 3. 分水器的材质及性能参数； 4. 分水器的操作方法及用途； 5. 水带连接技术要求； 6. 消防吸水管的特性及用途
	（二） 操作消防梯	1. 能攀登单杠梯； 2. 能原地攀登挂钩梯上二楼； 3. 能原地攀登 6 m 拉梯上二楼	1. 吊升水带的训练方法； 2. 吊升水带上二楼技术要求； 3. 吊升水带安全注意事项； 4. 吊升挂钩梯技术要求； 5. 挂钩梯的规格及工作原理； 6. 6 m 拉梯的规格及工作原理

3.2 中级

职业功能	工作内容	技能要求	相关知识
一、消防基础训练	（一）体能训练	1. 能完成俯卧撑（男）、仰卧起坐（女）； 2. 能完成引体向上（男）、持哑铃上举（女）； 3. 能完成 1 000 m 跑（男）、800 m 跑（女）； 4. 能完成 30 m 翻越板障	1. 耐力的定义； 2. 负重跑的意义； 3. 越障训练的方法； 4. 消防板障的规格及使用方法； 5. 灵敏性训练的方法及手段； 6. 协调性训练的方法及手段
	（二）消防准备	1. 能使用旗语； 2. 能原地佩戴空气呼吸器； 3. 能使用不同射水姿势	1. 旗语的使用方法； 2. 空气呼吸器的参数、构造及应用； 3. 射水姿势； 4. 防化服的技术参数、用途及使用方法； 5. 排烟器材的技术参数； 6. 辖区情况调查内容及方法
二、消防灭火救援训练	（一）操作灭火设备	1. 能操作 PQ8 型泡沫管枪； 2. 能操作移动泡沫炮； 3. 能操作泡沫比例混合器； 4. 能操作泡沫产生器	1. PQ8 型泡沫管枪的工作原理、使用方法及适用范围； 2. 移动泡沫炮的种类、适用范围及使用方法； 3. 泡沫比例混合器的种类及使用方法； 4. 泡沫产生器的种类及使用方法； 5. 常见火灾的扑救措施
	（二）救援操作	1. 能徒手抱式救人； 2. 能徒手背式救人； 3. 能徒手肩负式救人	1. 徒手抱式救人的技巧和方法； 2. 徒手背式救人的技巧和方法； 3. 徒手肩负式救人的技巧和方法； 4. 灭火救援作战计划的制订
三、消防带梯训练	（一）操作水带	1. 能操作一人两盘 ϕ65 mm 内扣水带连接； 2. 能进行 35 m 双干线供水； 3. 能吊升水带上二楼	1. 水带的型号、材质及使用方法； 2. 水带连接技巧； 3. 水带附件的种类及使用
	（二）操作消防梯	1. 能吊升挂钩梯上二楼； 2. 能沿 6 m 拉梯铺设水带； 3. 能在狭窄地段架梯	1. 单杠梯的结构与使用方法； 2. 挂钩梯的承载能力及应用； 3. 消防梯的构造

3.3 高级

职业功能	工作内容	技能要求	相关知识
一、消防基础训练	（一）体能训练	1. 能佩戴空气呼吸器进行 30 m 往返跑； 2. 能携带两盘水带沿楼梯上三楼； 3. 能完成两盘水带 100 m 负重跑（男）、两盘水带 60 m 负重跑（女）； 4. 能完成折返跑水带接口	1. 空气呼吸器的原理及主要功能； 2. 负重跑的技巧及注意事项； 3. 体能训练的方法
	（二）消防准备	1. 能操作测温仪； 2. 能操作照明机组	1. 探测设备的技术性能、使用方法及注意事项； 2. 照明机组构造应用； 3. 方位灯的技术性能、使用方法及注意事项； 4. GX-A 型防水灯具的性能维护
二、消防灭火救援	（一）操作灭火设备	1. 能操作直流开花水枪； 2. 能操作移动水炮； 3. 能操作 TFT 多功能水枪； 4. 能进行水枪射流变换； 5. 能操作带架水枪	1. 射水器具的性能、特点、使用方法； 2. 水喷雾灭火系统技术参数及设计要求； 3. 细水雾灭火系统的原理及设计安装； 4. 蒸汽灭火系统的使用范围及设计安装； 5. 灭火战斗行动的要求
	（二）救援操作	1. 能攀登挂钩梯救人； 2. 能进行火场应急心肺复苏； 3. 能利用绳扣救人； 4. 能疏散物资	1. 攀登挂钩梯救人方法； 2. 疏散物资的要求； 3. 灾害事故的处置方法； 4. 危险化学品的危害特性
三、消防带梯训练	（一）操作水带	1. 能操作一人三盘 ϕ65 mm 内扣水带连接； 2. 能沿楼梯铺设水带； 3. 能利用墙式消火栓出一带一枪	1. 沿楼梯铺设水带的方法； 2. 消火栓的性能参数、使用方法； 3. 建筑消防用水量要求； 4. 水带的规格、材质及应用方法
	（二）操作消防梯	1. 能利用挂钩梯转移窗口； 2. 能原地攀登 9 m 拉梯上三楼	1 9 m 拉梯的工作原理及操作方法； 2. 利用挂钩梯转移窗口的操作方法及注意事项； 3. 15 m 拉梯的工作原理及使用范围

3.4 技师

职业功能	工作内容	技能要求	相关知识
一、消防灭火救援训练	（一）救援操作	1. 能操作绝缘剪； 2. 能操作无齿锯； 3. 能操作机动链锯； 4. 能操作液压扩张器； 5. 能操作金属切割机	1. 火场破拆的目的和方法； 2. 火场破拆的注意事项； 3. 救援工具的种类及使用方法
	（二）操作侦检设备	1. 能进行火场侦检； 2. 能操作生命探测仪	1. 火场侦察的概念、任务及方法； 2. 探测仪的技术性能及使用方法； 3. 便携式毒剂侦检仪的技术性能及操作程序
二、消防带梯训练	（一）操作水带	1. 能垂直更换水带； 2. 能垂直铺设水带； 3. 能横过铁路铺设水带； 4. 能横过公路铺设水带	1. 垂直更换水带的方法及注意事项； 2. 垂直铺设水带的方法及注意事项； 3. 横过铁路铺设水带的方法及注意事项； 4. 横过公路铺设水带的方法及注意事项； 5. 火场环境对供水力量的影响
	（二）操作消防梯	1. 能进行 6 m 拉梯与挂钩梯联用； 2. 能进行 9 m 拉梯与挂钩梯联用	1. 6 m 拉梯与挂钩梯联用的基本方法及注意事项； 2. 9 m 拉梯与挂钩梯联用的基本方法及注意事项； 3. 消防电梯的功能及设置范围
三、故障处理	（一）处理设备故障	1. 能排除金属切割机无法启动的故障； 2. 能排除液压机动泵无法启动的故障； 3. 能排除液压机动救援顶杆故障； 4. 能排除无齿锯故障	1. 机动切割工具的技术性能、使用方法及常见故障； 2. 手动泵的性能和使用方法； 3. 超高压液压机动泵的工作原理和使用方法； 4. 液压破拆工具的工作原理及使用方法； 5. 火灾自动报警系统的常见故障及日常维护； 6. 防火卷帘门系统故障及处理方法
	（二）处置危险化学品泄漏	1. 能操作 BG-DY 堵漏器； 2. 能使用木楔堵漏； 3. 能处置天然气管线泄漏	1. 常见危险化学品的毒性； 2. 泄漏的分类和基本控制措施； 3. 堵漏的措施及方法； 4. 危险化学品堵漏动火安全实施要点

4. 比重表

4.1 理论知识

项目			初级/%	中级/%	高级/%	技师/%
基本要求		基础知识	35	35	30	22
相关知识	消防基础训练	体能训练	5	5	5	
		消防准备	10	10	10	
	消防灭火救援训练	操作灭火设备	25	25	30	
		救援操作	10	10	10	10
		操作侦检设备				17
	消防带梯训练	操作水带	10	10	10	5
		操作消防梯	5	5	5	5
	故障处理	处理设备故障				21
		处置危险化学品泄漏				20
合计			100	100	100	100

4.2 操作技能

项目			初级/%	中级/%	高级/%	技师/%
相关知识	消防基础训练	体能训练	15	15	15	
		消防准备	15	15	15	
	消防灭火救援训练	操作灭火设备	20	20	20	
		救援操作	20	20	20	15
		操作侦检设备				15
	消防带梯训练	操作水带	15	15	15	20
		操作消防梯	15	15	15	20
	故障处理	处理设备故障				15
		处置危险化学品泄漏				15
合计			100	100	100	100

附录 2　消防战斗员高级理论知识鉴定要素细目表

行为领域	代码	鉴定范围（重要程度比例）	鉴定比重	代码	鉴定点	重要程度	备注	教程页码
基础知识 A 30% (39:07:02)	A	灭火常识 (32:06:02)	25%	001	高层建筑火灾的特点	X	JD	44
				002	扑救高层建筑火灾的战斗措施	X	JD	44
				003	扑救地下建筑火灾	X	JD	45
				004	扑救易燃建筑密集区火灾	X	JD	47
				005	扑救楼层火灾	X	JD	49
				006	扑救闷顶火灾	X	JD	50
				007	扑救地下人防工程火灾	Y		51
				008	扑救影剧院火灾	X	JD	51
				009	扑救医院火灾	X	JD	53
				010	扑救仓库火灾	X	JD	54
				011	扑救粮食加工厂火灾	X	JD	56
				012	扑救粮食仓库火灾	X		57
				013	扑救棉花加工厂火灾	X		57
				014	扑救棉花仓库火灾	Y		58
				015	扑救汽车库火灾	X	JD	59
				016	扑救铁路列车火灾	X		60
				017	扑救高速公路火灾	X		61
				018	扑救机械制造企业火灾	X		61
				019	扑救电力系统火灾	X		62
				020	扑救农村火灾	X		63
				021	农村电气火灾的特征及预防措施	X		64
				022	扑救炼油厂火灾	X	JD	66
				023	扑救民航飞机火灾	Y		67

注：基础知识下的鉴定点标注的教程页码是本套教程上册中的对应页码。

续表

行为领域	代码	鉴定范围（重要程度比例）	鉴定比重	代码	鉴　定　点	重要程度	备注	教程页码
基础知识 A 30% (39:07:02)	A	灭火常识 (32:06:02)	25%	024	扑救轻工火灾	X		69
				025	扑救电气火灾	X		70
				026	扑救森林火灾	X		70
				027	扑救草原火灾	X		71
				028	扑救夜间火灾	X		72
				029	扑救油罐火灾	X		72
				030	扑救井喷火灾	X	JD	74
				031	井喷火灾的危害性	X		75
				032	井喷火灾的实战方法	X		75
				033	扑救普通建筑火灾	X		76
				034	扑救普通物资仓库火灾	X		77
				035	普通物资仓库火灾的特点	Y		78
				036	火场联络的组织形式	Y		13
				037	实行火场警戒的条件	Z		15
				038	划分火场警戒区的方法	Y		16
				039	灭火中保护起火点的方法	X		16
				040	防火间距确定的三个基本原则	Z		17
	B	消防中队执勤 (07:01:00)	5%	001	消防中队器材、装备管理应遵守的制度	Y		95
				002	消防中队器材、装备管理的要求	X		95
				003	评定灭火战斗成败的因素	X		102
				004	灭火战斗中班长的职责	X		105
				005	灭火战斗成败的评定原则	X		102
				006	灭火战斗中消防战斗员的职责	X		106
				007	战术训练内容	X		95
				008	灭火战斗中通信员的职责	X		106
专业知识 B 70% (90:16:06)	A	体能训练 (06:02:00)	5%	001	速度训练的要领	X		2
				002	加速跑的动作要领	X		2
				003	力量训练的范围	X		5
				004	负重器材力量练习的方法	X		5
				005	越野跑的概念	Y		6
				006	柔韧性训练的动作要领	X		3
				007	立定跳远的测试方法	Y		4
				008	速度训练的常用方法	X		2

续表

行为领域	代码	鉴定范围（重要程度比例）	鉴定比重	代码	鉴定点	重要程度	备注	教程页码
专业知识 B 70% (90:16:06)	B	消防准备 (13:02:01)	10%	001	可视探测仪的技术性能	X		7
				002	可视探测仪的使用方法	X		7
				003	电子气象仪的技术性能	Y		7
				004	电子气象仪的使用方法	X		7
				005	测温仪的维护保养	X		6
				006	方位灯的技术性能	Z		8
				007	方位灯的使用方法	X		8
				008	方位灯使用的注意事项	X		8
				009	GX-A 型防水灯具性能维护	X		10
				010	气动升降照明灯的性能维护	X		10
				011	红外火源探测仪技术性能	Y		8
				012	红外火源探测仪的使用	X		9
				013	照明机组的技术参数	X		10
				014	照明机组的功能原理	X		10
				015	照明机组的使用方法	X		10
				016	救生装备的使用方法	X		9
	C	灭火 (38:07:03)	30%	001	水枪的形式	X		12
				002	水枪的基本参数	X		12
				003	水枪在灭火中的应用	X		13
				004	多用水枪的性能	X		41
				005	直流水枪的性能	Y		14
				006	直流水枪的作用	X		14
				007	直流水枪的特点	X		14
				008	可用直流水扑救的物质	X		14
				009	直流水枪的适用范围	X		14
				010	直流水和开花水不能够扑救的火灾	X		14
				011	开花直流水枪的特点	X		15
				012	多功能水枪的应用	X		41
				013	移动水炮的工作原理	X		25
				014	选择消防炮阵地	X		25
				015	消防中队射水打靶操训练方法	Z		15
				016	射水姿势	X		16
				017	水喷雾灭火系统的适用范围	X	JD	16

续表

行为领域	代码	鉴定范围（重要程度比例）	鉴定比重	代码	鉴定点	重要程度	备注	教程页码
专业知识 B 70% (90:16:06)	C	灭火 (38:07:03)	30%	018	水喷雾灭火系统设置要求	X	JD	17
				019	水喷雾灭火系统设计技术参数	Y		18
				020	水喷雾灭火系统设计计算要求	Y		19
				021	喷雾射水的优点	Y		42
				022	喷雾水枪的特点	X		42
				023	喷雾水枪的性能	Y		42
				024	直流喷雾水枪的用途	X		43
				025	喷雾水枪喷头的结构形式	Z		43
				026	带架水枪的特点	X		44
				027	灭火中水枪阵地选择的基本要求	X		20
				028	细水雾分类	X		20
				029	细水雾灭火系统的灭火机理	X		20
				030	细水雾灭火系统类型	X	JD	21
				031	细水雾灭火系统设计方案	Y		22
				032	蒸汽灭火系统按设备安装情况分类	X		22
				033	蒸汽灭火系统的适用范围	X		23
				034	蒸汽灭火系统的设计规范	Y		23
				035	蒸汽灭火系统的使用	X	JD	23
				036	物质的火灾特性	X		25
				037	火灾危险性扩大的主要特性	X		26
				038	灭火战斗结束的工作要求	X		26
				039	灭火战斗行动的概念	X		27
				040	灭火战斗行动的原则	X		27
				041	灭火战斗的任务	X		27
				042	灭火战斗行动的内容	X		29
				043	战斗展开的要求	X		35
				044	火场摄像的内容	X		36
				045	火场摄像的要求	X		37
				046	布利斯水炮的使用方法	X		37
				047	克鲁斯水炮的使用方法	X		39
				048	消防卷盘的使用方法	Z		24
	D	救援 (13:02:01)	10%	001	攀登挂钩梯救人方法	X		45
				002	地铁灾害事故的特点	Z		45

续表

行为领域	代码	鉴定范围（重要程度比例）	鉴定比重	代码	鉴定点	重要程度	备注	教程页码
专业知识 B 70% (90:16:06)	D	救援 (13:02:01)	10%	003	地铁灾害事故处置的难点	X		46
				004	地震灾害现场救助人员	X		46
				005	化学灾害事故处置的基本任务	X	JD	47
				006	化学灾害现场抢险救援准备工作	X		47
				007	化学灾害现场处置的一般程序	X	JD	47
				008	灾害现场人员的中毒急救	X	JD	48
				009	疏散物资的要求	Y		52
				010	城市煤气的功过			48
				011	氧化剂的危险程度	Y		49
				012	氰化氢的毒性	X		49
				013	汽油的危害特性	X		49
				014	柴油的危害特性	X		49
				015	氧气的危害特性	X		50
				016	绳扣救人	X		51
	E	操作水带 (13:02:01)	10%	001	沿楼梯铺设水带的技术要求	X		55
				002	沿楼梯铺设水带的方法	X		55
				003	室内消火栓系统组成	Y		56
				004	室内消火栓使用要求	X		57
				005	室内消火栓检查测试	X		57
				006	墙式消火栓出一枪一带方法	X		58
				007	高层消火栓给水系统用水量	X		58
				008	高层建筑和低层建筑消防给水的区别	Z		58
				009	低层建筑室内消防用水量	X		59
				010	露天生产装置区消防用水量	X		59
				011	建筑物耐火等级对火场供水力量的影响	X		59
				012	建筑物用途对火场供水量的影响	Y		60
				013	建筑物层数对火场供水量的影响	X		60
				014	可燃物数量对火场供水量的影响	X		61
				015	消防接口的使用方法	X		54
				016	室外消火栓的使用要求	X		61
	F	操作消防梯 (07:01:00)	5%	001	9 m 拉梯工作原理	X		62
				002	9 m 拉梯的使用范围	X		62

续表

行为领域	代码	鉴定范围（重要程度比例）	鉴定比重	代码	鉴定点	重要程度	备注	教程页码
专业知识 B 70% (90:16:06)	F	操作消防梯 (07:01:00)	5%	003	9 m拉梯的操作方法	X		62
				004	利用挂钩梯转移窗口的操作方法	X		64
				005	利用挂钩梯转移窗口的注意事项	X		64
				006	原地攀登两节拉梯的技术参数	X		63
				007	15 m拉梯的工作原理	Y		63
				008	15 m拉梯的使用范围	X		63

注:X—核心要素;Y——一般要素;Z—辅助要素。

附录3　消防战斗员高级操作技能鉴定要素细目表

行为领域	代码	鉴定范围	鉴定比重	代码	鉴定点	重要程度
操作技能 100%	A	消防基础训练	30%	001	佩戴空气呼吸器 30 m 往返跑	X
				002	折返跑水带接口	X
				003	两盘水带 100 m 负重跑(男)和两盘水带 60 m 负重跑(女)	Y
				004	携带两盘水带沿楼梯上三楼	Z
				005	操作测温仪	X
				006	操作照明机组	X
	B	消防灭火救援训练	40%	001	操作直流开花水枪	X
				002	操作移动水炮	X
				003	操作 TFT 多功能水枪	X
				004	变换水枪射流	X
				005	操作带架水枪	Y
				006	攀登挂钩梯救人	X
				007	火场应急心肺复苏	Z
				008	利用绳扣救人	X
				009	疏散物资	X
	C	消防带梯训练	30%	001	一人三盘 $\phi65$ mm 内扣水带连接	X
				002	沿楼梯铺设水带	X
				003	利用墙式消火栓出一带一枪	X
				004	原地攀登 9 m 拉梯上三楼	Z
				005	利用挂钩梯转移窗口	Y

注：X—核心要素；Y—一般要素；Z—辅助要素。

附录 4 消防战斗员技师理论知识鉴定要素细目表

行为领域	代码	鉴定范围（重要程度比例）	鉴定比重	代码	鉴定点	重要程度	备注	教程页码
基础知识 A 22% (22:04:01)	A	灭火常识 (17:03:01)	17%	001	消防车的分类	X		90
				002	灭火消防车的种类	X		90
				003	水罐消防车的技术参数	X		90
				004	联用消防车的应用范围	Y		91
				005	照明消防车的特性	X		91
				006	照明消防车的技术参数	X		91
				007	专勤消防车的适用范围	X		91
				008	水罐消防车的性能要求	X		90
				009	轻便泵浦消防车的技术参数	X		91
				010	通信指挥消防车的性能参数	X		91
				011	通信指挥消防车的属性	X		92
				012	消防车的车载工具性能参数	Y	JD	90
				013	泡沫消防车的技术参数	X		92
				014	干粉消防车的技术参数	X		92
				015	轻便泵浦消防车的属性	X		91
				016	CE240 型二氧化碳消防车装备参数	X		92
				017	二氧化碳消防车性能要求	Y		92
				018	举高消防车的分类	X		92
				019	举高消防车的技术参数	Z		92
				020	举高消防车的用途	X		92
				021	抢险救援消防车的用途	X		92
	B	消防指挥常识 (05:01:00)	5%	001	燃烧面积计算	X		107
				002	消防用水量计算	X		108

注：基础知识下的鉴定点标注的教程页码是本套教程上册中的对应页码。

续表

行为领域	代码	鉴定范围（重要程度比例）	鉴定比重	代码	鉴定点	重要程度	备注	教程页码
基础知识 A 22%（22:04:01）	B	消防指挥常识（05:01:00）	5%	003	泡沫灭火剂用量计算	X		108
				004	干粉灭火剂用量计算	X		110
				005	水带系统水量计算	X		110
				006	灭火剂喷射器具应用计算	Y		114
专业知识 B 78%（75:14:04）	A	救援（10:01:01）	10%	001	火场破拆的概念	X		108
				002	火场破拆的目的	X		108
				003	火场破拆的方法	X	JD	109
				004	火场破拆的注意事项	X		109
				005	KZQ 型液压扩张器的使用方法	X		115
				006	绝缘剪的使用方法	X		109
				007	消防斧的结构特点	X	JD	130
				008	消防腰斧的用途	X		130
				009	铁铤的结构特点	X	JD	130
				010	消防斧维护保养要求	Y		131
				011	救生照明线性能参数	X		118
				012	多功能救援支架参数及用途	Z		119
	B	操作侦检设备（16:03:01）	17%	001	火情侦察的概念	X		119
				002	火情侦察的步骤	X		119
				003	火情侦察任务	X		119
				004	火情侦察的组织	Y		119
				005	火情侦察的程序	Y		120
				006	火情侦察的方法	X	JD	120
				007	火情侦察的注意事项	X		121
				008	地下室侦查的方法	X		121
				009	寻找火场被困人员的方法	X		121
				010	生命探测仪的技术性能	X		126
				011	生命探测仪的使用	X		126
				012	生命探测仪的使用注意事项	X		126
				013	军事毒剂侦检仪的用途	X		123
				014	侦检器材的使用与维护	X		124
				015	便携式毒剂侦检仪的技术性能	X		123
				016	便携式毒剂侦检仪的操作程序	X		123
				017	便携式毒剂侦检仪使用的注意事项	X		124

续表

行为领域	代码	鉴定范围（重要程度比例）	鉴定比重	代码	鉴 定 点	重要程度	备注	教程页码
专业知识B 78%（75:14:04）	B	操作侦检设备（16:03:01）	17%	018	可燃气体探测仪的参数及使用	X		125
				019	有毒气体探测仪的参数及使用	Y		125
				020	音(视)频生命探测仪参数	Z		126
	C	操作水带（05:01:00）	5%	001	垂直更换水带的方法	X	JD	128
				002	垂直铺设水带的方法	X		129
				003	横过铁路铺设水带的方法	X		131
				004	横过公路铺设水带的方法	X		132
				005	周围环境对火场供水力量的影响	Y		132
				006	消防电梯的功能、设置范围	X		134
	D	操作消防梯（05:01:00）	5%	001	6 m拉梯与挂钩梯联用的基本方法	X		133
				002	6 m拉梯与挂钩梯联用的注意事项	X		134
				003	9 m拉梯与挂钩梯联用的基本方法	X		135
				004	9 m拉梯与挂钩梯联用的注意事项	X		135
				005	拉梯与挂钩梯的结构原理	X		136
				006	拉梯与挂钩梯使用注意事项	Y		136
	E	处理设备故障（20:04:01）	21%	001	金属切割机的功能	X		113
				002	北京天元液压扩张器的技术性能	X		117
				003	液压切割(扩张)器的工作原理	X		117
				004	无齿锯的技术性能	Y	JD	144
				005	无齿锯的使用方法	X		114
				006	无齿锯启动与停机	X		145
				007	无齿锯操作注意事项	Y		145
				008	电动剪切钳的使用方法	X		145
				009	电动剪切钳更换钳刃的要求	Y		146
				010	便携式液压多功能钳的使用方法	X		147
				011	便携式液压多功能钳的使用注意事项	X		148
				012	手动泵技术性能	X		139
				013	手动泵使用方法	X		140
				014	手动泵使用注意事项	Y		141
				015	手动泵工作原理	X		142
				016	超高压液压机动泵的工作原理	X		140
				017	超高压液压机动泵的技术性能	X		141
				018	超高压液压机动泵的使用方法	X		142

续表

行为领域	代码	鉴定范围（重要程度比例）	鉴定比重	代码	鉴定点	重要程度	备注	教程页码
专业知识 B 78% (75:14:04)	E	处理设备故障 (20:04:01)	21%	019	超高压液压机动泵使用注意事项	X		143
				020	机动链锯的特性	Z	JD	110
				021	机动链锯的使用方法	X		111
				022	机动链锯常见故障的处理方法	X		111
				023	火灾自动报警系统常见故障的处理方法	X		137
				024	火灾自动报警系统的日常维护	X		138
				025	防火卷帘门系统故障的处理方法	X		138
	F	处置危险化学品泄漏 (19:04:01)	20%	001	中毒产生的危害性	X	JD	155
				002	高温产生的危害性	X		156
				003	化学毒物的分类	X	JD	157
				004	泄漏类爆炸火灾	X	JD	158
				005	氯气的危害	Y	JD	159
				006	苯的危害	Y	JD	159
				007	液化石油气的危害	X	JD	160
				008	自燃类爆炸火灾	X	JD	160
				009	动火安全实施要点	Y	JD	162
				010	泄漏的分类	X	JD	163
				011	泄漏控制的基本措施	X		163
				012	化学物质泄漏的处置方法	Y		164
				013	氨气泄漏的处置方法	X		165
				014	天然气管线泄漏的处置方法	X	JD	165
				015	堵漏的基本措施	X	JD	149
				016	注入式堵漏器的使用	X		150
				017	粘贴式堵漏器的使用	X		150
				018	设备本体的堵漏方法	Z		151
				019	法兰的堵漏方法	X	JD	152
				020	阀门的堵漏方法	X		152
				021	防止可燃物料泄漏	X	JD	153
				022	木质堵漏楔的使用	X		154
				023	气动吸盘式堵漏器的性能及使用	X		154
				024	电磁式堵漏器具的性能及使用	X		154

注：X—核心要素；Y—一般要素；Z—辅助要素。

附录5　消防战斗员技师操作技能鉴定要素细目表

<table>
<tr><th>行为领域</th><th>代码</th><th>鉴定范围</th><th>鉴定比重</th><th>代码</th><th>鉴　定　点</th><th>重要程度</th></tr>
<tr><td rowspan="20">操作技能
100%</td><td rowspan="7">A</td><td rowspan="7">消防灭火救援</td><td rowspan="7">30%</td><td>001</td><td>操作绝缘剪</td><td>X</td></tr>
<tr><td>002</td><td>操作机动链锯</td><td>Y</td></tr>
<tr><td>003</td><td>操作金属切割机</td><td>Z</td></tr>
<tr><td>004</td><td>操作无齿锯</td><td>X</td></tr>
<tr><td>005</td><td>操作液压扩张器</td><td>X</td></tr>
<tr><td>006</td><td>火场侦查</td><td>X</td></tr>
<tr><td>007</td><td>操作生命探测仪</td><td>X</td></tr>
<tr><td rowspan="6">B</td><td rowspan="6">消防带梯训练</td><td rowspan="6">40%</td><td>001</td><td>垂直更换水带</td><td>X</td></tr>
<tr><td>002</td><td>垂直铺设水带</td><td>X</td></tr>
<tr><td>003</td><td>横过铁路铺设水带</td><td>X</td></tr>
<tr><td>004</td><td>横过公路铺设水带</td><td>X</td></tr>
<tr><td>005</td><td>6 m拉梯与挂钩梯联用</td><td>Y</td></tr>
<tr><td>006</td><td>9 m拉梯与挂钩梯联用</td><td>Z</td></tr>
<tr><td rowspan="7">C</td><td rowspan="7">处理故障</td><td rowspan="7">30%</td><td>001</td><td>排除金属切割机无法启动故障</td><td>X</td></tr>
<tr><td>002</td><td>排除液压机动泵无法启动故障</td><td>X</td></tr>
<tr><td>003</td><td>排除液压机动救援顶杆故障</td><td>Y</td></tr>
<tr><td>004</td><td>排除无齿锯故障</td><td>X</td></tr>
<tr><td>005</td><td>操作 BG-DY 堵漏器</td><td>Z</td></tr>
<tr><td>006</td><td>操作木楔堵漏</td><td>X</td></tr>
<tr><td>007</td><td>天然气管线泄漏处置</td><td>X</td></tr>
</table>

注：X—核心要素；Y—一般要素；Z—辅助要素。

附录6　消防战斗员操作技能考试内容层次结构表

内容 项目 级别	技能操作				合计
	消防基础训练	消防灭火救援训练	消防带梯训练	故障处理	
初　级	30分 14～40 s	40分 40 s～3 min	30分 18～34 s		100分 1 min 12 s ～4 min 14 s
中　级	30分 30 s～20 min	40分 20 s～1 min	30分 10～40 min		100分 10 min 50 s ～61 min
高　级	30分 5～40 min	40分 10 s～5 min	30分 5～15 min		100分 10 min 10 s ～60 min
技　师		30分 1～15 min	40分 12 s～30 min	30分 12 s～30 min	100分 1 min 24 s ～75 min
否定项目	无	无	无	无	

参 考 文 献

[1] 张广智.石油石化消防指战员培训教程.北京:石油工业出版社,2010.

[2] 陈家强.消防灭火救援.北京:中国人民公安大学出版社,2003.

[3] 陶驷驹.消防技术装备.北京:警官教育出版社,1980.

[4] 崔照宽.生产工艺防火.北京:中国人民公安大学出版社,2004.

[5] 李进兴.消防技术装备.北京:中国人民公安大学出版社,2006.

[6] 孟正夫.消防战斗员业务技术等级训练教材.长春:吉林省公安厅消防局,1989.

[7] 李建华.灾害抢险救援技术.廊坊:中国人民武装警察部队学院,2005.